发电企业安全管理系列丛书

火力发电厂运行操作票

中国神华能源股份有限公司　编

中国电力出版社
CHINA ELECTRIC POWER PRESS

内 容 提 要

本书采用基于风险预控的运行操作管理方法，选择火力发电厂有代表性的运行操作，编制了操作票范本。该方法将运行操作全过程划分为八个环节，进行系统的风险辨识和风险评估，制定安全作业标准，在此基础上，编制规范的运行操作票。为有效防范在运行操作过程中，由于安全措施不完善、管理责任落实不到位、作业人员违章作业及误操作等原因而导致的生产中断、设备损坏及人身伤害等事件发生提供了有效途径。

本书针对性、实用性强，可供火力发电运行人员参考使用，也可作为编制操作票的指导工具书。

图书在版编目（CIP）数据

火力发电厂运行操作票 / 中国神华能源股份有限公司编. —北京：中国电力出版社，2018.4（2019.4重印）

（发电企业安全管理系列丛书）

ISBN 978-7-5198-2144-9

Ⅰ.①火… Ⅱ.①中… Ⅲ.①火电厂－运行 Ⅳ.①TM621

中国版本图书馆 CIP 数据核字（2018）第 135119 号

出版发行：中国电力出版社
地　　址：北京市东城区北京站西街 19 号（邮政编码 100005）
网　　址：http：//www.cepp.sgcc.com.cn
责任编辑：郑艳蓉（010-63412379）　马雪倩
责任校对：黄　蓓　太兴华
装帧设计：赵姗姗
责任印制：石　雷

印　　刷：北京天宇星印刷厂
版　　次：2018 年 4 月第一版
印　　次：2019 年 4 月北京第二次印刷
开　　本：880 毫米×1230 毫米　16 开本
印　　张：20.25
字　　数：679 千字
印　　数：1001—2000 册
定　　价：109.00 元

本书编委会

本书编写组

前 言

中国神华能源股份有限公司是集煤炭、电力、铁路、港口、航运、煤制油与煤化工等板块于一体的特大型综合能源企业。基于各板块均属于高危行业的特点，中国神华能源股份有限公司始终高度重视安全生产工作，并利用企业内涉及行业多的特点，在实践中相互借鉴，积极探索创新安全管理。早在20世纪90年代企业成立之初，从煤炭板块开始开展安全质量标准化建设，并在国内率先推广到电力、铁路、港口等其他行业领域；进入新世纪，2001年中国神华能源股份有限公司电力板块从国外引进NOSA安健环管理模式，在国内安全生产领域首次引入了风险预控管理的理念；2005年，在国家安全生产监督管理总局的指导下，中国神华能源股份有限公司在煤炭板块率先开展“安全生产风险预控管理体系”研究，经过历时两年的研究和在全国百家煤矿单位试点实践，取得良好的效果。2010年开始，中国神华能源股份有限公司在电力、铁路、港口、煤制油和煤化工等板块创建安全风险预控管理体系。经过不断完善，逐步形成了一套日趋成熟的安全生产管理体系。

中国神华能源股份有限公司历经多年创建的这套安全管理体系包含了多项创新，核心内容包括：要素全面系统的管理体系建设标准；一套系统的危害辨识和风险预控管理模式及方法；作业任务风险评估、设备故障（模式）风险评估、生产区域风险评估等相互关联的三种模式和方法；一套基于风险预控的生产作业文件，将危险源辨识结果及风险预控措施与传统的操作票、工作票、检修工序卡和检修文件包相结合；系统的安全质量标准化标准；一套完善的保障管理制度流程；一套考核评审办法和安全审计机制。

中国神华能源股份有限公司编写的这套《发电企业安全管理系列丛书》具有管理制度化、制度表单化、表单信息化的特点，将管理要求分解为具体的执行表单，以信息化手段实施，落实了岗位职责，提高了管理效率，促进了管理的规范化与标准化。

近年来，中国神华能源股份有限公司体系建设取得多项成果，建立行业标准4项，企业标准13项，获行业科技成果一等奖三项。

为了更好地推广应用，将实践成果进行归纳整理，出版了该套《发电企业安全管理系列丛书》，具有极强的可操作性和实用性，可作为发电企业领导、安全生产管理人员、专业技术人员、班组长以上管理人员的管理工具书，也可作为发电企业安全生产管理培训教材。

由于编写人员水平有限，编写时间仓促，书中难免存在不足之处，真诚希望广大读者批评指正。

编 者

2018年3月

编　制　说　明

经过企业多年探索与实践，基于风险预控管理，建立了一套系统的运行操作管理方法，针对运行操作全过程，在危害辨识和风险评估基础上，制定安全作业标准，编制规范的运行操作票，作为发电运行人员现场操作使用的重要书面作业文件，具有显著特点。

1. 风险辨识评估及预控

借助采用双因（内外因）综合辨识方法建立的作业风险数据库，对运行操作可能存在的风险进行全面辨识评估，制定预控措施，具体体现在以下方面：

（1）作业环境。对作业现场条件是否符合安全作业要求进行风险辨识评估，并制定预控措施。

（2）工器具与劳动保护用品。对操作中使用的工器具与劳动保护用品进行风险辨识评估，明确质量完好标准并检查确认。

（3）操作行为。对作业人员在操作过程中，由于操作不当而带来的风险进行辨识评估，制定安全操作标准，并在相应的操作步骤中增设风险提示。

2. 全过程控制

将运行操作过程的各环节管理要求集中编制在一张操作票中，进行全过程文件化管理。主要包括以下环节：

（1）发令、接令。

（2）操作前作业环境风险评估。

（3）操作人、监护人互查。

（4）检查确认工器具完好。

（5）安全技术交底。

（6）操作。

（7）回检。

（8）备注。

3. 标准化管理

一是操作票结构形式标准化，采用统一的结构形式，且规范术语和编写要求，保证操作票结构清晰，表述严谨。

二是安全作业要求标准化，明确运行操作的工作步序，并根据风险预控措施建立各步序安全作业标准，有效解决了风险预控与实际工作脱节的问题。

4. 鉴证签字要求

明确了操作各环节安全管理程序和相关责任人签字要求，包括对关键环节的鉴证确认要求，通过责任落实，确保措施执行到位。

5. 信息化管理

编制操作票，首先从风险数据库中调取相关操作的风险辨识评估及预控措施等内容，结合具体的操作进行修改完善，同时将修改后的内容存入数据库，做到持续改进。

目　　录

2 锅炉运行

1 汽轮机运行

热力机械操作票

单位：________________ 班组：________________ 编号：____________

操作任务：**1号机主机循环水系统投运** 风险等级：__________

一、发令、接令	确认划“√”
核实相关工作票已终结或押回，检查设备、系统运行方式、运行状态具备操作条件	
复诵操作指令确认无误	
根据操作任务风险等级通知相关人员到岗到位	

发令人：__________ 接令人：__________ 发令时间：________年____月____日____时____分

二、操作前作业环境风险评估	
危害因素	预 控 措 施
肢体部位或饰品衣物、用具、工具接触转动部位	（1）正确佩戴防护用品，衣服和袖口应扣好，不得戴围巾领带，长发必须盘在安全帽内； （2）不准将用具、工器具接触设备的转动部位； （3）不准在靠背轮上、安全罩上或运行中设备的轴承上行走与坐立
孔洞、沟道无盖板、防护栏缺失损坏	（1）行走及操作时注意周边工作环境是否安全，现场孔洞、沟道盖板、平台栏杆是否完好； （2）不准擅自进入现场隔离区域； （3）禁止无安全防护设施的情况下进行高空位置操作
进入噪声区域时未正确使用防护用品	（1）进入噪声区域时正确佩戴合格的耳塞； （2）避免长时间在高噪声区停留

三、操作人、监护人互查	确认划“√”
人员状态：工作人员健康状况良好，无酒后、疲劳作业等情况	
个人防护：安全帽、工作鞋、工作服以及与操作任务危害因素相符的耳塞、手套等劳动保护用品等	

四、检查确认工器具完好		
工器具	完 好 标 准	确认划“√”
阀门钩	阀门钩完好无损坏和变形	
测温仪	校验合格证在有效期内，计量显示准确	
测振仪	校验合格证在有效期内，计量显示准确	

五、安全技术交底
值班负责人按照“操作前作业环境风险评估”以及操作中“风险提示”等内容向操作人、监护人进行安全技术交底。 操作人： 监护人：

确认上述二～五项内容：

管理人员鉴证：值班负责人________________ 部门________________ 厂级________________

六、操作		
操作开始时间： 年 月 日 时 分		
操作任务：1号机主机循环水系统投运		
顺序	操 作 项 目	确认划“√”
1	检查1号机循环水系统各热工测量元件完好，压力表、压力变送器、压力开关、液位开关一次门开启，控制电源、信号电源投入正常	
2	**风险提示：**确认循环水系统所有放水门关闭严密，防止循环水管道漏水	
	确认1号机主机凝汽器具备通水条件，循环水系统所有放水门关闭严密	
3	检查确认1号机循环水进水母管、凝汽器循环水室、循环水回水母管自动排气阀前手动门已开启	

续表

顺序	操作项目	确认划“√”
4	**风险提示：**逐步确认循环水至海水制氯车间、主机开式水系统、引风机汽轮机循环水系统相关阀门已隔离严密	
	检查确认1号机循环水至海水制氯车间、主机开式水系统、引风机汽轮机循环水系统相关阀门已隔离严密，且系统具备通水条件	
5	检查循环水泵前池水位正常（＞8000mm），入口钢闸板正常挂起	
6	检查确认循环水回水至大海排水钢闸门已挂起	
7	检查1号机1A循环水泵电机引导轴承油位正常、油质合格（油位在2/3左右）	
8	**风险提示：**检查确认轴承冷却水已投运，防止循环水泵冷却水中断，轴承温度高，造成设备损坏	
	确认除盐水系统或工业水系统投运正常，冷却水进水手动门，回水至含煤废水手动门开启，投入1A循环水泵推力轴承冷却水，冷却水压力控制在0.3MPa左右，无流量低报警	
9	检查1号机1A循环水入口拦污栅、旋转滤网清洁，旋转滤网后超声波液位应大于8000mm	
10	1号机1A循环水泵旋转滤网、冲洗水泵电机测绝缘良好，送电正常	
11	1号机1A循环水泵液控蝶阀控制箱送电正常，液控蝶阀控制箱工作正常	
12	启动1A旋转滤网冲洗水泵，投入旋转滤网冲洗水，正常后投入冲洗水泵连锁备用	
13	启动1号机1A循环水泵的旋转滤网，检查正常运行	
14	启动1号机1A循环水泵出口蝶阀液压油站运行正常，液压油压力维持在13～16MPa	
15	确认已经将就地控制盘上液控蝶阀控制方式切至“远控”方式	
16	检查确认1号机循环水二次滤网试运正常	
17	检查确认1号机循环水胶球清洗系统处于备用	
18	**风险提示：**防止凝汽器循环水通路未打通，造成设备损坏	
	确认1号机至少一侧凝汽器循环水出、入口电动蝶阀开启，两台引风机汽轮机循环水进、回水电动门关闭	
19	逐渐开启1号机1A循环水泵出口液控蝶阀（先开15°，再全开），对循环水管路进行静态注水	
20	检查1号机循环水系统管路各自动排气阀动作正常，无漏水	
21	**风险提示：**确认凝汽器水室已注水排气结束，排空气不尽，造成管路振动	
	当1号机高、低压侧凝汽器进、出水室各自动排空气门处均无排气声后，说明凝汽器水室已注水排气结束	
22	检查1号机循环水管路静态注水结束后，关闭1A循环水泵出口液控蝶阀	
23	1号机1A循环水泵电机测绝缘合格后，送电正常	
24	检查DCS上1号机循环水系统各测点显示正确，联系热工确认1A循环水泵各保护投入正确	
25	就地操作员已检查完毕，已站在1号机1A循环水泵电机事故按钮旁侧面，与集控室值班员联系，等候值班员发出启动循泵指令	
26	在1号机循环水画面点击“注水模式”选择确认	
27	确认1号机1A循环水泵程控启动允许条件满足	
28	**风险提示：**电动机启动前应与电机保持安全距离，不要站在泵径向方向，避免机械伤害；巡检人员站在循环水泵事故按钮处，启动时发现机械振动大或冒烟着火时及时通过事故按钮停止	
	远方程控启动1号机1A循环水泵，检查1A循环水泵出口液动蝶阀开启至15°，1A循环水泵联锁启动，检查泵组各项参数正常，电机电流、定子线圈温度正常，出口液动蝶阀延时1800s后逐渐全开	
29	记录1号机1A循环水泵启动电流____A，返回电流____A（＜426.4A），循环水母管压力____MPa（0.08～0.12MPa）	
30	就地检查1号机循环水管道各自动空气门排气情况	

续表

顺序	操 作 项 目	确认划“√”
31	**风险提示：**确认凝汽器水室已注水排气结束，防止排空气不尽，造成管路振动	
	检查1号机高、低压侧凝汽器进、出水室各自动排空气门排气情况，当各自动排空气门处均无排气声后，说明凝汽器水室已注水排气结束，关闭高、低压侧凝汽器进、出水室各自动排空气门前手动门	
32	检查1号机备用循环水泵不倒转	
33	调整1号机凝汽器循环水出水电动门，控制凝汽器循环水进水压力不低于50kPa	
34	对1号机循环水系统进行全面检查无泄漏	
35	退出1号机1A循环水泵电机电加热器开关	
36	通知化学投入循环水加药系统运行	
37	投入1号机1B循环水泵备用联锁	
38	操作完毕，汇报值长	

操作人：＿＿＿＿＿＿　　监护人：＿＿＿＿＿＿　　值班负责人（值长）：＿＿＿＿＿＿

七、回检	确认划“√”
确认操作过程中无跳项、漏项	
核对阀门位置正确	
远传信号、指示正常，无报警	
向值班负责人（值长）回令，值班负责人（值长）确认操作完成	

操作结束时间：＿＿＿＿年＿＿月＿＿日＿＿时＿＿分

操作人：＿＿＿＿＿＿　　监护人：＿＿＿＿＿＿

管理人员鉴证：值班负责人＿＿＿＿＿＿　部门＿＿＿＿＿＿　厂级＿＿＿＿＿＿

八、备注

热力机械操作票

单位：________________ 班组：________________ 编号：____________

操作任务：**1号机主机循环水系统停运** 风险等级：________

一、发令、接令	确认划“√”
核实相关工作票已终结或押回，检查设备、系统运行方式、运行状态具备操作条件	
复诵操作指令确认无误	
根据操作任务风险等级通知相关人员到岗到位	

发令人：__________ 接令人：__________ 发令时间：________年____月____日____时____分

二、操作前作业环境风险评估		
危害因素	预控措施	
肢体部位或饰品衣物、用具、工具接触转动部位	（1）正确佩戴防护用品，衣服和袖口应扣好、不得戴围巾领带、长发必须盘在安全帽内； （2）不准将用具、工器具接触设备的转动部位； （3）不准在靠背轮上、安全罩上或运行中设备的轴承上行走与坐立	
孔洞、沟道无盖板、防护栏缺失损坏	（1）行走及操作时注意周边工作环境是否安全，现场孔洞、沟道盖板、平台栏杆是否完好； （2）不准擅自进入现场隔离区域； （3）禁止无安全防护设施的情况下进行高空位置操作	
进入噪声区域时未正确使用防护用品	（1）进入噪声区域时正确佩戴合格的耳塞； （2）避免长时间在高噪声区停留	
三、操作人、监护人互查		确认划“√”
人员状态：工作人员健康状况良好，无酒后、疲劳作业等情况		
个人防护：安全帽、工作鞋、工作服以及与操作任务危害因素相符的耳塞、手套等劳动保护用品等		
四、检查确认工器具完好		
工器具	完好标准	确认划“√”
阀门钩	阀门钩完好无损坏和变形	
五、安全技术交底		
值班负责人按照“操作前作业环境风险评估”以及操作中“风险提示”等内容向操作人、监护人进行安全技术交底。 操作人： 监护人：		

确认上述二～五项内容：

管理人员鉴证：值班负责人________________ 部门________________ 厂级________________

六、操作		
操作开始时间：________年____月____日____时____分		
操作任务：1号机主机循环水系统停运		
顺序	操作项目	确认划“√”
1	确认1号机主机凝汽器真空到零，轴封系统已停运；引风机汽轮机凝汽器真空到零，轴封系统已停运；闭式水系统无需要冷却的用户	
2	**风险提示：**检查无高温疏水进入凝汽器，低压缸排汽温度低于50℃。防止凝汽器排汽温度过高，损坏钛管	
	确认1号机低压缸排汽温度低于50℃	
3	退出1号机备用循环水泵的“联锁”开关	
4	退出1号机胶球清洗系统运行自动，停用1号机胶球清洗系统，就地控制柜断电	
5	停运1号机二次滤网系统运行，二次滤网就地控制柜断电	

续表

顺序	操 作 项 目	确认划“√”
6	停止1号机循环水泵入口加药系统	
7	确认1号机1A循环水泵出口液控蝶阀在“自动”方式，就地联锁控制方式打至“远方”位置，液压油出口油压在13～16MPa，出口蝶阀开度指示准确。蝶阀液压油泵处于良好备用状态	
8	**风险提示：**出口蝶阀全关后，就地检查循环水泵不倒转，防止发生水锤现象	
	程控停运1号机1A循环水泵，出口碟阀快关至15°，后慢关至0°，检查循环水泵联锁停止，就地检查循环水泵不倒转	
9	检查1号机所有循环水泵已停运，循环水压力下降至0MPa	
10	关闭1号机凝汽器循环水系统进、出口电动阀	
11	停运1号机循环水泵旋转滤网	
12	退出1号机循环水冲洗水泵联锁备用，停运冲洗水泵	
13	操作完毕，汇报值长	

操作人：__________　　监护人：__________　　值班负责人（值长）：__________

七、回检	确认划“√”
确认操作过程中无跳项、漏项	
核对阀门位置正确	
远传信号、指示正常，无报警	
向值班负责人（值长）回令，值班负责人（值长）确认操作完成	

操作结束时间：________年____月____日____时____分

操作人：____________　　监护人：____________

管理人员鉴证：值班负责人______________　部门______________　厂级______________

八、备注

热力机械操作票

单位：________________ 班组：________________ 编号：____________

操作任务：**1号机闭式水系统投运** 风险等级：________

一、发令、接令	确认划“√”
核实相关工作票已终结或押回，检查设备、系统运行方式、运行状态具备操作条件	
复诵操作指令确认无误	
根据操作任务风险等级通知相关人员到岗到位	

发令人：__________ 接令人：__________ 发令时间：________年___月___日___时___分

二、操作前作业环境风险评估	
危害因素	预 控 措 施
肢体部位或饰品衣物、用具、工具接触转动部位	（1）衣服和袖口扣好，不得戴围巾领带，长发必须盘在安全帽内； （2）不准将用具、工器具接触设备的转动部位； （3）不准在靠背轮上、安全罩上或运行中设备的轴承上行走或坐立
孔洞、沟道无盖板、防护栏缺失损坏	（1）行走及操作时注意周边现场孔洞、沟道盖板、平台栏杆是否完好； （2）不准擅自进入现场隔离区域； （3）禁止无安全防护设施的情况下进行高空位置操作
进入噪声区域未正确使用防护用品	（1）进入噪声区域时正确佩戴合格的耳塞； （2）避免长时间在高噪声区停留

三、操作人、监护人互查	确认划“√”
人员状态：工作人员健康状况良好，无酒后、疲劳作业等情况	
个人防护：安全帽、工作鞋、工作服以及与操作任务危害因素相符的耳塞、手套等劳动保护用品等	

四、检查确认工器具完好		
工器具	完 好 标 准	确认划“√”
阀门钩	阀门钩完好无损坏和变形	
测温仪	校验合格证在有效期内，计量显示准确	
测振仪	校验合格证在有效期内，计量显示准确	

五、安全技术交底
值班负责人按照“操作前作业环境风险评估”以及操作中“风险提示”等内容向操作人、监护人进行安全技术交底。 操作人： 监护人：

确认上述二～五项内容：

管理人员鉴证：值班负责人________________ 部门________________ 厂级________________

六、操作		
操作开始时间：________年____月____日____时____分		
操作任务：1号机闭式水系统投运		
顺序	操 作 项 目	确认划“√”
1	确认1号机闭式水系统所有电动门、气动门、电磁阀已传动合格且已送电、送气	
2	确认1号机闭式水系统所有逻辑连锁保护试验合格	
3	确认除盐水系统运行正常，开启除盐水系统至机组补水手动门	

续表

顺序	操 作 项 目	确认划“√”
4	开启除盐水至1号机闭冷水箱补水电动调节阀（旁路电动门），对闭冷水箱进行补水，当闭冷水箱水位补至1900mm（高水位）	
5	**风险提示：**应向化学专业确认定冷水箱补水水质合格	
	若闭冷水箱第一次进水，应开启闭冷水箱放水门对闭冷水箱进行冲洗，直至水质澄清后关闭放水门	
6	开启闭式水箱出口手动门，准备向闭式水系统注水、排空气	
7	开启两1号机两台闭式水泵进、出口电动蝶阀，开启闭式水泵入口滤网排空门、闭式水泵泵体排空气门，有水连续流出后关闭	
8	**风险提示：**闭式水系统应充分注水排空防止泵启动后汽蚀	
	开启1号机闭式水母管排空门，有水连续流出后关闭	
9	开启1号机两组闭式水冷却器进出口电动门、两台闭式水冷却器排空门，有水连续流出后关闭	
10	开启1号机定冷水冷却器进、出水母管排空气门，有水连续流出后关闭	
11	开启1号机凝泵冷却水进、出水管排空气门，有水连续流出后关闭	
12	开启1号锅炉房闭冷水供、回水母管放空气门，有水连续流出后关闭	
13	开启空气压缩机冷却水进、出水管排空气门，有水连续流出后关闭	
14	当1号机闭式水系统母管压力达到0.25MPa时，闭式水系统注水完毕，确认系统无泄漏且闭式水箱水位稳定	
15	关闭1号机两台闭冷水泵出水电动蝶阀，关闭一台闭冷器闭式水侧进水电动蝶阀	
16	确认1号机部分闭式水用户投入(凝泵轴承冷却水、主机定冷器冷却水、空气压缩机冷却水等)，建立闭式水通路	
17	**风险提示：**电动机启动前应与电机保持安全距离，不要站在泵径向方向，避免机械伤害；巡检人员站在闭式泵事故按钮处，启动时发现机械振动大或冒烟着火时及时通过事故按钮停止	
	检查1号机1A闭式水泵具备启动条件，启动1A闭式水泵	
18	检查1号机闭式水系统运行正常，记录1A闭式水泵电流____A（40～54A），1A闭式水泵出口母管压力____MPa（0.5～0.65MPa），闭冷水箱水位____mm（1700～1900mm）、轴承温度____℃（<85℃）	
19	检查1号机闭式水系统所有管道、阀门无泄漏	
20	投入1号机1B闭式水泵联锁备用，检查备用泵出口电动门自动开启且泵无反转	
21	开式水系统投运前，闭式冷却水温度较高时，应采取系统排放换水方法，控制水温不超过45℃；换水操作应缓慢进行，保持闭冷水箱水位稳定	
22	开式水系统投运后，开启运行闭冷器开式水侧各空气门，稍开开式水侧进水电动蝶阀对开式水侧注水排空气，空气排尽后关闭各空气门	
23	开启该闭冷器开式水侧进、出水蝶阀，调整闭冷器出水温度在30～38℃之间	
24	投入1号机闭式水系统加药，调整闭式水pH为7～9	
25	1号机凝结水质合格后，可将补水切换至凝结水供	
26	根据需要投入1号机闭式水各用户冷却水	
27	操作完毕，汇报值长	

操作人：__________ 监护人：__________ 值班负责人（值长）：__________

七、回检	确认划“√”
确认操作过程中无跳项、漏项	
核对阀门位置正确	
远传信号、指示正常，无报警	
向值班负责人（值长）回令，值班负责人（值长）确认操作完成	

操作结束时间：________年____月____日____时____分

操作人：____________ 监护人：____________

管理人员鉴证：值班负责人________________ 部门________________ 厂级_______________

八、备注

热力机械操作票

单位：________________ 班组：________________ 编号：______________

操作任务：**1号机1B闭式水热交换器切换至1A闭式水热交换器** 风险等级：__________

一、发令、接令	确认划“√”
核实相关工作票已终结或押回，检查设备、系统运行方式、运行状态具备操作条件	
复诵操作指令确认无误	
根据操作任务风险等级通知相关人员到岗到位	

发令人：__________ 接令人：__________ 发令时间：________年____月____日____时____分

二、操作前作业环境风险评估		
危害因素	预　控　措　施	
肢体部位或饰品衣物、用具、工具接触转动部位	（1）正确佩戴防护用品，衣服和袖口扣好，不得戴围巾领带，长发必须盘在安全帽内； （2）不准将用具、工器具接触设备的转动部位； （3）不准在靠背轮上、安全罩上或运行中设备的轴承上行走或坐立	
孔洞、沟道无盖板、防护栏缺失损坏	（1）行走及操作时注意周边现场孔洞、沟道盖板、平台栏杆是否完好； （2）不准擅自进入现场隔离区域； （3）禁止无安全防护设施的情况下进行高空位置操作	
进入噪声区域未正确使用防护用品	（1）进入噪声区域时正确佩戴合格的耳塞； （2）避免长时间在高噪声区停留	
三、操作人、监护人互查		确认划“√”
人员状态：工作人员健康状况良好，无酒后、疲劳作业等情况		
个人防护：安全帽、工作鞋、工作服以及与操作任务危害因素相符的耳塞、手套等劳动保护用品等		
四、检查确认工器具完好		
工器具	完　好　标　准	确认划“√”
阀门钩	阀门钩完好无损坏和变形	
测温仪	校验合格证在有效期内，计量显示准确	
五、安全技术交底		
值班负责人按照“操作前作业环境风险评估”以及操作中“风险提示”等内容向操作人、监护人进行安全技术交底。 操作人：　　　　　　　　监护人：		

确认上述二～五项内容：

管理人员鉴证：值班负责人________________ 部门________________ 厂级________________

六、操作		
操作开始时间：________年____月____日____时____分		
操作任务：1号机1B闭式水热交换器切换至1A闭式水热交换器		
顺序	操　作　项　目	确认划“√”
1	确认1号机闭式水箱水位自动调节正常，水箱水位____mm（正常1700～1900 mm）	
2	记录1号机闭式水母管压力____MPa（正常0.50～65MPa），闭式水温度____℃（正常小于38℃）	
3	检查1号机闭式水泵连锁备用良好	
4	检查1号机1A闭冷器开式水侧进口门开启，开式水滤水器备用良好	
5	开启1号机1A闭冷器开式水侧排空气门，当排空气门有连续水流出时关闭排空气门	
6	**风险提示**：充分注水排气，防止冷却器性能下降	
	注水排气完成后全开1号机1A闭冷器开式水侧出水电动门	

续表

顺序	操作项目	确认划“√”
7	检查1号机1A闭冷器闭式水出口门开启状态	
8	**风险提示：**充分注水排气，防止闭式水压力波动	
	开启1号机1A闭冷器闭式水侧排空气门，当排气门有连续水流出时关闭排空气门	
9	注水排气完成后，逐渐全开1号机1A闭冷器闭式水侧进水电动门	
10	逐渐关闭1号机1B闭冷器闭冷水侧进水电动门	
11	**风险提示：**退原运行冷却器后，确认与闭冷器切换前压力、温度正常	
	检查闭式水母管压力____MPa（正常0.5～0.65MPa），闭式水温度____℃（正常小于38℃）	
12	关闭1号机1B闭冷器开式水侧出口门	
13	检查1号机1A闭冷器运行正常	
14	操作完毕，汇报值长	

操作人：____________ 监护人：____________ 值班负责人（值长）：____________

七、回检	确认划“√”
确认操作过程中无跳项、漏项	
核对阀门位置正确	
远传信号、指示正常，无报警	
向值班负责人（值长）回令，值班负责人（值长）确认操作完成	

操作结束时间：________年____月____日____时____分

操作人：____________ 监护人：____________

管理人员鉴证：值班负责人______________ 部门______________ 厂级______________

八、备注

热力机械操作票

单位：________________ 班组：________________ 编号：____________

操作任务：1 号机凝结水系统投入（变频启动） 风险等级：________

一、发令、接令	确认划“√”
核实相关工作票已终结或押回，检查设备、系统运行方式、运行状态具备操作条件	
复诵操作指令确认无误	
根据操作任务风险等级通知相关人员到岗到位	

发令人：__________ 接令人：__________ 发令时间：_______年___月___日___时___分

二、操作前作业环境风险评估		
危害因素	预　控　措　施	
肢体部位或饰品衣物、用具、工具接触转动部位	（1）正确佩戴防护用品，衣服和袖口扣好，不得戴围巾领带，长发必须盘在安全帽内； （2）不准将用具、工器具接触设备的转动部位； （3）不准在靠背轮上、安全罩上或运行中设备的轴承上行走或坐立	
孔洞、沟道无盖板、防护栏缺失损坏	（1）行走及操作时注意周边工作环境是否安全，现场孔洞、沟道盖板、平台栏杆是否完好； （2）不准擅自进入现场隔离区域； （3）禁止无安全防护设施的情况下进行高空位置操作	
进入噪声区域时未正确使用防护用品	（1）进入噪声区域时正确佩戴合格的耳塞； （2）避免长时间在高噪声区停留	
三、操作人、监护人互查		确认划“√”
人员状态：工作人员健康状况良好，无酒后、疲劳作业等情况		
个人防护：安全帽、工作鞋、工作服以及与操作任务危害因素相符的耳塞、手套等劳动保护用品等		
四、检查确认工器具完好		
工器具	完　好　标　准	确认划“√”
阀门钩	阀门钩完好无损坏和变形	
测温仪	校验合格证在有效期内，计量显示准确	
测振仪	校验合格证在有效期内，计量显示准确	
五、安全技术交底		
值班负责人按照“操作前作业环境风险评估”以及操作中“风险提示”等内容向操作人、监护人进行安全技术交底。 操作人： 监护人：		

确认上述二～五项内容：

管理人员鉴证：值班负责人________________ 部门________________ 厂级________________

六、操作		
操作开始时间：_______年___月___日___时___分		
操作任务：1 号机凝结水系统投入（变频启动）		
顺序	操　作　项　目	确认划“√”
1	1 号机凝结水系统已按《凝结水及凝结水补水系统检查卡》检查完毕，具备启动条件	
2	确认 1 号机凝结水系统相关热工测点全部恢复且指示正确	
3	确认除盐水系统、闭式水系统、压缩空气系统正常投入运行	
4	确认化水有足够的除盐水供系统使用	
5	**风险提示：**投入凝结水之前确认精处理装置已切至旁路运行且过滤器和混床进出口门关闭严密，防止精处理过滤器损坏，混床树脂失效	
	检查 1 号机凝结水精处理系统已隔离，旁路电动门全开	

续表

顺序	操作项目	确认划“√”
6	检查1号机凝结水系统放水门全部关闭，相关放空气门开启（凝结水母管、杂用水母管）	
7	检查1号机凝补水母管压力正常，压力大于0.4MPa	
8	**风险提示：**向凝汽器内注水前确认真空破坏阀确已开启，防止低压缸安全膜损坏	
	开启1号机高、低压侧凝汽器真空破坏阀	
9	开启1号机凝汽器补水调节门前电动门、后手动门	
10	开启1号机凝汽器补水门向凝汽器上水至1350mm（高水位）	
11	确认1号机凝结水泵再循环调节门前电动门、后手动门开启，旁路电动门关闭，再循环调节门关闭	
12	**风险提示：**向凝结水系统内注水前确认凝结水至系统各用户的手动门关闭，防止凝结水用户大量漏水	
	确认1号机凝结水至系统各用户确已隔离	
13	关闭1号机凝结水至除氧器水位调节门	
14	检查1号机两台凝结水泵出口电动门关闭	
15	开启除盐水至1号机凝结水系统注水手动门，向系统注水排空气	
16	1号机凝结水系统各放空气门见连续水流后关闭	
17	确认1号机凝结水系统管道见压后，关闭除盐水母管至凝结水系统注水手动门	
18	开启1号机凝补水母管至凝结水泵密封水供水一、二次手动门	
19	**风险提示：**首台泵启动时，开启凝补水母管至凝结水泵密封水门，待凝结水母管压力正常后密封水再切至出口母管供，防止密封损坏	
	开启1号机两台凝结水泵密封水供水手动门，投入密封水	
20	**风险提示：**启动前检查轴承油位正常，轴承冷却水投入正常，防止凝结水泵轴承损坏	
	开启1号机两台凝结水泵推力轴承冷却水供、回水手动门	
21	**风险提示：**启动前及时开启泵体及入口滤网抽空气门，防止泵内积空气，凝结水泵汽蚀	
	开启1号机两台凝结水泵泵体及入口滤网抽空气手动门	
22	开启1号机两台凝结水泵电机空冷器供、回水手动门	
23	检查1号机两台凝结水泵入口滤网放水门关闭	
24	开启1号机两台凝结水泵入口电动门，向凝结水泵入口管道、滤网、泵体注水	
25	待1号机两台凝结水泵入口滤网排空门连续见水后关闭	
26	**风险提示：**启动前检查电机轴承油位正常，油质良好，防止电机轴承损坏	
	检查1号机1A凝结水泵推力轴承油位正常，油质良好	
27	开启1号机凝结水再循环调节门，开度大于95%	
28	1号机1A凝结水泵电机、变频器摇绝缘合格后并送电正常	
29	关闭1号机两台凝结水泵出口电动门	
30	检查1号机1A凝结水泵热控保护投入正常，启动允许条件满足	
31	通知巡检就地到位，并站在1号机1A凝结水泵事故按钮侧面	
32	确认1号机1A凝结水泵变频器出口刀闸合闸良好	
33	合上1号机1A凝结水泵变频器6kV进线开关	
34	**风险提示：**及时调整凝结水再循环门及除氧器水位调节门开度，调节压力稳定，防止凝结水管道超压损坏	
	启动变频器，变频（30Hz）启动____凝结水泵，启动电流____A，返回电流____A（＜375A）	

续表

顺序	操　作　项　目	确认划“√”
35	检查 1 号机 1A 凝结水泵出口电动门联锁打开，凝结水走再循环	
36	根据要求逐步提高凝结水泵变频器频率，提高凝结水出口母管压力至正常：记录凝结水泵电流____A（＜375）、出口压力____MPa（1.5～3MPa）、入口滤网压差____kPa（＜30kPa），凝汽器水位____mm（1000～1200mm）	
37	全面检查 1 号机凝结水系统无跑、冒、滴、漏现象	
38	开启 1 号机凝结水泵出口至两台凝结水泵密封水供水手动门	
39	全面检查 1 号机 1B 凝结水泵处于可靠备用状态	
40	投入 1 号机 1B 凝结水泵备用联锁	
41	检查 1 号机 1B 凝结水泵出口电动门自动开启，泵不倒转	
42	根据需要依次投入 1 号机凝结水的杂项用户	
43	联系化学，投入 1 号机凝结水系统化学加药	
44	操作完毕，汇报值长	

操作人：__________　　　监护人：__________　　　值班负责人（值长）：__________

七、回检	确认划“√”
确认操作过程中无跳项、漏项	
核对阀门位置正确	
远传信号、指示正常，无报警	
向值班负责人（值长）回令，值班负责人（值长）确认操作完成	

操作结束时间：________年____月____日____时____分

操作人：____________　　　　　　　　监护人：____________

管理人员鉴证：值班负责人________________　部门________________　厂级________________

八、备注

热力机械操作票

单位：________________ 班组：________________ 编号：____________

操作任务：**1号机除氧器投运（通过凝结水上水）** 风险等级：________

一、发令、接令	确认划“√”
核实相关工作票已终结或押回，检查设备、系统运行方式、运行状态具备操作条件	
复诵操作指令确认无误	
根据操作任务风险等级通知相关人员到岗到位	

发令人：__________ 接令人：__________ 发令时间：________年____月____日____时____分

二、操作前作业环境风险评估		
危害因素	预 控 措 施	
肢体部位或饰品衣物、用具、工具接触转动部位	（1）正确佩戴防护用品，衣服和袖口应扣好，不得戴围巾领带，长发必须盘在安全帽内； （2）不准将用具、工器具接触设备的转动部位； （3）不准在靠背轮上、安全罩上或运行中设备的轴承上行走与坐立	
孔洞、沟道无盖板、防护栏缺失损坏	（1）行走及操作时注意周边工作环境是否安全，现场孔洞、沟道盖板、平台栏杆是否完好； （2）不准擅自进入现场隔离区域； （3）禁止无安全防护设施的情况下进行高空位置操作	
进入噪声区域时未正确使用防护用品	（1）进入噪声区域时正确佩戴合格的耳塞； （2）避免长时间在高噪声区停留	
三、操作人、监护人互查		确认划“√”
人员状态：工作人员健康状况良好，无酒后、疲劳作业等情况		
个人防护：安全帽、工作鞋、工作服以及与操作任务危害因素相符的耳塞、手套等劳动保护用品等		
四、检查确认工器具完好		
工器具	完 好 标 准	确认划“√”
阀门钩	阀门钩完好无损坏和变形	
测温仪	校验合格证在有效期内，计量显示准确	
测振仪	校验合格证在有效期内，计量显示准确	
五、安全技术交底		
值班负责人按照“操作前作业环境风险评估”以及操作中“风险提示”等内容向操作人、监护人进行安全技术交底。 操作人： 监护人：		

确认上述二～五项内容：

管理人员鉴证：值班负责人________________ 部门________________ 厂级________________

六、操作		
操作开始时间：________年____月____日____时____分		
操作任务：1号机除氧器投运（通过凝结水上水）		
顺序	操 作 项 目	确认划“√”
1	执行《高压加热器及除氧器疏水、排气系统检查卡》，投入就地水位计、水位及压力变送器，各阀门状态正确	
2	确认1号机凝结水系统已投运正常，凝结水走再循环	
3	确认1号机凝结水系统冲洗工作已结束	
4	联系化验确认1号机5号低压加热器出口凝结水水质合格（铁含量小于200μg/L）	
5	确认1号机循环水系统运行正常，凝汽器循环水已建立水循环	

续表

顺序	操 作 项 目	确认划“√”
6	确认1号机辅助蒸汽系统已投运，辅助蒸汽压力为0.8～1.3MPa，温度为300～380℃	
7	确认1号机除氧器启动排气电动门及连续排气门处于开启位置	
8	开启1号机除氧器水位调节阀向除氧器上水	
9	1号机除氧器上水至正常水位（2900mm）后停止上水	
10	若1号机除氧器需要冲洗，开启除氧器底部检修放水电动门，排水至锅炉疏水扩容器对除氧器进行放水冲洗	
11	当1号机除氧器水质Fe<1000μg/L时，关闭除氧器检修放水电动门，开启除氧器紧急放水电动门，除氧器排水切至凝汽器	
12	投入1号机凝结水前置过滤器，直至除氧器水质合格（Fe<200μg/L），关闭除氧器紧急放水电动门	
13	1号机除氧器上水至正常水位（2700～2900mm）	
14	执行《给水系统启动前检查卡》，给水系统相关阀门恢复完毕	
15	检查1号机1A汽动给水泵润滑油系统运行正常，润滑油压力正常（0.12～0.14MPa）	
16	投入给水泵小机密封水运行	
17	检查确认1号机1A汽动给水泵盘车投运正常	
18	慢开启两台给水前置泵进口电动门，给水泵入口管路注水排空正常	
19	检查1号机1A气泵前置泵具备启动条件	
20	执行1号机1A气泵前置泵启动操作票，启动1A前置泵，给水走再循环	
21	开启辅助蒸汽至1号机除氧器供汽管路相关疏水门	
22	确认辅助蒸汽至1号机除氧器旁路电动门、供汽电动调节阀及其前、后电动门关闭	
23	开启辅助蒸汽至1号机除氧器电动调节门前电动门10%，对辅助蒸汽至除氧器供汽管路进行暖管疏水	
24	暖管结束，全开辅助蒸汽至1号机除氧器调节门前、后电动门	
25	调节辅助蒸汽至1号机除氧器调节阀开度，缓慢投入除氧器加热，控制除氧器内水温升率不大于2.5℃/min	
26	就地检查1号机除氧器振动正常，声音正常	
27	1号机除氧器投加热过程中，调整好除氧器水位，防止除氧器大量溢流，损坏凝汽器	
28	当1号机除氧器水温达到80～100℃后，压力达到0.147MPa时，关闭除氧器启动排汽电动门，将辅助蒸汽至除氧器压力调节阀投入自动控制	
29	根据要求，做好向1号锅炉上水冲洗的准备工作	
30	操作完毕，汇报值长	

操作人：__________ 监护人：__________ 值班负责人（值长）：__________

七、回检	确认划“√”
确认操作过程中无跳项、漏项	
核对阀门位置正确	
远传信号、指示正常，无报警	
向值班负责人（值长）回令，值班负责人（值长）确认操作完成	

操作结束时间：________年____月____日____时____分

操作人：__________ 监护人：__________

管理人员鉴证：值班负责人______________ 部门______________ 厂级______________

八、备注

热力机械操作票

单位：______________ 班组：______________ 编号：______________

操作任务：**1号机主机润滑油冷油器切换** 风险等级：______________

一、发令、接令	确认划“√”
核实相关工作票已终结或押回，检查设备、系统运行方式、运行状态具备操作条件	
复诵操作指令确认无误	
根据操作任务风险等级通知相关人员到岗到位	

发令人：__________ 接令人：__________ 发令时间：________年____月____日____时____分

二、操作前作业环境风险评估	
危害因素	预 控 措 施
肢体部位或饰品衣物、用具、工具接触转动部位	（1）正确佩戴防护用品，衣服和袖口应扣好，不得戴围巾领带，长发必须盘在安全帽内； （2）不准将用具、工器具接触设备的转动部位； （3）不准在靠背轮上、安全罩上或运行中设备的轴承上行走与坐立
孔洞、沟道无盖板、防护栏缺失损坏	（1）行走及操作时注意周边工作环境是否安全，现场孔洞、沟道盖板、平台栏杆是否完好； （2）不准擅自进入现场隔离区域； （3）禁止无安全防护设施的情况下进行高空位置操作
进入噪声区域时未正确使用防护用品	（1）进入噪声区域时正确佩戴合格的耳塞； （2）避免长时间在高噪声区停留

三、操作人、监护人互查	确认划“√”
人员状态：工作人员健康状况良好，无酒后、疲劳作业等情况	
个人防护：安全帽、工作鞋、工作服以及与操作任务危害因素相符的耳塞、手套等劳动保护用品等	

四、检查确认工器具完好		
工器具	完 好 标 准	确认划“√”
阀门钩	阀门钩完好无损坏和变形	

五、安全技术交底
值班负责人按照“操作前作业环境风险评估”以及操作中“风险提示”等内容向操作人、监护人进行安全技术交底。 操作人： 监护人：

确认上述二～五项内容：

管理人员鉴证：值班负责人______________ 部门______________ 厂级______________

六、操作		
操作开始时间：________年____月____日____时____分		
操作任务：1号机主机润滑油冷油器切换		
顺序	操 作 项 目	确认划“√”
1	检查确认1号机备用冷油器具备切换条件，切换前记录轴承润滑油压正常（0.2～0.23MPa），轴承进回油温度正常，主机润滑油冷油器出口温度（40～49℃）	
2	**风险提示：**备用冷油器投用前必须进行注油排空，注油排空充分后方可投运	
	开启1号机主机润滑油备用冷油器注油门、排空气门，对冷油器进行注油排气	
3	确认1号机主机润滑油备用冷油器已充满油，冷油器排气管道油流正常	
4	**风险提示：**确认备用冷油器水侧已注满水，防止投运后油温波动大	
	确认1号机主机润滑油备用冷油器水侧出口门开启状态，缓慢开启备用冷油器水侧入口门，直至全开	

续表

顺序	操　作　项　目	确认划“√”
5	逆时针旋转1号机主机润滑油冷油器切换锁止手轮，解除切换阀锁定	
6	**风险提示**：切换操作应缓慢，切换过程监视油温、油压变化，并与盘上人员保持通信畅通，发生较大波动应立即切回原冷油器运行，并进行详细检查	
	缓慢旋转1号机主机润滑油冷油器切换阀手柄，当切换阀手柄上的A-B位置处于水平位置保持	
7	1号机主机两台冷油器并列运行，检查油压正常（0.2～0.23MPa）	
8	1号机主机备用冷油器与工作冷油器冷却水进水手动门调至一致	
9	确认1号机润滑油温度调节阀自动跟踪良好，润滑油温在正常范围内（40～49℃），无明显波动	
10	继续将1号机切换阀手柄旋转到位，将手柄上的箭头指向备用冷油器，冷油器切换完全到位	
11	顺时针旋转1号机主机润滑油冷油器切换锁止手轮，锁定切换阀	
12	1号机切换过程中，注意监视轴承润滑油压稳定（0.2～0.23MPa），油温无波动（40～49℃）	
13	关闭1号机主机冷油器排空门、注油门，关闭原运行冷油器冷却水入口门，冷油器投备用	
14	操作完毕，汇报值长	

操作人：__________　　监护人：__________　　值班负责人（值长）：__________

七、回检	确认划“√”
确认操作过程中无跳项、漏项	
核对阀门位置正确	
远传信号、指示正常，无报警	
向值班负责人（值长）回令，值班负责人（值长）确认操作完成	

操作结束时间：________年____月____日____时____分

操作人：____________　　监护人：____________

管理人员鉴证：值班负责人______________　部门______________　厂级______________

八、备注

热力机械操作票

单位：______________ 班组：______________ 编号：______________

操作任务：**1 号机主机润滑油 TOP 低油压联动试验** 风险等级：__________

一、发令、接令	确认划“√”
核实相关工作票已终结或押回，检查设备、系统运行方式、运行状态具备操作条件	
复诵操作指令确认无误	
根据操作任务风险等级通知相关人员到岗到位	

发令人：__________ 接令人：__________ 发令时间：________年____月____日____时____分

二、操作前作业环境风险评估	
危害因素	预　控　措　施
肢体部位或饰品衣物、用具、工具接触转动部位	（1）正确佩戴防护用品，衣服和袖口应扣好，不得戴围巾领带，长发必须盘在安全帽内； （2）不准将用具、工器具接触设备的转动部位； （3）不准在靠背轮上、安全罩上或运行中设备的轴承上行走与坐立
孔洞、沟道无盖板、防护栏缺失损坏	（1）行走及操作时注意周边工作环境是否安全，现场孔洞、沟道盖板、平台栏杆是否完好； （2）不准擅自进入现场隔离区域； （3）禁止无安全防护设施的情况下进行高空位置操作
进入噪声区域时未正确使用防护用品	（1）进入噪声区域时正确佩戴合格的耳塞； （2）避免长时间在高噪声区停留

三、操作人、监护人互查	确认划“√”
人员状态：工作人员健康状况良好，无酒后、疲劳作业等情况	
个人防护：安全帽、工作鞋、工作服以及与操作任务危害因素相符的耳塞、手套等劳动保护用品等	

四、检查确认工器具完好		
工器具	完　好　标　准	确认划“√”
测温仪	校验合格证在有效期内，计量显示准确	
测振仪	校验合格证在有效期内，计量显示准确	

五、安全技术交底
值班负责人按照“操作前作业环境风险评估”以及操作中“风险提示”等内容向操作人、监护人进行安全技术交底。 操作人：　　　　　　　　监护人：

确认上述二～五项内容：

管理人员鉴证：值班负责人______________ 部门______________ 厂级______________

六、操作		
操作开始时间：________年____月____日____时____分		
操作任务：1 号机主机润滑油 TOP 低油压联动试验		
顺序	操　作　项　目	确认划“√”
1	检查 1 号机组运行工况正常	
2	确认 1 号机主油泵出口油压正常（≥1.372MPa），润滑油母管压力正常（0.2～0.23MPa），无“润滑油压低”及“主油泵出口油压低”报警信号	
3	检查 1 号机主机油箱油位（正常在 1300～1400mm）	
4	检查 1 号机主机润滑油 TOP 在“联锁投入”方式	
5	在 1 号机 DCS 主机润滑油系统画面中，打开 25YV 电磁阀“润滑油辅助油泵试验电磁阀 1”对话框，按“打开”按钮点“确认”	

续表

顺序	操　作　项　目	确认划“√”
6	**风险提示：**电动机启动前应与电机保持安全距离，不要站在泵径向方向，避免机械伤害；巡检人员站在事故按钮处，启动时发现机械振动大或冒烟着火时及时通过事故按钮停止	
	检查 1 号机 25YV 电磁阀开启，报“主油泵出口压力低”，联启 TOP 正常	
7	记录 1 号机主机润滑油母管压力____MPa，TOP 就地出口油压表指示____MPa，检查 TOP 运行正常	
8	在 1 号机 DCS 主机润滑油系统画面中，打开 25YV 电磁阀“润滑油辅助油泵试验电磁阀 1”对话框，按“关闭”按钮点“确认”，关闭 25YV 电磁阀	
9	**风险提示：**停止 TOP 时，确认止回门关闭严密，润滑油压正常	
	停止 1 号机主机润滑油 TOP 运行，确认润滑油压正常	
10	在 1 号机 DCS 主机润滑油系统画面中，打开 29YV 电磁阀“润滑油辅助油泵试验电磁阀 2”对话框，按“打开”按钮点“确认”	
11	检查 1 号机 29YV 电磁阀开启，报“润滑油压力低”，TOP 联启正常	
12	检查 1 号机主机润滑油压力正常，就地检查 TOP 运行正常	
13	在 1 号机 DCS 主机润滑油系统画面中，打开 29YV 电磁阀“润滑油辅助油泵试验电磁阀 2”对话框，按“关闭”按钮点“确认”，关闭 29YV 电磁阀	
14	**风险提示：**停止 TOP 时，确认止回门关闭严密，润滑油压正常	
	停止 1 号机主机润滑油 TOP 运行，确认润滑油压正常	
15	确认 1 号机主机润滑油 TOP 在“联锁投入”方式	
16	操作完毕，汇报值长	

操作人：__________　　监护人：__________　　值班负责人（值长）：__________

七、回检	确认划“√”
确认操作过程中无跳项、漏项	
核对阀门位置正确	
远传信号、指示正常，无报警	
向值班负责人（值长）回令，值班负责人（值长）确认操作完成	

操作结束时间：________年____月____日____时____分

操作人：____________　　监护人：____________

管理人员鉴证：值班负责人______________　部门______________　厂级______________

八、备注

热力机械操作票

单位：＿＿＿＿＿＿＿＿ 班组：＿＿＿＿＿＿＿＿ 编号：＿＿＿＿＿＿＿

操作任务：**1号机主机润滑油EOP低油压联动试验** 风险等级：＿＿＿＿＿

一、发令、接令	确认划“√”
核实相关工作票已终结或押回，检查设备、系统运行方式、运行状态具备操作条件	
复诵操作指令确认无误	
根据操作任务风险等级通知相关人员到岗到位	

发令人：＿＿＿＿＿ 接令人：＿＿＿＿＿ 发令时间：＿＿＿＿年＿＿月＿＿日＿＿时＿＿分

二、操作前作业环境风险评估		
危害因素	预 控 措 施	
肢体部位或饰品衣物、用具、工具接触转动部位	（1）正确佩戴防护用品，衣服和袖口应扣好，不得戴围巾领带，长发必须盘在安全帽内； （2）不准将用具、工器具接触设备的转动部位； （3）不准在靠背轮上、安全罩上或运行中设备的轴承上行走与坐立	
孔洞、沟道无盖板、防护栏缺失损坏	（1）行走及操作时注意周边工作环境是否安全，现场孔洞、沟道盖板、平台栏杆是否完好； （2）不准擅自进入现场隔离区域； （3）禁止无安全防护设施的情况下进行高空位置操作	
进入噪声区域时未正确使用防护用品	（1）进入噪声区域时正确佩戴合格的耳塞； （2）避免长时间在高噪声区停留	
三、操作人、监护人互查		确认划“√”
人员状态：工作人员健康状况良好，无酒后、疲劳作业等情况		
个人防护：安全帽、工作鞋、工作服以及与操作任务危害因素相符的耳塞、手套等劳动保护用品等		
四、检查确认工器具完好		
工器具	完 好 标 准	确认划“√”
测振仪	校验合格证在有效期内，计量显示准确	
测温仪	校验合格证在有效期内，计量显示准确	
五、安全技术交底		
值班负责人按照“操作前作业环境风险评估”以及操作中“风险提示”等内容向操作人、监护人进行安全技术交底。 操作人： 监护人：		

确认上述二～五项内容：

管理人员鉴证：值班负责人＿＿＿＿＿＿＿ 部门＿＿＿＿＿＿＿ 厂级＿＿＿＿＿＿＿

六、操作		
操作开始时间：＿＿＿＿年＿＿月＿＿日＿＿时＿＿分		
操作任务：1号机主机润滑油EOP低油压联动试验		
顺序	操 作 项 目	确认划“√”
1	检查1号机运行正常，主机润滑油压正常（0.2～0.23MPa）、转速3000rpm稳定，具备试验条件	
2	就地人员检查确认1号机主机油箱油位正常（1300～1400mm）、EOP具备启动条件	
3	检查1号机主机润滑油EOP在“联锁已投”方式	
4	在1号机DCS主机润滑油系统画面中，打开27YV电磁阀“汽轮机润滑油直流事故油泵试验电磁阀”对话框，按“打开”按钮点“确认”	

续表

顺序	操 作 项 目	确认划"√"
5	**风险提示**：电动机启动前应与电机保持安全距离，不要站在泵径向方向，避免机械伤害；巡检人员站在事故按钮处，启动时发现机械振动大或冒烟着火时及时通过事故按钮停止	
	检查1号机27YV电磁阀开启，报"润滑油压低"，联启润滑油EOP正常	
6	记录1号机主机润滑油母管压力____MPa，润滑油EOP就地出口油压表指示____MPa，检查润滑油EOP运行正常	
7	在1号机DCS主机润滑油系统画面中，打开27YV电磁阀"汽轮机润滑油直流事故油泵试验电磁阀"对话框，按"关闭"按钮点"确认"，关闭27YV电磁阀	
8	**风险提示**：停止EOP时，确认止回门关闭严密，润滑油压正常	
	停止1号机主机润滑油EOP运行，确认润滑油压正常	
9	确认1号机主机润滑油EOP在"联锁投入"方式	
10	操作完毕，汇报值长	

操作人：__________　　监护人：__________　　值班负责人（值长）：__________

七、回检	确认划"√"
确认操作过程中无跳项、漏项	
核对阀门位置正确	
远传信号、指示正常，无报警	
向值班负责人（值长）回令，值班负责人（值长）确认操作完成	

操作结束时间：________年____月____日____时____分

操作人：____________　　监护人：____________

管理人员鉴证：值班负责人______________　部门______________　厂级______________

八、备注

热力机械操作票

单位：________ 班组：________ 编号：________

操作任务：**1号机1A给水泵汽轮机润滑油A滤网切换至B滤网运行** 风险等级：________

一、发令、接令	确认划"√"
核实相关工作票已终结或押回，检查设备、系统运行方式、运行状态具备操作条件	
复诵操作指令确认无误	
根据操作任务风险等级通知相关人员到岗到位	

发令人：________ 接令人：________ 发令时间：____年__月__日__时__分

二、操作前作业环境风险评估	
危害因素	预控措施
肢体部位或饰品衣物、用具、工具接触转动部位	（1）正确佩戴防护用品，衣服和袖口扣好，不得戴围巾领带，长发必须盘在安全帽内； （2）不准将用具、工器具接触设备的转动部位； （3）不准在靠背轮上、安全罩上或运行中设备的轴承上行走或坐立
孔洞、沟道无盖板、防护栏缺失损坏	（1）行走及操作时注意周边现场孔洞、沟道盖板、平台栏杆是否完好； （2）不准擅自进入现场隔离区域； （3）禁止无安全防护设施的情况下进行高空位置操作
进入噪声区域未正确使用防护用品	（1）进入噪声区域时正确佩戴合格的耳塞； （2）避免长时间在高噪声区停留

三、操作人、监护人互查	确认划"√"
人员状态：工作人员健康状况良好，无酒后、疲劳作业等情况	
个人防护：安全帽、工作鞋、工作服以及与操作任务危害因素相符的耳塞、手套等劳动保护用品等	

四、检查确认工器具完好		
工器具	完好标准	确认划"√"
阀门钩	阀门钩完好无损坏和变形	
测温仪	校验合格证在有效期内，计量显示准确	
测振仪	校验合格证在有效期内，计量显示准确	

五、安全技术交底
值班负责人按照"操作前作业环境风险评估"以及操作中"风险提示"等内容向操作人、监护人进行安全技术交底。 操作人：　　　　　　监护人：

确认上述二～五项内容：

管理人员鉴证：值班负责人________ 部门________ 厂级________

六、操作		
操作开始时间：____年__月__日__时__分		
操作任务：1号机1A给水泵汽轮机润滑油A滤网切换至B滤网运行		
顺序	操作项目	确认划"√"
1	检查1号机1A给水泵汽轮机润滑油压力正常（0.2～0.28MPa）	
2	检查1号机1A给水泵A滤网的正常差压不大于0.05MPa，无差压高报警	
3	观察三通切换装置上的油流指向器，确认1号机1A给水泵A滤网运行B滤网备用	
4	**风险提示：**润滑油滤网切换前，充分注油排气	
	开启三通切换装置上的压力平衡阀，对1号机1A给水泵B滤网壳体充油	

续表

顺序	操 作 项 目	确认划“√”
5	注油结束，缓慢转动三通切换装置手柄 180°，观察三通切换装置上的油流指向器，将 1 号机 1A 给水泵 B 滤网投入使用	
6	**风险提示：**切换过程中，检查给水泵汽轮机润滑油压力正常，若油压快速下降，立即切回原滤网运行	
	切换过程中，检查 1 号机 1A 给水泵汽轮机润滑油压力正常 0.2～0.28MPa，若油压快速下降，立即切回原滤网运行	
7	检查 1 号机 1A 给水泵汽轮机润滑油 B 滤网前后差压____MPa（≤0.05MPa）	
8	关闭过滤器压力平衡阀	
9	操作完毕，汇报值长	

操作人：__________　　监护人：__________　　值班负责人（值长）：__________

七、回检	确认划“√”
确认操作过程中无跳项、漏项	
核对阀门位置正确	
远传信号、指示正常，无报警	
向值班负责人（值长）回令，值班负责人（值长）确认操作完成	

操作结束时间：________年____月____日____时____分

操作人：____________　　监护人：____________

管理人员鉴证：值班负责人______________　部门______________　厂级______________

八、备注

热力机械操作票

单位：__________ 班组：__________ 编号：__________

操作任务：**1号机主机润滑油MSP低油压联动试验** 风险等级：__________

一、发令、接令	确认划“√”
核实相关工作票已终结或押回，检查设备、系统运行方式、运行状态具备操作条件	
复诵操作指令确认无误	
根据操作任务风险等级通知相关人员到岗到位	

发令人：__________ 接令人：__________ 发令时间：______年___月___日___时___分

二、操作前作业环境风险评估		
危害因素	预控措施	
肢体部位或饰品衣物、用具、工具接触转动部位	（1）正确佩戴防护用品，衣服和袖口扣好，不得戴围巾领带，长发必须盘在安全帽内； （2）不准将用具、工器具接触设备的转动部位； （3）不准在靠背轮上、安全罩上或运行中设备的轴承上行走或坐立	
孔洞、沟道无盖板、防护栏缺失损坏	（1）行走及操作时注意周边现场孔洞、沟道盖板、平台栏杆是否完好； （2）不准擅自进入现场隔离区域； （3）禁止无安全防护设施的情况下进行高空位置操作	
进入噪声区域未正确使用防护用品	（1）进入噪声区域时正确佩戴合格的耳塞； （2）避免长时间在高噪声区停留	
三、操作人、监护人互查		确认划“√”
人员状态：工作人员健康状况良好，无酒后、疲劳作业等情况		
个人防护：安全帽、工作鞋、工作服以及与操作任务危害因素相符的耳塞、手套等劳动保护用品等		
四、检查确认工器具完好		
工器具	完好标准	确认划“√”
测温仪	校验合格证在有效期内，计量显示准确	
测振仪	校验合格证在有效期内，计量显示准确	
五、安全技术交底		
值班负责人按照“操作前作业环境风险评估”以及操作中“风险提示”等内容向操作人、监护人进行安全技术交底。 操作人： 监护人：		

确认上述二～五项内容：

管理人员鉴证：值班负责人__________ 部门__________ 厂级__________

六、操作		
操作开始时间：______年___月___日___时___分		
操作任务：1号机主机润滑油MSP低油压联动试验		
顺序	操作项目	确认划“√”
1	检查1号机组运行良好，润滑油压正常（0.2～0.23MPa）、主机转速3000rpm稳定	
2	就地人员检查确认1号机主机润滑油箱油位正常（1300～1400mm）、MSP具备启动条件	
3	检查1号机主机润滑油MSP在“联锁已投”方式	
4	在1号机DCS主机润滑油系统画面中，打开26YV电磁阀“汽轮机润滑油启动油泵试验电磁阀”对话框，按“打开”按钮点“确认”	
5	**风险提示：**电动机启动前应与电机保持安全距离，不要站在泵径向方向，避免机械伤害；巡检人员站在事故按钮处，启动时发现机械振动大或冒烟着火时及时通过事故按钮停止	
	检查1号机主机润滑油系统26YV电磁阀开启，报“主油泵入口压力低0.07MPa”，联启润滑油MSP运行正常	

续表

顺序	操　作　项　目	确认划“√”
6	记录1号机主机润滑油母管压力____MPa，MSP就地出口油压表指示____MPa，检查MSP运行正常	
7	在1号机DCS主机润滑油系统画面中，打开26YV电磁阀“汽轮机润滑油启动油泵试验电磁阀”对话框，按“关闭”按钮点“确认”，关闭26YV电磁阀	
8	**风险提示：**停止MSP时，确认止回门关闭严密，润滑油压正常	
	停止1号机主机润滑油MSP运行，确认润滑油压正常	
9	检查1号机主机润滑油MSP“联锁投入”方式	
10	操作完毕，汇报值长	

操作人：__________　　监护人：__________　　值班负责人（值长）：__________

七、回检	确认划“√”
确认操作过程中无跳项、漏项	
核对阀门位置正确	
远传信号、指示正常，无报警	
向值班负责人（值长）回令，值班负责人（值长）确认操作完成	

操作结束时间：________年____月____日____时____分

操作人：____________　　监护人：____________

管理人员鉴证：值班负责人______________　部门______________　厂级______________

八、备注

热力机械操作票

单位：＿＿＿＿＿＿＿＿ 班组：＿＿＿＿＿＿＿＿ 编号：＿＿＿＿＿＿

操作任务：**1号机密封油系统投运** 风险等级：＿＿＿＿

一、发令、接令	确认划“√”
核实相关工作票已终结或押回，检查设备、系统运行方式、运行状态具备操作条件	
复诵操作指令确认无误	
根据操作任务风险等级通知相关人员到岗到位	

发令人：＿＿＿＿＿ 接令人：＿＿＿＿＿ 发令时间：＿＿＿＿年＿＿月＿＿日＿＿时＿＿分

二、操作前作业环境风险评估		
危害因素	预　控　措　施	
肢体部位或饰品衣物、用具、工具接触转动部位	（1）衣服和袖口扣好，不得戴围巾领带，长发必须盘在安全帽内； （2）不准将用具、工器具接触设备的转动部位； （3）不准在靠背轮上、安全罩上或运行中设备的轴承上行走或坐立	
孔洞、沟道无盖板、防护栏缺失损坏	（1）行走及操作时注意周边现场孔洞、沟道盖板、平台栏杆是否完好； （2）不准擅自进入现场隔离区域； （3）禁止无安全防护设施的情况下进行高空位置操作	
进入噪声区域未正确使用防护用品	（1）进入噪声区域时正确佩戴合格的耳塞； （2）避免长时间在高噪声区停留	
三、操作人、监护人互查		确认划“√”
人员状态：工作人员健康状况良好，无酒后、疲劳作业等情况		
个人防护：安全帽、工作鞋、工作服以及与操作任务危害因素相符的耳塞、手套等劳动保护用品等		
四、检查确认工器具完好		
工器具	完　好　标　准	确认划“√”
阀门钩	阀门钩完好无损坏和变形	
测温仪	校验合格证在有效期内，计量显示准确	
测振仪	校验合格证在有效期内，计量显示准确	
五、安全技术交底		
值班负责人按照“操作前作业环境风险评估”以及操作中“风险提示”等内容向操作人、监护人进行安全技术交底。 操作人：　　　　　　　监护人：		

确认上述二～五项内容：

管理人员鉴证：值班负责人＿＿＿＿＿＿＿＿ 部门＿＿＿＿＿＿＿＿ 厂级＿＿＿＿＿＿＿＿

六、操作		
操作开始时间：＿＿＿＿年＿＿月＿＿日＿＿时＿＿分		
操作任务：1号机密封油系统投运		
顺序	操　作　项　目	确认划“√”
1	按照《密封油系统阀门检查卡》将系统阀门恢复完毕，密封油系统所有放油门关闭，系统具备投入条件	
2	检查各热工测量元件完好，压力表、压力变送器、压力开关、液位开关一次门开启，控制电源、信号电源投入正常	
3	确认1号机主机润滑油系统已投入并运行正常	
4	**风险提示：**检查确认密封油回油扩大槽和机油水探测器液位取样门已开，无油位高报警	
	将1号机密封油回油扩大槽油水检漏仪和机油水检漏仪排污后，确认正常后投入	

续表

顺序	操 作 项 目	确认划“√”
5	1号机两台交流主密封油泵、直流密封油泵、密封油循环泵、密封油真空泵、两台密封油排烟风机测绝缘合格后，送电正常	
6	检查确认1号机密封油油氢差压阀进出口门关闭，油氢差压阀旁路门关闭，油氢差压取样门已开启	
7	检查1号机密封油油氢差压阀后机密封油供油总门开启	
8	检查确认1号机密封油浮子油箱走旁路，浮子油箱进、出口手动门关闭（机气体压力低于50kPa时）	
9	检查开启1号机主机润滑油至密封油系统手动截止止回门、主机润滑油至密封油系统隔离门、机密封油真空油箱进油手动门，向密封油真空油箱注油	
10	检查 1 号机密封油真空油箱浮球阀动作正常，密封油真空油箱油位控制在高、低油位线之间（450～650mm）	
11	检查1号机密封油真空泵组阀门状态正确，具备启动条件，启动密封油真空泵	
12	缓慢开启1号机密封油真空泵入口手动门，检查真空油箱真空逐渐升高	
13	当1号机密封油真空油箱内压力达约－70kPa时，关闭真空泵入口门，停止密封油真空泵运行	
14	检查1号机密封油____侧滤网正常投入，前、后手动门开启，备用密封油滤网处于备用状态	
15	检查1号机密封油供油微水检测仪前、后手动门开启，投入密封油供油微水检测仪运行（大于80μg报警）	
16	启动1号机1A密封油排烟风机运行，调整风机入口手动门保持负压在－1～－1.5kPa，另一台风机无反转现象，试运正常后停运并投入备用联锁	
17	开启1号机主机润滑油至密封油系统直供油手动门向系统注油，通过调整氢油压差阀旁路手动门，密封油氢油压差在75～85kPa（首次启动油氢差压维持在40kPa左右）	
18	**风险提示：**发电机密封油系统充油开始，直至发电机内部氢气压力达到 300kPa，期间就地专人负责监视调整浮子油箱液位，防止发电机内部进油，同时防止氢气从该管路外泄	
	手动控制1号机浮子油箱旁路门，调整观察窗回油正常	
19	检查1号机密封油系统无泄漏现象，待密封油系统充满油运行正常后，关闭润滑油直供手动门	
20	检查1号机密封油回油扩大槽和机油水探测器液位正常，无油位高报警	
21	确认1号机两台交流密封油泵及直流密封油泵进、出口手动门，油泵溢流阀前、后手动门，循环泵进、出口手动门在全开位，溢流旁路手动止回门在开启位	
22	确认1号机主密封油泵启动允许条件满足，启动1A交流密封油泵，检查电流、振动、声音、轴承温度正常，电流____A（＜32.5A）	
23	调整1号机密封油泵再循环门，维持油泵出口油压在0.9～1MPa，及时调整油氢差压阀旁路门，控制供油氢油压差在75～85kPa（首次启动油氢差压维持在40kPa）	
24	检查1号机密封油再循环泵联锁启动，运行正常	
25	检查1号机密封油系统运行正常，确认系统无渗漏现象，密封瓦回油正常，浮子油箱旁路回油运行正常	
26	确认1号机密封油真空泵进口门关闭，密封油真空泵分离器内油位正常后（液位在1/3左右），启动密封油真空泵	
27	确认1号机密封油真空泵轴承油管电磁阀、密封油真空泵冷却水供水电磁阀联开	
28	缓慢开启1号机密封油真空泵入口门，使真空油箱内压力维持在－90～－96kPa	
29	检查1号机密封油真空泵油分离器是否有积水，若有积水应及时排掉，但应保证密封油真空泵油分离器油位在正常油位（液位在1/3左右）	
30	当 1 号机内气体压力变化时，及时调整压差阀旁路门，保证密封油压大于机内气体压力 75～85kPa	
31	1号机内气体压力大于35kPa时，检查浮子油箱液位正常，旁路观察窗油流正常，密封瓦回油正常，逐渐投入浮子油箱主路运行，关闭其旁路阀，开启浮子油箱与回油扩大槽联通门	

续表

顺序	操 作 项 目	确认划“√”
32	1号机内气体压力大于50kPa时，缓慢投入密封油差压阀，关闭差压阀旁路；检查油氢差压正常	
33	1号机密封油真空油箱真空正常后开启真空泵分离器溢流手动门	
34	随着发电机内部压力逐渐升高，相应逐渐关闭交流密封油泵溢流旁路手动止回门至关闭	
35	1号机密封油系统启动正常后，将备用主密封油泵及事故密封油泵投入备用	
36	记录1号机密封油1A交流密封油泵电流____A（<32.5A），1A交流密封油泵出口母管压力____MPa（0.9～1MPa），密封油真空油箱油位____mm（450～650mm），油氢压差____kPa（75～85kPa），确认系统运行正常	
37	确认1号机密封油回油扩大槽和机油水探测器液位正常，无油位高报警	
38	检查浮子油箱、真空油箱浮球动作正常，油箱油位正常	
39	操作完毕，汇报值长	

操作人：__________　　监护人：__________　　值班负责人（值长）：__________

七、回检	确认划“√”
确认操作过程中无跳项、漏项	
核对阀门位置正确	
远传信号、指示正常，无报警	
向值班负责人（值长）回令，值班负责人（值长）确认操作完成	

操作结束时间：________年____月____日____时____分

操作人：____________　　监护人：____________

管理人员鉴证：值班负责人______________　部门______________　厂级______________

八、备注

热力机械操作票

单位：________________ 班组：________________ 编号：____________

操作任务：**1 号发电机气体置换（空气置换为 CO_2）** 风险等级：________

一、发令、接令	确认划“√”
核实相关工作票已终结或押回，检查设备、系统运行方式、运行状态具备操作条件	
复诵操作指令确认无误	
根据操作任务风险等级通知相关人员到岗到位	

发令人：__________ 接令人：__________ 发令时间：_______年___月___日___时___分

二、操作前作业环境风险评估	
危害因素	预　控　措　施
孔洞、沟道无盖板、防护栏缺失损坏	（1）行走及操作时注意周边现场孔洞、沟道盖板、平台栏杆是否完好； （2）不准擅自进入现场隔离区域； （3）禁止无安全防护设施的情况下进行高空位置操作
进入噪声区域未正确使用防护用品	（1）进入噪声区域时正确佩戴合格的耳塞； （2）避免长时间在高噪声区停留
CO_2 造成的冻伤、窒息	（1）作业时正确佩戴防护手套； （2）迅速脱离现场至空气新鲜处，保持呼吸道通畅，如呼吸困难及时输氧

三、操作人、监护人互查	确认划“√”
人员状态：工作人员健康状况良好，无酒后、疲劳作业等情况	
个人防护：安全帽、工作鞋、工作服以及与操作任务危害因素相符的耳塞、手套等劳动保护用品等	

四、检查确认工器具完好		
工器具	完　好　标　准	确认划“√”
阀门钩	阀门钩完好无损坏和变形	

五、安全技术交底
值班负责人按照“操作前作业环境风险评估”以及操作中“风险提示”等内容向操作人、监护人进行安全技术交底。 操作人：　　　　　　　　监护人：

确认上述二～五项内容：

管理人员鉴证：值班负责人________________ 部门________________ 厂级________________

六、操作		
操作开始时间：_______年___月___日___时___分		
操作任务：1 号发电机气体置换（空气置换为 CO_2）		
顺序	操　作　项　目	确认划“√”
1	确认 1 号机已停运，汽轮机盘车处于运行或静止状态	
2	**风险提示：**确认发电机密封油系统已投运且运行正常，防止气体泄漏	
	确认 1 号发电机密封油系统已投运且运行正常	
3	联系氢站，确认氢站供氢阀门已关闭，检查本机组充氢管路相关阀门已关闭	
4	确认氢气干燥器前置换用仪用压缩空气进气手动门已严密关闭，进气管路堵板安装良好	
5	确认现场已准备足够 CO_2 瓶，CO_2 纯度大于 95%	
6	CO_2 加热装置测绝缘良好，送电正常	

续表

顺序	操作项目	确认划“√”
7	按阀门检查卡进行检查，确认阀门状态正确，系统内可拆卸短管已连接好，系统内其他管道无明显断点	
8	**风险提示**：置换 CO_2 前先隔离湿度仪，防止湿度仪损坏	
	确认 1 号发电机氢气湿度仪已经隔离	
9	确认 1 号发电机氢气纯度检测仪已切为置换模式	
10	确认 1 号发电机绝缘监测装置已经停运	
11	确认 1 号发电机氢气循环风机已经停运	
12	**风险提示**：及时调整氢油压差，防止发电机进油	
	当 1 号发电机气体压力 0.05MPa 时，检查油氢差压阀调节是否正常，不正常则切至旁路门调整	
13	当 1 号发电机气体压力低至 0.05MPa 时，浮子油箱回油由主路切至旁路运行状态，旁路门控制氢侧回油	
14	开启 1 号发电机补氢汇流排上 CO_2 瓶出口门，开启一路 CO_2 减压装置进、出口手动门、减压装置后 CO_2 供气总门	
15	开启 CO_2 加热装置进口门，检查 CO_2 供气压力正常，压力控制在 0.2～0.5MPa	
16	启动 CO_2 加热装置，充 CO_2 温度控制在 30～40℃	
17	开启 CO_2 加热装置出口门	
18	确认 CO_2 排放门已关闭	
19	开启置换空气排放门	
20	缓慢全开置换控制阀 CO_2 进口门向 1 号发电机充 CO_2，用气体排放总门控制机内气压，保持机内气压在 0.02～0.03MPa	
21	CO_2 纯度为 65%以下一般采用连补连排的方式，在 CO_2 纯度为 65%以上时，采用定排定补的方式，充压至 80～100kPa，然后静置 10～20min，再排放至 20kPa	
22	1 号发电机充 CO_2 60～90min 后，可联系化学人员进行取样化验发电机内的 CO_2 纯度（纯度仪也可显示）	
23	当 CO_2 纯度大于 90%后，对 1 号发电机进行排死角	
24	分别对以下仪表、排污管道进行排死角，排死角过程中，维持 1 号发电机内压力在 0.02～0.03MPa	
25	需要分别排死角的设备：氢气干燥器、氢气循环风机、氢气纯度分析仪、漏氢检测仪、氢气湿度仪、回油扩大槽、浮子油箱、发电机绝缘过热监测仪、发电机油水泄漏开关等设备区域相关阀门	
26	分别稍开上述阀门排死角 3～5min，检测 1 号发电机 CO_2 纯度，否则重复上述操作	
27	当 CO_2 纯度大于 95%后，1 号发电机内 CO_2 置换空气结束	
28	关闭 1 号发电机空气排放门	
29	停用 CO_2 加热装置	
30	关闭 CO_2 汇流排供气，CO_2 供气压力调节阀前、后手动门	
31	关闭 CO_2 供气管路相关阀门，确认号阀门已关严	
32	全面检查 1 号发电机气体系统，确认系统无泄漏	
33	操作完毕，汇报值长	

操作人：__________　　监护人：__________　　值班负责人（值长）：__________

七、回检	确认划“√”
确认操作过程中无跳项、漏项	
核对阀门位置正确	
远传信号、指示正常，无报警	
向值班负责人（值长）回令，值班负责人（值长）确认操作完成	

操作结束时间：________年___月___日___时___分

操作人：____________　　　　　　　　　　　　监护人：____________

管理人员鉴证：值班负责人________________　部门________________　厂级_______________

八、备注

热力机械操作票

单位：________________ 班组：________________ 编号：____________

操作任务：**1号发电机气体置换（CO_2置换为氢气）** 风险等级：______

一、发令、接令	确认划“√”
核实相关工作票已终结或押回，检查设备、系统运行方式、运行状态具备操作条件	
复诵操作指令确认无误	
根据操作任务风险等级通知相关人员到岗到位	

发令人：__________ 接令人：__________ 发令时间：_______年___月___日___时___分

二、操作前作业环境风险评估		
危害因素	预 控 措 施	
氢气爆炸	（1）操作时应使用铜质工具； （2）严禁携带及使用火种； （3）供氢的管道、阀门或其他设备发生冻结时，应用蒸汽或热水解冻，严禁用火加热； （4）严格按照操作票步序执行工作任务，氢气浓度应检测合格	
CO_2造成的冻伤、窒息	（1）作业时正确佩戴防护手套； （2）迅速脱离现场至空气新鲜处，保持呼吸道通畅，如呼吸困难及时输氧	
孔洞、沟道无盖板、防护栏缺失损坏	（1）行走及操作时注意周边现场孔洞、沟道盖板、平台栏杆是否完好； （2）不准擅自进入现场隔离区域； （3）禁止无安全防护设施的情况下进行高空位置操作	
三、操作人、监护人互查		确认划“√”
人员状态：工作人员健康状况良好，无酒后、疲劳作业等情况		
个人防护：安全帽、工作鞋、工作服以及与操作任务危害因素相符的耳塞、手套等劳动保护用品等		
四、检查确认工器具完好		
工器具	完 好 标 准	确认划“√”
阀门钩	阀门钩为铜制或者其他材质完全涂抹黄油，外观完好无损坏、无变形	
五、安全技术交底		
值班负责人按照“操作前作业环境风险评估”以及操作中“风险提示”等内容向操作人、监护人进行安全技术交底。 操作人： 监护人：		

确认上述二～五项内容：

管理人员鉴证：值班负责人______________ 部门______________ 厂级______________

六、操作		
操作开始时间：_______年___月___日___时___分		
操作任务：1号发电机气体置换（CO_2置换为氢气）		
顺序	操 作 项 目	确认划“√”
1	确认1号发电机具备充氢气条件，检修人员已撤离现场	
2	**风险提示**：确认发电机密封油系统已投运，防止发电机气体泄漏	
	确认1号发电机密封油系统已投运且运行正常	
3	确认1号机组已停运，汽轮机盘车处于运行或停运状态	
4	按氢气系统阀门检查卡进行检查，确认阀门状态正确，系统内可拆卸短管已连接好，系统内其他管道无明显断点	
5	检查压缩空气至1号发电机氢气置换压缩空气入口手动门关闭严密，压缩空气进气软管拆除	

续表

顺序	操 作 项 目	确认划“√”
6	确认 CO_2 加热装置已停用，CO_2 汇流排供气门，CO_2 供气减压阀前、后手动门，CO_2 供气母管总门已关闭	
7	确认 CO_2 加热装置前、后隔离阀，CO_2 进气阀，氢气排气阀已关严，总排气阀在开启状态	
8	**风险提示：** 监视油氢差压阀跟踪正常，及时调整油氢差压，防止发电机进油	
	1 号发电机气体压力小于 0.05MPa，检查油氢差压阀跟踪正常，否则缓慢退出油氢差压调节器运行，逐渐开启旁路手动门	
9	当 1 号发电机气体压力小于 0.035MPa 时，浮子油箱旁路门应处于开启状态	
10	**风险提示：** 置换 CO_2 前先隔离湿度仪，防止湿度仪损坏	
	确认 1 号发电机氢气湿度仪已经隔离	
11	确认 1 号发电机氢气纯度检测仪已切为“H_2 in CO_2”置换模式	
12	确认 1 号发电机绝缘监测装置已经停运	
13	确认 1 号发电机氢气循环风机已经停运	
14	联系制辅控主值班员去氢站，确认 H_2 压力正常，纯度合格，氢量足够，阀门法兰无漏泄	
15	开启供氢站至汽机主厂房 A、B 管线阀门	
16	开启置换 1 号发电机 CO_2 排放门	
17	检查供 1 号发电机氢母管压力正常，调节氢气减压器前母管压力在 0.5MPa 左右，依次开启补氢门，用 21 号门控制充氢速度	
18	调节 1 号发电机供氢手动总门及气体置换排气总阀，维持机内压力 40～50kPa 之间。注意监视浮子阀箱油位变化，同时注意密封油压高于机内压力 76～85kPa	
19	氢气纯度在 85%以下，采用连排连补的方式，压力维持 40～50kPa	
20	氢气纯度在 85%以上，采用定排定补的方式，充压至 80～100kPa，然后静置 15～20min，再开启总排放阀降至 40～50kPa	
21	当机内氢气纯度大于 95%，对 1 号发电机进行排死角	
22	排死角过程中，维持 1 号发电机内气体压力在 35～40kPa	
23	系统需要分别排死角的设备：氢气干燥器、氢气循环风机、氢气纯度分析仪、漏氢检测仪、氢气湿度仪、回油扩大槽、浮子油箱、发电机绝缘过热监测仪、发电机油水泄漏开关等设备区域相关阀门	
24	分别稍开上述阀门排死角 3～5min，检测 1 号发电机氢气纯度，否则重复上述操作	
25	当 1 号发电机内氢气纯度及各死角氢气纯度大于 97%时，置换合格	
26	将 1 号发电机氢气纯度检测仪切为“H_2 in AIR”置换模式，氢气纯度显示大于 97%时，1 号发电机内氢气置换 CO_2 结束	
27	关闭 1 号发电机气体置换排气总阀，保持 CO_2 排放阀处于微开状态	
28	若 1 号发电机浮子油箱先前已切至旁路运行，要切回至主路运行，检查浮子油箱油位正常	
29	将 1 号发电机内氢压逐渐提高至 0.4MPa，升压过程中，严密监视密封油压、油氢差压的变化，油氢差压控制在 0.076MPa，注意差压阀自动调节正常	
30	1 号机组并网前，根据需要将发电机内氢压逐渐提高至 0.48MPa，注意密封油压力跟踪正常	
31	关闭 1 号发电机补氢各相关阀门	
32	联系辅控主值，关闭供氢站至汽机主厂房 A、B 管线阀门	
33	投入 1 号发电机氢气湿度仪、发电机绝缘过热监测仪正常	
34	根据需要启动 1 号机定冷水系统，注意要维持氢水差压在 0.05～0.1MPa	
35	根据情况投入 1 号发电机 H_2 干燥器运行，将 1 号发电机机内露点温度维持在－5～－25℃	
36	机组并网前对氢冷器注水排气后，投入氢冷器运行，氢温设定 40℃，氢冷器温度调节阀投入“自动”，保持冷氢温度 40～45℃	

续表

顺序	操作项目	确认划"√"
37	1号机组并网后氢温达40℃时，逐步提高氢压至0.52MPa	
38	全面检查1号发电机氢气系统，确认系统状态正常	
39	操作完毕，汇报值长	

操作人：__________ 监护人：__________ 值班负责人（值长）：__________

七、回检	确认划"√"
确认操作过程中无跳项、漏项	
核对阀门位置正确	
远传信号、指示正常，无报警	
向值班负责人（值长）回令，值班负责人（值长）确认操作完成	

操作结束时间：________年____月____日____时____分

操作人：____________ 监护人：____________

管理人员鉴证：值班负责人________________ 部门________________ 厂级_______________

八、备注

热力机械操作票

单位：________ 班组：________ 编号：________

操作任务：**1 号机定冷水系统投运** 风险等级：________

一、发令、接令	确认划“√”
核实相关工作票已终结或押回，检查设备、系统运行方式、运行状态具备操作条件	
复诵操作指令确认无误	
根据操作任务风险等级通知相关人员到岗到位	

发令人：________ 接令人：________ 发令时间：______年___月___日___时___分

二、操作前作业环境风险评估		
危害因素	预 控 措 施	
肢体部位或饰品衣物、用具、工具接触转动部位	（1）正确佩戴防护用品，衣服和袖口扣好，不得戴围巾领带，长发必须盘在安全帽内； （2）不准将用具、工器具接触设备的转动部位； （3）不准在靠背轮上、安全罩上或运行中设备的轴承上行走或坐立	
孔洞、沟道无板、防护栏缺失损坏	（1）行走及操作时注意周边现场孔洞、沟道盖板、平台栏杆是否完好； （2）不准擅自进入现场隔离区域； （3）禁止无安全防护设施的情况下进行高空位置操作	
进入噪声区域未正确使用防护用品	（1）进入噪声区域时正确佩戴合格的耳塞； （2）避免长时间在高噪声区停留	
三、操作人、监护人互查		确认划“√”
人员状态：工作人员健康状况良好，无酒后、疲劳作业等情况		
个人防护：安全帽、工作鞋、工作服以及与操作任务危害因素相符的耳塞、手套等劳动保护用品等		
四、检查确认工器具完好		
工器具	完 好 标 准	确认划“√”
阀门钩	阀门钩完好无损坏和变形	
测温仪	校验合格证在有效期内，计量显示准确	
测振仪	校验合格证在有效期内，计量显示准确	
五、安全技术交底		
值班负责人按照“操作前作业环境风险评估”以及操作中“风险提示”等内容向操作人、监护人进行安全技术交底。 操作人： 监护人：		

确认上述二～五项内容：

管理人员鉴证：值班负责人________ 部门________ 厂级________

六、操作		
操作开始时间：______年___月___日___时___分		
操作任务：1 号机定冷水系统投运		
顺序	操 作 项 目	确认划“√”
1	按《定冷水系统启动前检查卡》对定冷水系统阀门进行恢复，定冷水系统所有放水门关闭	
2	检查 1 号机定冷水系统所有热工测点投入正常，无流量、压力、温度测点故障	
3	检查 1 号机定冷水系统联锁保护试验合格，投入正确	
4	确认化学除盐水系统或凝结水系统运行正常	
5	开启 1 号机定冷水箱补水电磁阀前后手动门	

续表

顺序	操作项目	确认划“√”
6	开启除盐水至1号机定冷水箱补水手动门，开启定冷水箱补水电磁阀，对定冷水箱进行补水	
7	将1号机定冷水箱补水至高水位(600～650mm)，然后开启水箱底部放水门对水箱进行冲洗1～2次（首次启动）	
8	通知化验值班员对1号机定冷水箱水质进行化验，定冷水水质合格（pH值为7～9，硬度小于2μmol/L，电导率小于0.5μS/cm，铜离子小于40μg/L），关闭定冷水箱底部放水门	
9	凝结水系统运行正常后，如凝结水水质合格可将定子冷却水补水切为凝结水（便于控制pH值）	
10	开启1号机两台定冷水泵进、出口门，向系统静压注水	
11	开启1号机定冷水冷却器和定冷水主过滤器顶部排空气门，见连续水流后关闭	
12	当1号机定冷水箱水位稳定后，关闭一台冷却器定冷水侧进水手动门	
13	关闭1号机两台定冷水泵的出口手动止回门	
14	1号机定子冷却水泵电机、电加热装置测绝缘合格后送电正常	
15	确认1号机1A定子冷却水泵启动条件满足	
16	如发电机新安装或检修后投运，在发电机定子线圈进水前，必须按以下20～23步骤对定冷水系统外部管路进行冲洗，正常投运不必进行该操作	
17	关闭1号发电机定冷水进、回水手动门、反冲洗进水门及反冲洗过滤器进口手动门，开启定冷水电加热器进、出口手动门、反冲洗过滤器出口手动门，全开定子线圈进水压力调节阀	
18	**风险提示：**电动机启动前应与电机保持安全距离，不要站在泵径向方向，避免机械伤害;巡检人员站在定冷水泵事故按钮处，启动时发现机械振动大或冒烟着火时及时通过事故按钮停止	
	启动1号机1A定冷水泵，定冷水泵电流____A（<133A），缓慢开启运行定冷水泵的出口门止回门，控制其出口压力稳定在0.85～1.0MPa	
19	检查泵组振动、声音、轴承温度等参数正常，开启1B定冷水泵出口门，确认泵不倒转	
20	开启1号机定冷水箱底部放水门，对发电机定子冷却水系统外部管路进行冲洗，直至水质合格（pH为7～9，硬度小于2μmol/L，电导率小于0.5μS/cm，铜离子小于40μg/L），关闭定冷水箱底部放水门	
21	检查1号机定冷水箱水位，补水电磁阀动作正确，调整定冷水箱水位正常（500～650mm）	
22	若1号机定冷水箱水温低，应投入定冷水电加热器，待定冷水温度高于机内氢温2～3℃后，退出电加热器运行	
23	如发电机新安装或检修后投运，在发电机定子线圈进水前，必须按以下26～28步骤对定子线圈进行反冲洗，正常投运不必进行该操作	
24	缓慢开启1号发电机定冷水反冲洗进水门及反冲洗过滤器进、出口手动门，关闭定冷水电加热进、出口手动门，对定冷水系统进行反冲洗4h以上	
25	同时开启1号发电机定子绕组进口集水环、出口集水环排污手动门，进行间断排污	
26	联系化学对水质进行化验，根据情况进行换水，直至水质合格(pH值为7～9，硬度小于2μmol/L，电导率小于0.5μS/cm，铜离子小于40μg/L）	
27	1号发电机定子线圈反冲洗结束，按以下步骤对定子线圈进行通水操作	
28	缓慢开启1号发电机定冷水进水及回水手动门，关闭反冲洗进水门及反冲洗过滤器进、出口手动门	
29	**风险提示：**调节定子线棒入口水压小于发电机内气体压力0.05～0.1MPa	
	投入1号机定子水压力调节阀自动，控制发电机定子绕组进水压力为0.35～0.45MPa，控制定子绕组进水压力略低于氢气压力0.05～0.1MPa，定冷水流量为115～125t/h、定冷水主过滤器前后压差正常	
30	**风险提示：**确认定冷水系统虹吸破坏管手门开启，保证回水畅通	
	检查1号机定冷水系统虹吸破坏管手动门开启，管道、阀门无泄漏	
31	系统运行稳定后，检查1号机1B定冷水泵具备备用条件，投入备用联锁	

续表

顺序	操　作　项　目	确认划“√”
32	根据系统运行情况，及时投入离子交换器，调节离子交换器进、出水压力差在 0.1～0.15MPa 之间，控制离子交换器出水电导率正常（小于 0.5μS/cm）	
33	确认 1 号机闭式水系统运行正常，根据情况投入定子水冷却器冷却水	
34	**风险提示**：定冷水温度在 45℃±3℃，且高于冷氢温度 2～5℃，防止水温低，造成发电机结露	
	投入 1 号机定冷水温调节阀自动，设定温度在 45℃±3℃，且高于冷氢温度 2～5℃	
35	正常运行中，在线监视 1 号机定冷水各项指标合格（pH 值为 7～9，硬度小于 2μmol/L，电导率小于 0.5μS/cm，铜离子小于 40μg/L）	
36	操作完毕，汇报值长	

操作人：＿＿＿＿＿　　监护人：＿＿＿＿＿　　值班负责人（值长）：＿＿＿＿＿

七、回检	确认划“√”
确认操作过程中无跳项、漏项	
核对阀门位置正确	
远传信号、指示正常，无报警	
向值班负责人（值长）回令，值班负责人（值长）确认操作完成	

操作结束时间：＿＿＿＿年＿＿月＿＿日＿＿时＿＿分

操作人：＿＿＿＿＿　　监护人：＿＿＿＿＿

管理人员鉴证：值班负责人＿＿＿＿＿　部门＿＿＿＿＿　厂级＿＿＿＿＿

八、备注

热力机械操作票

单位：________________ 班组：________________ 编号：____________

操作任务：**1号机定冷水系统反冲洗** 风险等级：__________

一、发令、接令	确认划“√”
核实相关工作票已终结或押回，检查设备、系统运行方式、运行状态具备操作条件	
复诵操作指令确认无误	
根据操作任务风险等级通知相关人员到岗到位	

发令人：__________ 接令人：__________ 发令时间：_______年___月___日___时___分

二、操作前作业环境风险评估		
危害因素	预控措施	
肢体部位或饰品衣物、用具、工具接触转动部位	（1）衣服和袖口扣好，不得戴围巾领带，长发必须盘在安全帽内； （2）不准将用具、工器具接触设备的转动部位； （3）不准在靠背轮上、安全罩上或运行中设备的轴承上行走或坐立	
孔洞、沟道无盖板、防护栏缺失损坏	（1）行走及操作时注意周边现场孔洞、沟道盖板、平台栏杆是否完好； （2）不准擅自进入现场隔离区域； （3）禁止无安全防护设施的情况下进行高空位置操作	
进入噪声区域未正确使用防护用品	（1）进入噪声区域时正确佩戴合格的耳塞； （2）避免长时间在高噪声区停留	
三、操作人、监护人互查		确认划“√”
人员状态：工作人员健康状况良好，无酒后、疲劳作业等情况		
个人防护：安全帽、工作鞋、工作服以及与操作任务危害因素相符的耳塞、手套等劳动保护用品等		
四、检查确认工器具完好		
工器具	完好标准	确认划“√”
阀门钩	阀门钩完好无损坏和变形	
测温仪	校验合格证在有效期内，计量显示准确	
测振仪	校验合格证在有效期内，计量显示准确	
五、安全技术交底		
值班负责人按照“操作前作业环境风险评估”以及操作中“风险提示”等内容向操作人、监护人进行安全技术交底。 操作人： 监护人：		

确认上述二～五项内容：

管理人员鉴证：值班负责人________________ 部门________________ 厂级________________

六、操作		
操作开始时间：_______年___月___日___时___分		
操作任务：1号机定冷水系统反冲洗		
顺序	操作项目	确认划“√”
1	确认1号机组已解列，盘车已停止，方可进行定冷水系统反冲洗操作	
2	确认化学除盐水系统或凝补水系统运行正常	
3	确认1号机闭式水系统运行正常	
4	检查确认1号机定冷水箱水位正常（500～650mm），且水质合格	
5	检查1号机定冷水泵已停运，关闭其出口手动逆止门	

续表

顺序	操 作 项 目	确认划“√”
6	关闭 1 号机定冷水系统进水及回水手动门	
7	开启 1 号机定冷水加热器出、入口手动门，反冲洗回水滤网后手动门	
8	启动 1 号机 1A 定冷水泵	
9	检查 1 号机 1A 定冷水泵电流、振动、声音、轴承温度正常，定冷水泵电流____A（＜133A）	
10	**风险提示：**当水压大于气压时，可能会造成定子线圈泄漏，使定子冷却水漏至发电机内	
	逐渐开启 1 号机 1A 定冷水泵出口手动止回门，控制发电机定子线圈进水压力在 0.31MPa 左右且始终保持比氢压低 0.04MPa 以上，并投入压力调节阀自动	
11	启动 1 号机定冷水加热器，定冷水循环加热	
12	**风险提示：**及时调整加热器将定冷水温循环加热到 50℃，防止发电机结露	
	当 1 号机定冷水箱水温达 50℃时，停止电加热器运行	
13	关闭 1 号机定冷水电加热器进、出口手动门	
14	开启 1 号机定冷水反冲洗回水滤网前、后手动门、反冲洗供水手动门，对发电机进行反冲洗	
15	反冲洗过程中，监视定冷水压力自动控制阀动作正常，反冲洗不小于 24h	
16	反冲洗结束后，停止 1 号机 1A 定冷水泵运行	
17	关闭反冲洗滤网出、入口手动门	
18	打开 1 号机定冷水系统反冲洗滤网，检查并清理杂质	
19	关闭 1 号机定冷水系统反冲洗供水手动门及反冲洗回水滤网前后手动门	
20	开启 1 号发电机定子绕组出、入手动门，启动 1 号机 1A 定冷水泵，对发电机进行正冲洗，时间不小于 8h	
21	正冲洗结束后，停止 1 号机 1A 定冷水泵运行	
22	当 1 号机定冷水系统正、反冲洗均结束后，恢复系统及阀门状态为正常方式	
23	操作完毕，汇报值长	

操作人：__________　　监护人：__________　　值班负责人（值长）：__________

七、回检	确认划“√”
确认操作过程中无跳项、漏项	
核对阀门位置正确	
远传信号、指示正常，无报警	
向值班负责人（值长）回令，值班负责人（值长）确认操作完成	

操作结束时间：________年____月____日____时____分

操作人：____________　　监护人：____________

管理人员鉴证：值班负责人______________　部门______________　厂级______________

八、备注

热力机械操作票

单位：____________ 班组：____________ 编号：__________

操作任务：**1号汽轮机顶轴油系统投运** 风险等级：_______

一、发令、接令	确认划“√”
核实相关工作票已终结或押回，检查设备、系统运行方式、运行状态具备操作条件	
复诵操作指令确认无误	
根据操作任务风险等级通知相关人员到岗到位	

发令人：________ 接令人：________ 发令时间：_____年___月___日___时___分

二、操作前作业环境风险评估		
危害因素	预 控 措 施	
肢体部位或饰品衣物、用具、工具接触转动部位	（1）正确佩戴防护用品，衣服和袖口扣好，不得戴围巾领带，长发必须盘在安全帽内； （2）不准将用具、工器具接触设备的转动部位； （3）不准在靠背轮上、安全罩上或运行中设备的轴承上行走或坐立	
孔洞、沟道无盖板、防护栏缺失损坏	（1）行走及操作时注意周边现场孔洞、沟道盖板、平台栏杆是否完好； （2）不准擅自进入现场隔离区域； （3）禁止无安全防护设施的情况下进行高空位置操作	
进入噪声区域未正确使用防护用品	（1）进入噪声区域时正确佩戴合格的耳塞； （2）避免长时间在高噪声区停留	
三、操作人、监护人互查		确认划“√”
人员状态：工作人员健康状况良好，无酒后、疲劳作业等情况		
个人防护：安全帽、工作鞋、工作服以及与操作任务危害因素相符的耳塞、手套等劳动保护用品等		
四、检查确认工器具完好		
工器具	完 好 标 准	确认划“√”
阀门钩	阀门钩完好无损坏和变形	
测温仪	校验合格证在有效期内，计量显示准确	
测振仪	校验合格证在有效期内，计量显示准确	
五、安全技术交底		
值班负责人按照“操作前作业环境风险评估”以及操作中“风险提示”等内容向操作人、监护人进行安全技术交底。 操作人： 监护人：		

确认上述二～五项内容：

管理人员鉴证：值班负责人____________ 部门____________ 厂级____________

六、操作		
操作开始时间：_____年___月___日___时___分		
操作任务：1号汽轮机顶轴油系统投运		
顺序	操 作 项 目	确认划“√”
1	按《1号机润滑油及顶轴油系统检查卡》已将顶轴油系统各阀门状态检查完毕，具备启动条件	
2	检查1号机系统各热工测量元件完好，压力表、压力变送器、压力开关、液位开关一次门开启	
3	检查1号汽轮机润滑油至顶轴油泵供油手动门开启	
4	检查1号汽轮机润滑油至顶轴油泵滤网放油门关闭	

续表

顺序	操 作 项 目	确认划“√”
5	关闭 1 号汽轮机顶轴油检修油泵出、入口手动门	
6	检查 1 号机 1A 顶轴油泵入口滤网入口手动门开启	
7	检查 1 号汽轮机 1A 顶轴油泵入口过滤器入口切换阀切换到位	
8	检查 1 号机 1A 顶轴油泵入口过滤器一台运行，一台备用	
9	**风险提示**：确认阀门状态正确，防止出现打闷泵损坏设备	
	检查 1 号机 1A、1B 汽轮机顶轴油泵进口手动门开启	
10	检查 1 号机 1A、1B 汽轮机顶轴油泵出口手动门开启	
11	检查 1 号机主机交流润滑油泵已启动，且主机润滑油系统运行正常，润滑油压____MPa（0.2～0.23MPa），润滑油箱油位 1300～1400mm	
12	**风险提示**：确认汽轮机顶轴油入口油压大于 0.03MPa，防止入口压力低，损坏顶轴油泵	
	检查 1 号汽轮机顶轴油入口油压大于 0.03MPa	
13	检查 1 号机 1A、1B 顶轴油泵电动机接线，接地线完好，电机测绝缘良好后送电正常	
14	检查 1 号机 1A 顶轴油泵启动允许条件满足	
15	**风险提示**：电动机启动前应与电机保持安全距离，不要站在泵径向方向，避免机械伤害;巡检人员站在顶轴油泵事故按钮处，启动时发现机械振动大或冒烟着火时及时通过事故按钮停止	
	启动 1 号机 1A 顶轴油泵，监视电机电流返回时间正常	
16	检查确认 1 号机 1A 顶轴油泵振动、声音、压力等正常，系统无漏油现象，记录顶轴油泵电流____A（小于额定 103.3A），顶轴油母管压力正常____MPa（17～22MPa）	
17	检查 1 号机顶轴油至各轴承油压正常，各轴承顶轴油压大于 3.43MPa	
18	检查 1 号机 1B 顶轴油泵具备备用条件，投入顶轴油泵“联锁”按钮备用	
19	操作完毕，汇报值长	

操作人：__________　　监护人：__________　　值班负责人（值长）：__________

七、回检	确认划“√”
确认操作过程中无跳项、漏项	
核对阀门位置正确	
远传信号、指示正常，无报警	
向值班负责人（值长）回令，值班负责人（值长）确认操作完成	

操作结束时间：________年____月____日____时____分

操作人：____________　　监护人：____________

管理人员鉴证：值班负责人______________　部门______________　厂级______________

八、备注

热力机械操作票

单位：________________ 班组：________________ 编号：____________

操作任务：**1号机主机盘车投运** 风险等级：__________

一、发令、接令	确认划“√”
核实相关工作票已终结或押回，检查设备、系统运行方式、运行状态具备操作条件	
复诵操作指令确认无误	
根据操作任务风险等级通知相关人员到岗到位	

发令人：__________ 接令人：__________ 发令时间：_______年___月___日___时___分

二、操作前作业环境风险评估		
危害因素	预控措施	
肢体部位或饰品衣物、用具、工具接触转动部位	（1）正确佩戴防护用品，衣服和袖口扣好，不得戴围巾领带，长发必须盘在安全帽内； （2）不准将用具、工器具接触设备的转动部位； （3）不准在靠背轮上、安全罩上或运行中设备的轴承上行走或坐立	
孔洞、沟道无盖板、防护栏缺失损坏	（1）行走及操作时注意周边工作环境是否安全，现场孔洞、沟道盖板、平台栏杆是否完好； （2）不准擅自进入现场隔离区域； （3）禁止无安全防护设施的情况下进行高空位置操作	
进入噪声区域时未正确使用防护用品	（1）进入噪声区域时正确佩戴合格的耳塞； （2）避免长时间在高噪声区停留	
三、操作人、监护人互查		确认划“√”
人员状态：工作人员健康状况良好，无酒后、疲劳作业等情况		
个人防护：安全帽、工作鞋、工作服以及与操作任务危害因素相符的耳塞、手套等劳动保护用品等		
四、检查确认工器具完好		
工器具	完好标准	确认划“√”
阀门钩	阀门钩完好无损坏和变形	
听针	完好无损	
五、安全技术交底		
值班负责人按照“操作前作业环境风险评估”以及操作中“风险提示”等内容向操作人、监护人进行安全技术交底。 操作人： 监护人：		

确认上述二～五项内容：

管理人员鉴证：值班负责人________________ 部门________________ 厂级________________

六、操作		
操作开始时间：_______年___月___日___时___分		
操作任务：1号机主机盘车投运		
顺序	操作项目	确认划“√”
1	确认1号机主机盘车装置所有热工仪表齐全、完好，各表计一次门开启，各电磁阀电源送上，DCS报警和指示正常	
2	检查1号机主机盘车气动啮合装置供气气源正常，供气手动门已打开，气压正常	
3	确认1号机主机盘车电机绝缘合格，送电正常	
4	检查1号机主机盘车控制柜电源送上，“电源”指示灯亮，“盘车电机故障”指示灯灭	
5	确认1号机组已跳闸，汽轮机主汽门、调门全关	
6	确认1号机主机润滑油系统运行正常，润滑油压力在0.2～0.23MPa之间，汽轮机冷油器出口油温正常（27～40℃）	

续表

顺序	操　作　项　目	确认划“√”
7	确认1号发电机密封油系统运行正常，油氢压差在75～85kPa之间	
8	检查1号机主机各轴瓦顶轴油供油压力不低（各轴承供油压力大于3.43MPa）	
9	检查1号机主机盘车控制盘上“润滑油压正常”指示灯亮	
10	检查1号机主机盘车控制盘上“顶轴油压正常”指示灯亮	
11	检查确认1号机主机转速为零	
12	将1号机主机盘车就地控制柜操作方式切至“就地”位置	
13	按下1号机主机盘车装置就地控制柜“电磁阀通电”按钮，检查“啮合到位”信号灯亮后，确认盘车电机啮合正常	
14	按下1号机主机盘车装置就地控制柜“盘车电机启动”按钮，启动盘车电机	
15	检查1号机主机盘车电机就地运行正常，盘车电机电流显示正常____A（＜65A）	
16	检查1号机主机转速2rpm	
17	检查1号机主机各轴承金属温度及回油温度正常	
18	检查1号机主机大轴偏心正常（不超过原始值的110%），轴系无摩擦异声	
19	1号机主机转速稳定后，按下盘车装置就地控制柜“电磁阀断电”按钮	
20	操作完毕，汇报值长	

操作人：__________　　监护人：__________　　值班负责人（值长）：__________

七、回检	确认划“√”
确认操作过程中无跳项、漏项	
核对阀门位置正确	
远传信号、指示正常，无报警	
向值班负责人（值长）回令，值班负责人（值长）确认操作完成	

操作结束时间：________年____月____日____时____分

操作人：____________　　监护人：____________

管理人员鉴证：值班负责人______________　部门______________　厂级______________

八、备注

热力机械操作票

单位：________________ 班组：________________ 编号：______________

操作任务：**1号机1A汽动给水泵冷态启动** 风险等级：__________

一、发令、接令	确认划“√”
核实相关工作票已终结或押回，检查设备、系统运行方式、运行状态具备操作条件	
复诵操作指令确认无误	
根据操作任务风险等级通知相关人员到岗到位	

发令人：__________ 接令人：__________ 发令时间：________年____月____日____时____分

二、操作前作业环境风险评估	
危害因素	预 控 措 施
肢体部位或饰品衣物、用具、工具接触转动部位	（1）正确佩戴防护用品，衣服和袖口扣好，不得戴围巾领带，长发必须盘在安全帽内； （2）不准将用具、工器具接触设备的转动部位； （3）不准在靠背轮上、安全罩上或运行中设备的轴承上行走或坐立
孔洞、沟道无盖板、防护栏缺失损坏	（1）行走及操作时注意周边现场孔洞、沟道盖板、平台栏杆是否完好； （2）不准擅自进入现场隔离区域； （3）禁止无安全防护设施的情况下进行高空位置操作
进入噪声区域未正确使用防护用品	（1）进入噪声区域时正确佩戴合格的耳塞； （2）避免长时间在高噪声区停留

三、操作人、监护人互查		确认划“√”
人员状态：工作人员健康状况良好，无酒后、疲劳作业等情况		
个人防护：安全帽、工作鞋、工作服以及与操作任务危害因素相符的耳塞、手套等劳动保护用品等		
四、检查确认工器具完好		
工器具	完 好 标 准	确认划“√”
阀门钩	阀门钩完好无损坏和变形	
测温仪	校验合格证在有效期内，计量显示准确	
测振仪	校验合格证在有效期内，计量显示准确	
五、安全技术交底		
值班负责人按照“操作前作业环境风险评估”以及操作中“风险提示”等内容向操作人、监护人进行安全技术交底。 操作人： 监护人：		

确认上述二～五项内容：

管理人员鉴证：值班负责人________________ 部门________________ 厂级________________

六、操作		
操作开始时间：________年____月____日____时____分		
操作任务：1号机1A汽动给水泵冷态启动		
顺序	操 作 项 目	确认划“√”
1	确认系统内所有电动门、气动门、电磁阀已送电、送气正常，阀门传动正常	
2	各热工测量元件完好，压力表、压力变送器、压力开关、液位开关一、二次门开启，热工测点已投入正常，控制电源、信号电源投入正常	
3	确认1号机1A给水泵汽轮机MEH系统、TSI系统、DCS系统已投入运行且功能正常	
4	确认1号机除盐水系统、压缩空气系统、辅助蒸汽系统已投运正常	
5	确认1号机循环水系统、闭冷水系统、凝结水系统已投运正常	

续表

顺序	操 作 项 目	确认划“√”
6	确认 1 号机主机油系统、密封油系统、顶轴油、盘车系统已投运正常	
7	按照《1 号机 1A 给水泵汽轮机润滑油系统启动前检查卡》将阀门恢复完毕	
8	将 1 号机 1A 给水泵汽轮机盘车电机，交、直流润滑油泵电机及排烟风机电机测绝缘合格后送电	
9	**风险提示：**给水泵小机润滑油系统启动后检查润滑油压力、温度正常，防止轴承损坏	
	启动 1 号机 1A 汽动给水泵润滑油系统运行，润滑油母管压力 0.20～0.28MPa	
10	检查确认 1 号机 1A 给水泵汽轮机油箱油位正常____mm（550～700mm），各轴承回油应正常，油系统无漏油	
11	投入 1 号机 1A 给水泵汽轮机冷油器温度调节阀自动控制，温度定值 40℃，温度自动调节情况正常	
12	1 号机 1A 给水泵汽轮机大修后的首次启动，应先手动盘动靠背轮 2～3 转，确认 1A 给水泵汽轮机转动灵活无卡涩现象	
13	检查 1 号机主机 EH 油系统运行正常，油压在 13.5～15MPa，油温在 37～50℃，油箱油位____mm（550～700mm）	
14	检查 1 号机 1A 给水泵汽轮机 EH 油系统投运正常，系统无漏泄，EH 油母管压力____MPa（13.5～15MPa）	
15	投入 1 号机给水前置泵机械密封冷却器及腔室冷却水运行	
16	启动 1 号机给水前置泵稀油站运行，油压____MPa（0.2～0.3MPa）；油站冷却水投入	
17	确认 1 号机 1A 给水泵出口电动门关闭、再循环调节门及其前电动门和后手动门在全开位	
18	检查确认 1 号机 1A 给水泵汽轮机泵组及管道各放水门，排空气门关闭	
19	确认 1 号机除氧器水位正常____mm（2900～3100mm），水质合格（Fe 小于 200μg/L），除氧器水位调节阀自动跟踪良好	
20	投入 1 号机 1A 汽动给水泵机械密封水，密封水电动调门投自动，设定温差为 20～25℃，密封水压差维持在 500kPa 以上（任何时候不低于 300kPa），启动初期给水泵密封水回水至无压放水，正常后视情况切为多级水封回收至凝汽器，注意凝汽器真空的变化	
21	**风险提示：**前置泵注水时排净空气，防止给水泵启动后汽蚀；控制密封水差压在正常范围，防止给水泵密封腔超压损坏	
	开启 1 号机 1A 前置泵进口电动门 10%，对前置泵、给水泵及给水管路系统进行注水放气，各空气门有水连续流出后关闭各空气门	
22	待 1 号机 1A 给水泵组及系统注水完毕，全面检查系统无泄漏后全开前置泵入口电动门	
23	启动 1 号机 1A 给水泵汽轮机盘车，就地检查运行平稳、电流正常，转速缓慢上升，盘车转速____rpm（额定 120rpm）	
24	检查 1 号机 1A 给水泵汽轮机盘车时无异声，运转平稳，偏心率在正常范围内（＜30μm）	
25	检查确认 1 号机 1A 给水前置泵入口压力大于 0.2MPa	
26	将 1 号机 1A 汽泵前置泵电机测绝缘合格后送电	
27	检查确认 1 号机 1A 前置泵启动允许条件满足	
28	**风险提示：**电动机启动前应与电机保持安全距离，不要站在泵径向方向，避免机械伤害；巡检人员站在前置泵事故按钮处，启动时发现机械振动大或冒烟着火时及时通过事故按钮停止	
	启动 1 号机 1A 前置泵，检查启动电流____A，返回电流正常____A（＜额定 118A）	
29	检查 1 号机 1A 前置泵泵组振动、声音、轴承温度、进出口压力、流量等参数正常	
30	若主机轴封、真空还未建立，则给水泵汽轮机与主机同时投运轴封、抽真空	
31	若主机轴封、真空已建立，则给水泵汽轮机单独投运轴封、抽真空	
32	按《1 号机 1A 给水泵汽轮机供汽及轴封系统阀门检查卡》将系统阀门恢复完毕，具备投入条件	

续表

顺序	操作项目	确认划“√”
33	检查1号机主机轴封系统运行正常，轴封供汽压力____（10～20kPa），低压轴封供汽温度在121～177℃之间	
34	检查确认1号机1A给水泵汽轮机高、低压轴封供汽疏水手动门开启	
35	开启1号机1A给水泵汽轮机轴封回汽电动门	
36	开启1号机1A给水泵汽轮机高、低压轴封供汽电动门	
37	开启1号机主机轴封至给水泵汽轮机高、低压轴封供汽电动门10%，对1号机1A给水泵汽轮机轴封进行暖管疏水	
38	当1号机1A给水泵汽轮机高、低轴封供汽温度达120℃以上预暖结束结束，全开主机轴封至给水泵汽轮机高、低压轴封供汽电动门	
39	**风险提示**：控制轴封压力不要太高防止给水泵汽轮机油中进水；给水泵小机抽真空时监视主机真空变化，主机真空异常下降时停止操作	
	检查确认1号机1A给水泵汽轮机高、低压轴封供汽压力正常____kPa，各轴封处无吸气、冒汽现象	
40	开启1号机1A给水泵汽轮机排汽蝶阀旁路疏水电动门，观察给水泵汽轮机真空逐渐建立	
41	当1号机1A给水泵汽轮机真空达－80kPa左右时，开启1A给水泵汽轮机排汽蝶阀，密切监视主机真空的变化	
42	当主机真空与1号机1A给水泵汽轮机真空接近一致时，关闭1A给水泵汽轮机排汽蝶阀旁路疏水电动门	
43	确认开启1号机1A给水泵汽轮机进汽管和主汽阀座前疏水气动门，投入辅助蒸汽至1A给水泵汽轮机供汽电动门后疏水	
44	**风险提示**：给水泵汽轮机蒸汽管道充分疏水，蒸汽带水，保持蒸汽温度的过热度大于50℃	
	开启辅汽至1号机1A给水泵汽轮机供汽电动门（或四抽至汽动给水泵汽轮机供汽电动门）5%，对1A给水泵汽轮机前供汽管进行暖管疏水直至全开	
45	打开1号机1A给水泵汽轮机MEH控制画面，按“挂闸”按钮，检查机组挂闸正常，挂闸显示正确	
46	开启切换阀10%对主汽门前管路进行预暖，待1号机1A给水泵汽轮机低压主汽门前温度大于200℃且过热度大于50℃时暖管结束	
47	开启切换阀后至50%，阀后压力在0.7～0.8MPa；确认1号机A汽动给水泵汽轮机冲转条件满足	
48	按“开低压主汽门”按钮，检查“低压主汽门全关”字样变灰，“低压主汽门全开”字样显示红色，检查给水泵汽轮机转速不上升	
49	切换阀投自动投入“自动控制”，设定压力在0.7～0.9MPa	
50	点击“控制方式”按钮，选“自动”方式	
51	“目标转速”设置500rpm；检查“升速率”在200rpm（冷态启动）、按“进行”按钮，检查低压调节阀逐渐开启，按机组给定的升速率增加转速，当1号机1A给水泵汽轮机转速大于120rpm时，盘车装置应自动脱开，否则应立即打闸停机。给水泵汽轮机转速大于180rpm时，盘车电机自动停止	
52	当转速升至500rpm时，对机组进行摩擦检查，主要检查动静部分是否有摩擦，振动是否过大及轴向位移等，停留时间不超过5min	
53	点击“目标转速”设置为1000rpm；检查“升速率”在200rpm（冷态启动），按“进行”按钮，转速升至目标转速值；在此转速下进行低速暖机40min	
54	低速暖机结束后，点击“目标转速”设置为1800rpm；检查“升速率”在200rpm（冷态启动），按“进行”按钮，转速升至目标转速值；在此转速下进行中速暖机10min	
55	中速暖机结束后，点击“目标转速”设置为2800rpm；检查“速率升”设置200rpm（冷态启动），按“进行”按钮，转速向目标转速增加	

续表

顺序	操 作 项 目	确认划"√"
56	当"给定转速"达 2200rpm 时，检查"升速率"自动设置在 1200rpm 快速通过给水泵汽轮机一阶临界转速，当 1 号机 1A 给水泵汽轮机转速超过 2600rpm 时，"升速率"自动设回原升速率	
57	给水泵汽轮机过临界转速时，应严密监视 1 号机 1A 给水泵汽轮机轴振最大不超过 0.1mm，大于或等于 0.20mm 时 1A 给水泵汽轮机跳闸。1A 给水泵汽轮机各轴承金属温度不超过 85℃，回油温度正常不超过 65℃	
58	给水泵汽轮机实际转速升至 2850rpm，在"给水画面"点击"给水泵遥控投入"按钮投入遥控，在相应 MEH 画面发出 CCS 请求信号，点击"CCS 控制"按钮，按"投入"按钮	
59	投入"CCS 控制"后，实现在给水总操控制，根据情况投入给水泵手操器"自动"控制，给水泵汽轮机转速随锅炉给水协调控制系统来的给水量要求信号而变化，控制器的远方指令使升速率被限制在 1000rpm	
60	关闭 1 号机 1A 给水泵汽轮机进汽管和主汽阀座前疏水气动门	
61	当 1 号机 1A 给水泵汽轮机的排汽温度大于 100℃时，排汽缸喷水减温电动门应自动开启，否则手动开启；排汽温度小于 65℃时，排汽缸喷水减温电动门应自动关闭	
62	开启 1 号机 1A 给水泵前置泵进口取样、加药门	
63	根据需要开启 1 号机 1A 给水泵中间抽头至再热器减温水门	
64	操作完毕，汇报值长	

操作人：__________ 监护人：__________ 值班负责人（值长）：__________

七、回检	确认划"√"
确认操作过程中无跳项、漏项	
核对阀门位置正确	
远传信号、指示正常，无报警	
向值班负责人（值长）回令，值班负责人（值长）确认操作完成	

操作结束时间：________年____月____日____时____分

操作人：____________ 监护人：____________

管理人员鉴证：值班负责人______________ 部门______________ 厂级______________

八、备注

热力机械操作票

单位：________________ 班组：________________ 编号：______________

操作任务：**1号机1A汽动给水泵启动并泵** 风险等级：____________

一、发令、接令	确认划“√”
核实相关工作票已终结或押回，检查设备、系统运行方式、运行状态具备操作条件	
复诵操作指令确认无误	
根据操作任务风险等级通知相关人员到岗到位	

发令人：__________ 接令人：__________ 发令时间：________年____月____日____时____分

二、操作前作业环境风险评估	
危害因素	预 控 措 施
肢体部位或饰品衣物、用具、工具接触转动部位	（1）正确佩戴防护用品，衣服和袖口扣好，不得戴围巾领带，长发必须盘在安全帽内； （2）不准将用具、工器具接触设备的转动部位； （3）不准在靠背轮上、安全罩上或运行中设备的轴承上行走或坐立
孔洞、沟道无盖板、防护栏缺失损坏	（1）行走及操作时注意周边现场孔洞、沟道盖板、平台栏杆是否完好； （2）不准擅自进入现场隔离区域； （3）禁止无安全防护设施的情况下进行高空位置操作
进入噪声区域未正确使用防护用品	（1）进入噪声区域时正确佩戴合格的耳塞； （2）避免长时间在高噪声区停留

三、操作人、监护人互查		确认划“√”
人员状态：工作人员健康状况良好，无酒后、疲劳作业等情况		
个人防护：安全帽、工作鞋、工作服以及与操作任务危害因素相符的耳塞、手套等劳动保护用品等		
四、检查确认工器具完好		
工器具	完 好 标 准	确认划“√”
阀门钩	阀门钩完好无损坏和变形	
测温仪	校验合格证在有效期内，计量显示准确	
测振仪	校验合格证在有效期内，计量显示准确	
五、安全技术交底		
值班负责人按照“操作前作业环境风险评估”以及操作中“风险提示”等内容向操作人、监护人进行安全技术交底。 操作人： 监护人：		

确认上述二～五项内容：

管理人员鉴证：值班负责人________________ 部门________________ 厂级________________

六、操作		
操作开始时间：________年____月____日____时____分		
操作任务：1号机1A汽动给水泵启动并泵		
顺序	操 作 项 目	确认划“√”
1	确认1号汽轮机运行正常，给水流量、压力稳定，贮水箱水位或过热度正常，锅炉燃烧稳定，除氧器水位正常	
2	确认1号机1B汽动给水泵运转正常，汽泵组振动、轴向位移、各轴承金属温度、回油温度及机械密封循环液温度、排汽温度均正常	
3	确认1号机1A汽动给水泵再循环调节阀在手动全开位置，汽动给水泵组振动、轴向位移、各轴承金属温度、回油温度及机械密封投入良好，密封水回水温度正常。给水泵汽轮机排汽温度正常	

续表

顺序	操　作　项　目	确认划“√”
4	检查1号机1B汽动给水泵转速控制在“自动”方式，汽动给水泵再循环调节阀在“自动”方式	
5	根据1号机1A汽动给水泵当时所处状态（冷态、温态、热态），执行汽动给水泵启动操作票将1A汽动给水泵冲至2850rpm以上，转速控制投入“CCS控制”，给水系统画面显示给水泵在手操器控制，汽动给水泵在“手动”方式	
6	在给水画面缓慢提升1号机1A汽动给水泵转速，1A汽动给水泵出口压力比运行泵出口压力低1MPa左右，开启1A泵出口电动门	
7	检查给水流量稳定，1号机1A汽动给水泵转速无显著变化，否则立即关闭1A汽动给水泵出口电动门	
8	**风险提示**：缓慢提高1A汽动给水泵转速，防止给水流量大幅波动	
	继续缓慢提高1号机1A汽动给水泵转速，待1A汽动给水泵并入运行打出水后，检查1B汽动给水泵转速跟踪调节正常，控制总给水流量稳定。此过程应缓慢，防止总给水流量波动过大，不发生两台泵抢水现象，甚至造成给水流量低保护而MFT	
9	并列过程中，缓慢提高待并泵转速，同时另一台泵自动缓慢降低出力，控制总给水流量基本稳定（波动范围在10t/h内），待两台给水泵转速基本相同时，投入1号机1A泵转速调节器自动，转速偏差修正为0	
10	并泵完成后，1号机1A汽动给水泵入口流量达到1000t/h时，逐渐关小再循环调门直至完全关闭，投入该泵再循环调门自动	
11	当机组负荷较低，给水流量较低时，手动保持再循环适当开度，防止给水泵再循环门超驰开启，造成给水流量突降引发给水流量低保护动作	
12	根据两台泵实际出力情况，适当设定两台汽动给水泵转速偏置，维持两台汽动给水泵入口流量匹配	
13	检查总给水流量与蒸汽流量匹配，给水压力稳定；并入泵TSI各项参数正常	
14	开启1号机1A汽动给水泵中间抽头电动门	
15	根据化学要求，开启1号机1A汽动给水泵前置泵进口加药门、取样门	
16	操作完毕，汇报值长	

操作人：__________　　监护人：__________　　值班负责人（值长）：__________

七、回检	确认划“√”
确认操作过程中无跳项、漏项	
核对阀门位置正确	
远传信号、指示正常，无报警	
向值班负责人（值长）回令，值班负责人（值长）确认操作完成	

操作结束时间：________年____月____日____时____分

操作人：__________　　监护人：__________

管理人员鉴证：值班负责人__________　部门__________　厂级__________

八、备注

热力机械操作票

单位：＿＿＿＿＿＿＿＿ 班组：＿＿＿＿＿＿＿＿ 编号：＿＿＿＿＿＿

操作任务：**1号机邻机加热系统投入** 风险等级：＿＿＿＿

一、发令、接令	确认划“√”
核实相关工作票已终结或押回，检查设备、系统运行方式、运行状态具备操作条件	
复诵操作指令确认无误	
根据操作任务风险等级通知相关人员到岗到位	

发令人：＿＿＿＿＿ 接令人：＿＿＿＿＿ 发令时间：＿＿＿年＿＿月＿＿日＿＿时＿＿分

二、操作前作业环境风险评估	
危害因素	预 控 措 施
肢体部位或饰品衣物、用具、工具接触转动部位	（1）正确佩戴防护用品，衣服和袖口扣好，不得戴围巾领带，长发必须盘在安全帽内； （2）不准将用具、工器具接触设备的转动部位； （3）不准在靠背轮上、安全罩上或运行中设备的轴承上行走或坐立
孔洞、沟道无盖板、防护栏缺失损坏	（1）行走及操作时注意周边现场孔洞、沟道盖板、平台栏杆是否完好； （2）不准擅自进入现场隔离区域； （3）禁止无安全防护设施的情况下进行高空位置操作
进入噪声区域未正确使用防护用品	（1）进入噪声区域时正确佩戴合格的耳塞； （2）避免长时间在高噪声区停留

三、操作人、监护人互查	确认划“√”
人员状态：工作人员健康状况良好，无酒后、疲劳作业等情况	
个人防护：安全帽、工作鞋、工作服以及与操作任务危害因素相符的耳塞、手套等劳动保护用品等	

四、检查确认工器具完好		
工器具	完 好 标 准	确认划“√”
阀门钩	阀门钩完好无损坏和变形	

五、安全技术交底
值班负责人按照“操作前作业环境风险评估”以及操作中“风险提示”等内容向操作人、监护人进行安全技术交底。 操作人： 监护人：

确认上述二～五项内容：

管理人员鉴证：值班负责人＿＿＿＿＿＿＿ 部门＿＿＿＿＿＿＿ 厂级＿＿＿＿＿＿＿

六、操作		
操作开始时间：＿＿年＿＿月＿＿日＿＿时＿＿分		
操作任务：1号机邻机加热系统投入		
顺序	操 作 项 目	确认划“√”
1	确认2号机运行正常，负荷在500MW以上，二抽压力、温度稳定，具备投入邻机加热条件（抽汽压力2.3MPa，温度340℃）	
2	检查1号机除氧器水温大于80℃，确认给水系统运行正常，高压加热器走水侧	
3	确认1号机真空系统，疏扩减温水投入运行正常	
4	检查并开启邻机加热管道各疏水手动门	
5	1号机2号高压加热器投入前，确认凝汽器真空应小于－70kPa	
6	打开2号机至邻机加热蒸汽供汽电动门	
7	微开1号机至邻机加热蒸汽供汽电动调节门至5%～10%进行充分暖管	

续表

顺序	操　作　项　目	确认划“√”
8	疏水暖管期间，检查就地管道应无振动及水冲击现象	
9	当加热管道的上、下壁温差不大于50℃且无汽水混合物排出，暖管完成	
10	开启1号机邻机来加热蒸汽进汽电动门，对2号高压加热器进行预暖30min	
11	**风险提示**：缓慢开启进汽电动门，控制给水加热温升速率，防止加热器管板热应力大	
	待2号高压加热器预暖结束，调整2号机至邻机加热蒸汽供汽电动调节门控制1号机2号高压加热器进汽量，出水温变化率不超过3℃/min	
12	开启1号机至邻机加热蒸汽供汽电动调节门过程中应尽量缓慢，以免引起2号机组汽温、汽压、负荷的大幅波动	
13	**风险提示**：及时开启2号高压加热器事故疏水，防止2号高压加热器满水	
	调节2号高压加热器事故疏水气动调节门，维持水位正常	
14	除保留邻机供汽管道上疏水器的正常运行外，将其余各疏水手动门关闭	
15	当1号机给水温度高于水冷壁出口温度时关闭BCP泵过冷水一、二次门	
16	继续开大1号机至邻机加热蒸汽供汽电动调节门控制省煤器入口给水温度，但尽量控制省煤器入口给水温度不大于200℃	
17	当1号机2号高压加热器与3号高压加热器汽侧压差足够时，可将2号高压加热器正常疏水逐级自流至3号高压加热器，最终进入除氧器或通过事故疏水管路回收至凝汽器	
18	操作完毕，汇报值长	

操作人：__________　　监护人：__________　　值班负责人（值长）：__________

七、回检	确认划“√”
确认操作过程中无跳项、漏项	
核对阀门位置正确	
远传信号、指示正常，无报警	
向值班负责人（值长）回令，值班负责人（值长）确认操作完成	

操作结束时间：________年____月____日____时____分

操作人：____________　　监护人：____________

管理人员鉴证：值班负责人______________　部门______________　厂级______________

八、备注

热力机械操作票

单位：________ 班组：________ 编号：________

操作任务：**1号机主机轴封系统投运** 风险等级：________

一、发令、接令	确认划"√"
核实相关工作票已终结或押回，检查设备、系统运行方式、运行状态具备操作条件	
复诵操作指令确认无误	
根据操作任务风险等级通知相关人员到岗到位	

发令人：________ 接令人：________ 发令时间：______年___月___日___时___分

二、操作前作业环境风险评估	
危害因素	预 控 措 施
肢体部位或饰品衣物、用具、工具接触转动部位	（1）正确佩戴防护用品，衣服和袖口应扣好，不得戴围巾领带，长发必须盘在安全帽内； （2）不准将用具、工器具接触设备的转动部位； （3）不准在靠背轮上、安全罩上或运行中设备的轴承上行走与坐立
孔洞、沟道无盖板、防护栏缺失损坏	（1）行走及操作时注意周边工作环境是否安全，现场孔洞、沟道盖板、平台栏杆是否完好； （2）不准擅自进入现场隔离区域； （3）禁止无安全防护设施的情况下进行高空位置操作
进入噪声区域时未正确使用防护用品	（1）进入噪声区域时正确佩戴合格的耳塞； （2）避免长时间在高噪声区停留

三、操作人、监护人互查	确认划"√"
人员状态：工作人员健康状况良好，无酒后、疲劳作业等情况	
个人防护：安全帽、工作鞋、工作服以及与操作任务危害因素相符的耳塞、手套等劳动保护用品等	

四、检查确认工器具完好		
工器具	完 好 标 准	确认划"√"
阀门钩	阀门钩完好无损坏和变形	
测温仪	校验合格证在有效期内，计量显示准确	
测振仪	校验合格证在有效期内，计量显示准确	

五、安全技术交底
值班负责人按照"操作前作业环境风险评估"以及操作中"风险提示"等内容向操作人、监护人进行安全技术交底。 操作人： 监护人：

确认上述二～五项内容：

管理人员鉴证：值班负责人________ 部门________ 厂级________

六、操作		
操作开始时间：______年___月___日___时___分		
操作任务：1号机主机轴封系统投运		
顺序	操 作 项 目	确认划"√"
1	确认1号机各热工测量元件完好，压力表、压力变送器、压力开关、液位开关一、二次门开启	
2	**风险提示**：投运轴封前确认盘车已投运	
	确认1号机主机盘车已经连续运行2h以上，机内声音正常，盘车电流___A（小于额定65A），偏心正常___μm（小于原始值的110%）	
3	检查1号机汽动给水泵轴封系统已隔离（分开投运轴封时）	
4	确认1号机循环水系统运行正常，凝汽器已建立水循环	

续表

顺序	操　作　项　目	确认划“√”
5	检查1号机凝结水系统运行正常，轴封加热器水侧已投入	
6	**风险提示：**投运轴封前确认轴封加热器已通凝结水	
	确认1号机辅助蒸汽系统运行正常，辅助蒸汽参数：压力0.8～1.3MPa，温度300～380℃	
7	检查1号机两台轴加风机电机测绝缘合格后送电正常	
8	**风险提示：**投运轴封前确认各减温水门关闭严密，并对缸温等参数加强监视	
	检查确认1号机辅助蒸汽至轴封减温水及低压轴封减温水调节阀关闭	
9	检查1号机轴封供汽站调节阀及调节阀前电动阀、调节阀电动旁路阀关闭	
10	对1号机轴封加热器疏水U形水封进行注水，并确认已注满	
11	确认1号机轴封母管至高、中、低压缸轴封供汽手动门开启，轴封加热器疏水器投运一路，并开启轴封加热器疏水U形水封至凝汽器疏水扩容器手动门	
12	开启1号机轴封系统上所有的疏水门，开启各疏水器旁路门	
13	检查1号汽轮机高压内缸疏水电动门开启	
14	开启1号机辅助蒸汽至轴封供汽电动门10%，对轴封供汽管道进行暖管疏水	
15	待供汽管路暖管结束（10min），逐渐开大1号机辅助蒸汽至轴封供汽电动门直至全开，关闭供汽管道疏水器旁路手动门	
16	当1号机辅助蒸汽至轴封减温器后温度达250℃时，开启辅助蒸汽至轴封供汽减温水调节阀前、后手动门，将辅助蒸汽至轴封减温水调节阀投入自动，检查自动动作情况应正常，使轴封供汽温度与所测量的高中压缸转子金属温度相适应（冷态启动轴封供汽温度180～260℃，热态启动轴封供汽温度300～371℃	
17	启动1号机一台轴封加热器风机，检查风机振动、声音正常，轴封加热器内部压力正常（－4～－6kPa）	
18	检查1号机另一台轴封加热器风机备用良好，投入风机备用联锁	
19	检查1号机轴封进汽旁路电动门关闭	
20	开启1号机辅助蒸汽至高压轴封供汽电动门，开启辅助蒸汽至高压轴封供汽调节阀5%，对轴封供汽母管进行暖管，检查轴封母管无振动、无水击，轴封母管温度缓慢上升	
21	根据1号机轴封供汽母管温度上升情况，逐渐开大辅助蒸汽至高压轴封供汽调节阀，提高轴封母管压力	
22	**风险提示：**低压轴封减温水调节阀自动动作不正常，切为手动调节，维持低压轴封温度在121～177℃运行	
	当1号机低压轴封供汽母管温度达155℃时，开启低压轴封减温水调节阀前、后手动门，投入低压轴封减温水，将低压轴封减温水调节阀投入自动调节（设定为150℃），检查自动跟踪正常	
23	1号机凝汽器抽真空，凝汽器建立真空后，开启轴封溢流至高压凝汽器电动门，将轴封溢流阀投入自动，压力设定为10～20kPa，检查自动动作正常	
24	缓慢开大1号机辅助蒸汽至高压轴封供汽调节阀，提升轴封母管压力至10～20kPa，将辅助蒸汽至高压轴封供汽调节阀投入自动，检查自动调节正常	
25	检查1号汽轮机各轴封处无冒汽及吸气现象，否则调整轴封加热器真空度或轴封母管压力，直到各轴封处无冒汽及吸气现象为止	
26	检查高、中、低压缸轴封各轴封回汽正常	
27	检查1号机轴封加热器负压正常、轴封加热器水位正常	
28	**风险提示：**如轴封加热器水位高，应立即开启轴封加热器疏水器旁路门，严密监视轴封加热器水位变化情况，水位正常后关闭	
	检查1号机轴封母管各疏水器运行正常，关闭疏水器旁路门	
29	监视1号机盘车运行正常，主机偏心率正常，倾听缸体内部及各轴封段声音正常	

续表

顺序	操 作 项 目	确认划“√”
30	根据情况将1号机轴封汽溢流切至8B低压加热器运行，关闭轴封溢流至高压侧凝汽器电动门	
31	随着1号机组负荷的升高，轴封供汽调节阀将自动关小直至关闭，轴封供汽由高中压缸轴封漏汽来维持，由轴封汽溢流阀调节轴封母管压力在10～20kPa	
32	操作完毕，汇报值长	

操作人：__________ 监护人：__________ 值班负责人（值长）：__________

七、回检	确认划“√”
确认操作过程中无跳项、漏项	
核对阀门位置正确	
远传信号、指示正常，无报警	
向值班负责人（值长）回令，值班负责人（值长）确认操作完成	

操作结束时间：______年___月___日___时___分

操作人：__________ 监护人：__________

管理人员鉴证：值班负责人__________ 部门__________ 厂级__________

八、备注

热力机械操作票

单位：________________ 班组：________________ 编号：____________

操作任务：**1号机汽轮机高压缸倒暖** 风险等级：

一、发令、接令	确认划“√”
核实相关工作票已终结或押回，检查设备、系统运行方式、运行状态具备操作条件	
复诵操作指令确认无误	
根据操作任务风险等级通知相关人员到岗到位	

发令人：__________ 接令人：__________ 发令时间：________年____月____日____时____分

二、操作前作业环境风险评估	
危害因素	预　控　措　施
肢体部位或饰品衣物、用具、工具接触转动部位	（1）正确佩戴防护用品，衣服和袖口应扣好，不得戴围巾领带，长发必须盘在安全帽内； （2）不准将用具、工器具接触设备的转动部位； （3）不准在靠背轮上、安全罩上或运行中设备的轴承上行走与坐立
孔洞、沟道无盖板、防护栏缺失损坏	（1）行走及操作时注意周边工作环境是否安全，现场孔洞、沟道盖板、平台栏杆是否完好； （2）不准擅自进入现场隔离区域； （3）禁止无安全防护设施的情况下进行高空位置操作
进入噪声区域时未正确使用防护用品	（1）进入噪声区域时正确佩戴合格的耳塞； （2）避免长时间在高噪声区停留

三、操作人、监护人互查		确认划“√”
人员状态：工作人员健康状况良好，无酒后、疲劳作业等情况		
个人防护：安全帽、工作鞋、工作服以及与操作任务危害因素相符的耳塞、手套等劳动保护用品等		
四、检查确认工器具完好		
工器具	完　好　标　准	确认划“√”
阀门钩	阀门钩完好无损坏和变形	
五、安全技术交底		
值班负责人按照“操作前作业环境风险评估”以及操作中“风险提示”等内容向操作人、监护人进行安全技术交底。 操作人：　　　　　　　　监护人：		

确认上述二～五项内容：

管理人员鉴证：值班负责人________________ 部门________________ 厂级________________

六、操作		
操作开始时间：_______年___月___日___时___分		
操作任务：1号机汽轮机高压缸倒暖		
顺序	操　作　项　目	确认划“√”
1	确认1号机组相关联锁保护试验合格	
2	**风险提示**：控制高压缸内蒸汽压力，防止盘车脱扣、汽轮机转子冲动	
	检查1号机高压缸调节级后高压内缸温度低于150℃，对高压缸进行预暖，暖缸压力控制在0.7MPa以下	
3	在1号机“DEH自动控制”画面检查确认主机处于跳闸状态	
4	检查1号机主机盘车运行正常	
5	检查1号机凝汽器压力不高于13.3kPa	
6	检查确认1号机预暖辅助蒸汽参数满足：温度260℃、压力不低于0.7MPa	

续表

顺序	操 作 项 目	确认划"√"
7	检查1号机一抽止回门、电动门处于关闭状态；一抽止回门前疏水门在开启位置	
8	检查1号机二抽止回门、电动门处于关闭状态，冷再至辅助蒸汽电动门关闭，冷再至临机加热电动门关闭，冷再管道疏水门开启	
9	检查辅助蒸汽至1号机高压缸预暖一次电动门前疏水器前后手动门开启	
10	检查辅助蒸汽至1号机高压缸预暖二次电动门后疏水器前后手动门开启	
11	检查1号机高压缸预暖程控允许条件满足，准备进行高压缸预暖步骤	
12	开启1号机一抽止回阀前疏水气动门	
13	开启1号机高压导汽管疏水电动总门至20%	
14	开启1号机高压缸调节级后疏水二次电动门至10%	
15	开启1号中压联合汽门A侧疏水电动门至20%	
16	开启2号中压联合汽门A侧疏水电动门至20%	
17	开启1号机汽轮机高压缸排汽抽汽管道疏水气动门	
18	开启1号机冷段再热蒸汽母管前疏水气动门	
19	开启1号机冷段再热蒸汽母管后疏水气动门	
20	关闭1号机一抽止回阀前疏水气动门	
21	开启辅助蒸汽至1号机高压缸预暖电动一次门到10%，对辅助蒸汽至高压缸预暖管路暖管疏水	
22	待暖管管路疏水排尽，开启辅助蒸汽至1号机高压缸预暖电动二次门，以使预暖汽源从冷段再热管道进入高压缸	
23	检查1号机高压缸通风阀（VV阀）联关正常	
24	**风险提示：** 密切监视盘车运转情况，盘车跳闸时，停止预暖	
	操作过程中密切监视1号机盘车运行情况	
25	30min后，将1号机高压缸预暖阀从10%开至30%	
26	20min后，将1号机高压缸倒暖阀从30%开至55%，待调节级后高压内缸内壁温度达到150℃后，进行闷缸。根据高压缸预暖前调节级后高压内缸内壁温度按闷缸时间曲线确定需要闷缸的时间	
27	将辅助蒸汽至1号机高压缸预暖电动一次门投自动，设定压力在0.43MPa	
28	检查1号机低温再热蒸汽母管压力在0.39～0.49MPa之间	
29	闷缸完成后，将1号机高压缸预暖电动一次门关至10%	
30	5min后将1号机高压缸预暖电动一次门全关	
31	**风险提示：** 高压缸预暖完成后，蒸汽未及时排出冷凝后使上下缸温差加大	
	通过开启1号机高导管疏水阀、高压缸疏水阀、高压缸一段抽汽管道疏水阀、中联门前疏水阀、冷段再热管道疏水阀，控制高压缸内压力缓慢下降，上下缸温差在35℃以内	
32	1号机高压缸内压力降至0.1MPa，关闭辅助蒸汽至高压缸预暖电动二次门	
33	检查1号机高压缸通风阀（VV阀）联开正常	
34	操作完毕，汇报值长	

操作人：__________ 监护人：__________ 值班负责人（值长）：__________

七、回检	确认划“√”
确认操作过程中无跳项、漏项	
核对阀门位置正确	
远传信号、指示正常，无报警	
向值班负责人（值长）回令，值班负责人（值长）确认操作完成	

操作结束时间：________年___月___日___时___分

操作人：_____________ 监护人：_____________

管理人员鉴证：值班负责人________________ 部门________________ 厂级________________

八、备注

热力机械操作票

单位：________ 班组：________ 编号：________

操作任务：**1号机组汽轮机冲转** 风险等级：________

一、发令、接令	确认划“√”
核实相关工作票已终结或押回，检查设备、系统运行方式、运行状态具备操作条件	
复诵操作指令确认无误	
根据操作任务风险等级通知相关人员到岗到位	

发令人：________ 接令人：________ 发令时间：____年__月__日__时__分

二、操作前作业环境风险评估		
危害因素	预 控 措 施	
肢体部位或饰品衣物、用具、工具接触转动部位	（1）正确佩戴防护用品，衣服和袖口扣好，不得戴围巾领带，长发必须盘在安全帽内； （2）不准将用具、工器具接触设备的转动部位； （3）不准在靠背轮上、安全罩上或运行中设备的轴承上行走或坐立；	
孔洞、沟道无盖板、防护栏缺失损坏	（1）行走及操作时注意周边现场孔洞、沟道盖板、平台栏杆是否完好； （2）不准擅自进入现场隔离区域； （3）禁止无安全防护设施的情况下进行高空位置操作	
进入噪声区域未正确使用防护用品	（1）进入噪声区域时正确佩戴合格的耳塞； （2）避免长时间在高噪声区停留	
三、操作人、监护人互查		确认划“√”
人员状态：工作人员健康状况良好，无酒后、疲劳作业等情况		
个人防护：安全帽、工作鞋、工作服以及与操作任务危害因素相符的耳塞、手套等劳动保护用品等		
四、检查确认工器具完好		
工器具	完 好 标 准	确认划“√”
阀门钩	阀门钩完好无损坏和变形	
测温仪	校验合格证在有效期内，计量显示准确	
测振仪	校验合格证在有效期内，计量显示准确	
五、安全技术交底		
值班负责人按照“操作前作业环境风险评估”以及操作中“风险提示”等内容向操作人、监护人进行安全技术交底。 操作人： 监护人：		

确认上述二～五项内容：

管理人员鉴证：值班负责人________ 部门________ 厂级________

六、操作		
操作开始时间：____年__月__日__时__分		
操作任务：1号机组汽轮机冲转		
顺序	操 作 项 目	确认划“√”
1	检查1号机组所有联锁、保护试验已合格	
2	检查确认1号机组所有辅机系统和设备运行正常，不存在禁止机组启动或冲转并网的条件	
3	1号机盘车运行正常且连续盘车时间在4h以上，如中间因故停止盘车超过2h，需重新连续盘车4h	
4	1号机盘车时，转子偏心度、轴向位移、缸胀等指示正常，汽缸内无动、静摩擦等异常声音	
5	检查1号机主机大轴偏心正常（不超过原始值的110%），轴系无摩擦异声	

续表

顺序	操　作　项　目	确认划“√”
6	1 号机高、中压缸进汽区上下部金属温差小于 35℃	
7	检查 1 号机 DCS、DEH、TSI 系统正常	
8	确认 1 号机高、中压主汽门、调速汽门处于关闭位置	
9	检查确认 1 号机汽机本体，主、再热蒸汽、旁路及抽汽系统各管道疏水系统检查卡执行完毕	
10	**风险提示**：冲转前确认润滑油压低保护已投入	
	检查 1 号机主机润滑油、EH 油系统运行正常，主机润滑油母管压力 0.2～0.23MPa，油温 27～40℃，EH 油压力在 13～15MPa，油温 35～54℃，系统无泄漏现象	
11	1 号机密封油系统运行正常，油氢压差在 70～80kPa	
12	检查 1 号机氢气系统运行正常，氢气纯度大于 97%，氢压 0.48～0.5MPa，氢气压力比定冷水压力高 0.05～0.1MPa	
13	检查 1 号机定冷水系统已经投运，定冷水箱水位____mm（500～650mm）、定冷水水压、流量正常（115～122t/h），定冷水冷却器投入运行正常	
14	检查确认 1 号机润滑油冷油器处于一台运行，一台备用状态	
15	确认 1 号机低压缸喷水减温控制在自动位	
16	检查确认 1 号机氢气冷却器已经投运，排气完毕，调门投自动	
17	1 号机高压轴封温度冷态 180～260℃、热态 300～371℃；低压轴封温度 121～177℃，压力 10～15kPa	
18	就地确认 1 号机各段抽汽止回门在全关位置	
19	1 号汽轮机状态确认，DEH 以高压缸调节级处内缸壁温 T（____℃）来确定： （1）冷态 150℃$\leq T<$274℃ （2）温态 274℃$\leq T<$432℃ （3）热态 432℃$\leq T<$520℃ （4）极热态 $T\geq$520℃	
20	冷态冲转前，应确认 1 号机高压缸预暖和高压调门预暖已完成，调节级后高压内缸内壁温度至少达 150℃以上，高压调门室内、外壁温度至少达 180℃以上，汽轮机高、中压内缸上、下温差小于 35℃和外缸上、下温差小于 50℃	
21	**风险提示**：向化学专业确认蒸汽品质合格	
	1 号机汽水品质化验合格：主蒸汽品质合格（铁含量不大于 50μg/kg、钠离子含量不大于 20μg/kg、二氧化硅含量不大于 30μg/kg、氢电导率不大于 0.5μS/cm）	
22	1 号机旁路开度在 50%～60%	
23	1 号机凝汽器真空不小于 90kPa	
24	1 号机再热器出口压力为 0MPa	
25	1 号机冲转前主蒸汽参数：压力 9.7MPa，冷态温度 415℃；温态温度 440℃；热态温度 480℃；极热态温度 510℃，且保持稳定	
26	确认 1 号机高压缸差胀（－7.3～＋13.5mm），中压缸差胀（－7.2～＋10.1mm），低压缸差胀（－6.5～＋32.6mm）等参数正常，汽缸内无动静摩擦等异常声音	
27	1 号汽轮机各机械与热工主要测量仪表完整并指示正常	
28	在 1 号机冲转过程中必须保证进入汽轮机的主蒸汽、再热蒸汽至少有 50℃以上的过热度，且与汽缸金属温度相匹配	
29	1 号汽轮机进行冲转、再热器系统进汽以后，开启再热器烟气调节挡板。冲转时旁路开度在 40%～50%间为宜	
30	在 1 号机 DEH 操作员站中，进入“自动控制”画面，点击“挂闸”按钮，点击“确认”键，DEH 输出挂闸指令	
31	检查 PS1、PS2、PS3 压力开关闭合，安全油压建立，汽轮机挂闸成功，画面显示“汽轮机挂闸”状态	

续表

顺序	操 作 项 目	确认划“√”
32	**风险提示：**冲转时就地手动打闸手柄必须有专人负责；前箱处转速表指示正确，必要时，立即手动脱扣停机；就地人员应全程监视汽轮机转速上升情况，与盘上人员保持沟通	
	继续点击“运行”按钮，并选择“确认”键，检查1号汽轮机高、中压主汽门自动全开，检查汽轮机高、中、低压疏水门全部打开	
33	1号机“控制方式”自动切为自动控制	
34	在1号机操作员站上进入“DEH保护限制”画面，在“阀位限制值”框内，将阀位限制值设定为120%，该值将限制阀门流量指令不得大于此值	
35	目标转速设置：在1号机“DEH自动控制”画面上转速“目标值”输入180rpm，按“确认”键	
36	升速率设定选择：冷态启动100rpm，温态150rpm，热态和极热态300rpm，在“DEH自动控制”画面上点击“升速率”按钮，在弹出的操作窗中输入相应的升速率值	
37	点击“进行/保持”按钮，按下“进行”键，检查1号机中压调门快速开启直至全开，高调门逐渐开启，转速逐渐上升，盘车自动脱开，主机转速约40rpm时，盘车电动机自动停止。当阀位总开度指令达20%时，检查VV通风阀自动关闭	
38	1号机摩擦检查： （1）当转速达到180rpm时，按下的“摩擦检查”按钮，选择“投入”按钮，检查所有高、中压调门关闭，汽轮机转速逐渐下降，就地检查汽轮机内部和轴封处无金属摩擦声；检查完毕后点击“退出”键，然后重新设定冲转目标、升速率，按“进行”键继续升速	
39	在1号机升速过程中，如需要保持当前转速和阀位，在“自动控制”画面中，点击“进行/保持”按钮，选择“保持”键，如不需要保持，选择“进行”键，汽轮机按原速率继续升速	
40	1号机摩擦检查结束后设定目标转速700rpm，升速率100rpm，机组重新升速。检查确认，转速升至700rpm，进行低速暖机（冷态暖机30min，温态、热态、极热态不作停留，直接升速至3000rpm）	
41	**风险提示：**升速过程中大轴振动、轴瓦金属温度达跳闸值如保护拒动应立即破坏真空打闸停机	
	将1号机转速设定为1500rpm，升速率100rpm，按“进行”按钮。为避免汽轮机发生共振，禁止在临界转速保持或降速，通过临界转速时的升速率为400rpm，冷态中速暖机90min	
42	1号机中速暖机时进行的检查和操作： （1）开启低压加热器进汽止回门、电动门，低压加热器随机启动。 （2）汽缸内、外壁金属温度差低于35℃，高、中压汽缸温度和温升正常。 （3）检查汽缸膨胀和差胀在规定范围内。 （4）加强机组振动检查、测量，如振动超限应立即停机。 （5）倾听机组声音，如发生明显的摩擦，应立即破坏真空停机并查明原因。 （6）在机组转速达1500rpm时，凝汽器压力不大于－90kPa，低缸排汽温度不应超过79℃。 （7）监视高排温度不超限（≤440℃）。 （8）调整润滑油温在40～43℃之间	
43	1号机中速暖机结束后将转速设定为3000rpm，升速率100rpm，点击“进行”按钮	
44	1号汽轮机转速2500rpm时，顶轴油泵联停，否则手动停止，并投入备用	
45	1号汽轮机转速3000rpm时，检查主油泵入口油压在0.15～0.22MPa之间，主油泵出口油压在1.5～1.6MPa之间，以及润滑油压力在0.2～0.23MPa之间，正常后可停运启动油泵（MSP）和辅助油泵（TOP）	
46	1号机转速稳定在3000rpm后，根据需要进行以下试验项目： （1）汽轮机远方或就地打闸试验； （2）汽轮机润滑油低油压联锁试验； （3）危急保安器注油试验； （4）主遮断电磁阀试验	
47	检查1号机TSI各参数指示正常	
48	**风险提示：**控制高排温度不超过440℃	
	严密监视，保证1号机高排压力及高排温度在正常范围	

续表

顺序	操　作　项　目	确认划“√”
49	操作完毕，汇报值长	

操作人：＿＿＿＿＿＿　　监护人：＿＿＿＿＿＿　　值班负责人（值长）：＿＿＿＿＿＿

七、回检	确认划“√”
确认操作过程中无跳项、漏项	
核对阀门位置正确	
远传信号、指示正常，无报警	
向值班负责人（值长）回令，值班负责人（值长）确认操作完成	

操作结束时间：＿＿＿＿年＿＿月＿＿日＿＿时＿＿分

操作人：＿＿＿＿＿＿　　监护人：＿＿＿＿＿＿

管理人员鉴证：值班负责人＿＿＿＿＿＿＿＿　部门＿＿＿＿＿＿＿＿　厂级＿＿＿＿＿＿＿＿

八、备注

热力机械操作票

单位：________________ 班组：________________ 编号：____________

操作任务：**1号机7、8号低压加热器投运** 风险等级：__________

一、发令、接令	确认划“√”
核实相关工作票已终结或押回，检查设备、系统运行方式、运行状态具备操作条件	
复诵操作指令确认无误	
根据操作任务风险等级通知相关人员到岗到位	

发令人：__________ 接令人：__________ 发令时间：_______年___月___日___时___分

二、操作前作业环境风险评估		
危害因素	预 控 措 施	
肢体部位或饰品衣物、用具、工具接触转动部位	（1）正确佩戴防护用品，衣服和袖口扣好，不得戴围巾领带，长发必须盘在安全帽内； （2）不准将用具、工器具接触设备的转动部位； （3）不准在靠背轮上、安全罩上或运行中设备的轴承上行走或坐立	
孔洞、沟道无盖板、防护栏缺失损坏	（1）行走及操作时注意周边现场孔洞、沟道盖板、平台栏杆是否完好； （2）不准擅自进入现场隔离区域； （3）禁止无安全防护设施的情况下进行高空位置操作	
进入噪声区域未正确使用防护用品	（1）进入噪声区域时正确佩戴合格的耳塞； （2）避免长时间在高噪声区停留	
三、操作人、监护人互查		确认划“√”
人员状态：工作人员健康状况良好，无酒后、疲劳作业等情况		
个人防护：安全帽、工作鞋、工作服以及与操作任务危害因素相符的耳塞、手套等劳动保护用品等		
四、检查确认工器具完好		
工器具	完 好 标 准	确认划“√”
阀门钩	阀门钩完好无损坏和变形	
测温仪	校验合格证在有效期内，测温仪计量显示准确	
五、安全技术交底		
值班负责人按照“操作前作业环境风险评估”以及操作中“风险提示”等内容向操作人、监护人进行安全技术交底。 操作人： 监护人：		

确认上述二～五项内容：

管理人员鉴证：值班负责人________________ 部门________________ 厂级________________

六、操作		
操作开始时间：_______年___月___日___时___分		
操作任务：1号机7、8号低压加热器投运		
顺序	操 作 项 目	确认划“√”
1	执行《低压加热器疏水、排气系统检查卡》，将1号机7、8号低压加热器各阀门恢复完毕，具备投运条件	
2	确认1号机7、8号低压加热器各热工测量元件完好，压力表、压力变送器、压力开关、液位开关一次门开启，控制电源、信号电源投入正常	
3	联系热控确认1号机7、8号低加各联锁保护试验合格，联锁保护投入正常	
4	就地检查1号机7、8号低压加热器水位计投入良好，无水位显示，报警信号及保护装置动作正常	

续表

顺序	操　作　项　目	确认划"√"
5	检查1号机主机凝汽器真空正常（≤10kPa）	
6	检查1号机8号低压加热器出口至烟气余热电动门及旁路电动门关闭严密，7号低压加热器出口流量调节阀旁路电动门关闭，流量调节阀前电动门、调节阀后手动门全开状态	
7	检查1号机7、8号低压加热器、水侧各放水门、汽侧排空门已关闭	
8	开启1号机7、8号低压加热器水侧排空气门	
9	开启1号机8号低压加热器水侧入口电动门5%，对7、8号低压加热器水侧进行注水排气	
10	当排空气门有连续水流后关闭1号机7、8号低压加热器水侧排气门	
11	全开1号机8号低压加热器入口电动门	
12	全开1号机7号低压加热器出口流量调节阀	
13	关闭1号机7、8号低压加热器旁路电动门，检查凝结水流量正常	
14	检查1号机7、8号低压加热器汽侧水位正常，无异常水位出现	
15	检查确认1号机7、8号低压加热器正常疏水调门前手动门、危急事故疏水调门前后手动门开启	
16	检查确认1号机7、8号低压加热器正常疏水调门关闭，全开7、8号低压加热器事故疏水调门	
17	**风险提示：**开启低压加热器连续排气门时加强真空监视，真空下降时立即关闭	
	开启1号机7、8号低压加热器连续排气手动门，检查主机真空不下降	
18	汽轮机冲转过程中，1号机7、8号低压加热器随机启动，投入汽侧运行	
19	随着1号机7A、7B、8A、8B号低压加热器进汽压力逐渐上升，低压加热器水位应逐渐上升，控制7A、7B、8A、8B号低压加热器危急事故疏水调节阀开度，维持低压加热器水位在0mm左右	
20	投入1号机7A、7B、8A、8B号低压加热器危急事故疏水调节阀自动，将设定值设为0mm	
21	确认1号机6号低压加热器疏水走危急事故疏水，且水位控制正常稳定，确认6号低压加热器正常疏水调节门前手动门开启	
22	当1号机6号低压加热器与7A、7B号低压加热器汽侧压差大于0.2MPa以上时，将6号低压加热器疏水由危急事故疏水切至正常疏水控制	
23	稍开1号机6号低压加热器正常疏水调门5%，对正常疏水管路进行预暖，预暖管路10min，检查管路无振动	
24	投入1号机6号低压加热器正常疏水调门自动，将设定值改为0mm，并将6号低压加热器危急事故疏水调节阀切至手动控制	
25	逐渐关小1号机6号低压加热器危急事故调节阀直至全关，随着6号低压加热器水位逐渐上升，检查6号低压加热器正常疏水调节阀自动开大，维持低压加热器水位在0mm左右	
26	随着1号机6号低压加热器切至正常疏水后，检查7A、7B号低压加热器水位自动跟踪良好，水位稳定在0mm左右	
27	投入1号机6号低压加热器危急事故疏水调节阀自动，设定水位20mm	
28	检查1号机7A、7B号低压加热器水位自动跟踪良好，当7A、7B号低压加热器与8A、8B号低压加热器汽侧压差大于0.2MPa以上时，将7A、7B号低压加热器疏水由危急事故疏水切至正常疏水控制	
29	稍开1号机7A、7B号低压加热器正常疏水调门5%，对正常疏水管路进行预暖，预暖管路10min，检查管路无振动	
30	投入1号机7A、7B号低压加热器正常疏水调门自动，将设定值改为0mm，并将7A、7B号低压加热器危急事故疏水调节阀切至手动控制	
31	逐渐关小1号机7A、7B号低压加热器危急事故调节阀直至全关，随着7A、7B号低压加热器水位逐渐上升，检查7A、7B号低压加热器正常疏水调节阀自动开大，维持低压加热器水位在0mm左右	

续表

顺序	操 作 项 目	确认划“√”
32	随着1号机7A、7B号低压加热器切至正常疏水后，检查8A、8B号低压加热器水位自动跟踪良好水位稳定在0mm左右	
33	投入1号机7A、7B号低压加热器危急事故疏水调节阀自动，设定水位20mm	
34	检查1号机8A、8B号低压加热器水位自动跟踪良好，当8A、8B号低压加热器与凝汽器满足逐级自流条件后，将8A、8B号低压加热器疏水由危急事故疏水切至正常疏水控制	
35	稍开1号机8A、8B号低压加热器正常疏水调门5%，对正常疏水管路进行预暖，预暖管路10min，检查管路无振动	
36	投入1号机8A、8B号低压加热器正常疏水调门自动，将设定值改为0mm，并将8A、8B号低压加热器危急事故疏水调节阀切至手动控制	
37	逐渐关小1号机8A、8B号低压加热器危急事故调节阀直至全关，随着8A、8B号低压加热器水位逐渐上升，检查8A、8B号低压加热器正常疏水调节阀自动开大，维持低压加热器水位在0mm左右	
38	随着1号机8A、8B号低压加热器切至正常疏水后，检查凝汽器水位自动跟踪良好，凝汽器水位稳定在1250mm左右	
39	投入1号机8A、8B号低压加热器危急事故疏水调节阀自动，设定水位20mm	
40	1号机8B号低压加热器投运正常后，可将主机轴封系统溢流由至凝汽器切至8B号低压加热器	
41	操作完毕，汇报值长	

操作人：__________ 监护人：__________ 值班负责人（值长）：__________

七、回检	确认划“√”
确认操作过程中无跳项、漏项	
核对阀门位置正确	
远传信号、指示正常，无报警	
向值班负责人（值长）回令，值班负责人（值长）确认操作完成	

操作结束时间：________年____月____日____时____分

操作人：____________ 监护人：____________

管理人员鉴证：值班负责人______________ 部门______________ 厂级______________

八、备注

热力机械操作票

单位：________________ 班组：________________ 编号：______________

操作任务：**1号机5号低压加热器投运** 风险等级：__________

一、发令、接令	确认划“√”
核实相关工作票已终结或押回，检查设备、系统运行方式、运行状态具备操作条件	
复诵操作指令确认无误	
根据操作任务风险等级通知相关人员到岗到位	

发令人：__________ 接令人：__________ 发令时间：________年____月____日____时____分

二、操作前作业环境风险评估	
危害因素	预 控 措 施
肢体部位或饰品衣物、用具、工具接触转动部位	（1）正确佩戴防护用品，衣服和袖口扣好，不得戴围巾领带，长发必须盘在安全帽内； （2）不准将用具、工器具接触设备的转动部位； （3）不准在靠背轮上、安全罩上或运行中设备的轴承上行走或坐立
孔洞、沟道无盖板、防护栏缺失损坏	（1）行走及操作时注意周边现场孔洞、沟道盖板、平台栏杆是否完好； （2）不准擅自进入现场隔离区域； （3）禁止无安全防护设施的情况下进行高空位置操作
进入噪声区域未正确使用防护用品	（1）进入噪声区域时正确佩戴合格的耳塞； （2）避免长时间在高噪声区停留

三、操作人、监护人互查	确认划“√”
人员状态：工作人员健康状况良好，无酒后、疲劳作业等情况	
个人防护：安全帽、工作鞋、工作服以及与操作任务危害因素相符的耳塞、手套等劳动保护用品等	

四、检查确认工器具完好		
工器具	完 好 标 准	确认划“√”
阀门钩	阀门钩完好无损坏和变形	
测温仪	校验合格证在有效期内，计量显示准确	
测振仪	校验合格证在有效期内，计量显示准确	

五、安全技术交底
值班负责人按照“操作前作业环境风险评估”以及操作中“风险提示”等内容向操作人、监护人进行安全技术交底。 操作人： 监护人：

确认上述二～五项内容：

管理人员鉴证：值班负责人________________ 部门________________ 厂级________________

六、操作		
操作开始时间：________年____月____日____时____分		
操作任务：1号机5号低压加热器投运		
顺序	操 作 项 目	确认划“√”
1	执行《1号机5号低压加热器疏水、排气系统检查卡》，将5号低压加热器各阀门恢复完毕，具备投运条件	
2	确认各热工测量元件完好，压力表、压力变送器、压力开关、液位开关一次门开启，控制电源、信号电源投入正常	
3	联系热控确认1号机5号低压加热器各联锁保护投入正常，联锁保护试验合格	
4	就地检查1号机5号低压加热器水位计投入良好，无水位显示，报警信号及保护装置动作正常	

续表

顺序	操 作 项 目	确认划“√”
5	检查1号机主机凝汽器真空正常（≤10kPa）	
6	检查1号机5号低压加热器汽、水侧各放水门、排空门已关闭	
7	开启1号机5号低压加热器水侧排气门	
8	开启1号机5号低压加热器水侧入口电动门5%，对5号低压加热器水侧进行注水排气	
9	当排空气门有连续水流后关闭1号机5号低压加热器水侧排气门	
10	全开1号机5号低压加热器入口电动门	
11	全开1号机5号低压加热器出口电动门	
12	检查1号机5号低压加热器旁路电动门自动关闭，否则手动关闭	
13	全面检查1号机5号低压加热器水侧投运正常，凝结水流量稳定	
14	**风险提示：**开启连续排气门时，注意真空变化，发现异常立即关闭	
	检查确认1号机5号低压加热器启动排气门关闭，缓慢开启低压加热器连续排气门，监视真空变化情况，若真空快速下降，应立即关闭该门，并对加热器进行检查，确认漏真空点消除后才可继续操作	
15	检查1号机5段抽汽管道各疏水气动门开启	
16	检查确认1号机5号低压加热器正常疏水调门前手动门、危急事故疏水调门前后手动门开启	
17	检查确认1号机5号低压加热器正常疏水调门关闭，全开5号低压加热器事故疏水调门	
18	开启1号机5段抽汽止回门	
19	开启1号机5号低压加热器进汽电动门至5%～10%，对5号低压加热器进行预暖10min，检查就地管道无剧烈振动	
20	**风险提示：**用低压加热器进汽电动门开度控制低压加热器水侧温升率不大于3℃/min	
	低压加热器暖管结束，逐步开大（5%/min）1号机5号低压加热器进汽电动门，控制5号低压加热器出水温度变化率不超过3℃/min，直至全开	
21	随着1号机5号低压加热器进汽压力逐渐上升，低压加热器水位应逐渐上升，控制5号低压加热器危急事故疏水调节阀开度，维持低压加热器水位在0mm左右	
22	投入1号机5号低压加热器危急事故疏水调节阀自动，将设定值设为“0mm”	
23	确认1号机5号低压加热器水位控制正常并稳定，当与6号低压加热器汽侧压差大于0.2MPa以上时，准备将5号低压加热器疏水由危急事故疏水切至正常疏水控制	
24	稍开1号机5号低压加热器正常疏水调门5%，对正常疏水管路进行预暖，预暖管路10min，检查管路无振动	
25	投入1号机5号低压加热器正常疏水调门自动，将设定值改为“0mm”，并将5号低压加热器危急事故疏水调节阀切至手动	
26	逐渐关小1号机5号低压加热器危急事故疏水调节阀直至全关，随着5号低压加热器水位逐渐上升，检查5号低压加热器正常疏水调节阀自动开大，维持低压加热器水位在0mm左右	
27	随着1号机5号低压加热器切至正常疏水后，检查6号低压加热器水位自动跟踪良好，水位稳定在0mm左右	
28	投入1号机5号低压加热器危急事故疏水调节阀自动，设定水位20mm	
29	若机组负荷大于185MW，应关闭1号机5段抽汽管道各疏水气动门	
30	检查机组负荷运行正常，工况稳定	
31	操作完毕，汇报值长	

操作人：__________ 监护人：__________ 值班负责人（值长）：__________

七、回检	确认划“√”
确认操作过程中无跳项、漏项	
核对阀门位置正确	
远传信号、指示正常，无报警	
向值班负责人（值长）回令，值班负责人（值长）确认操作完成	

操作结束时间：________年___月___日___时___分

操作人：____________ 监护人：____________

管理人员鉴证：值班负责人________________ 部门________________ 厂级________________

八、备注

热力机械操作票

单位：________________ 班组：________________ 编号：____________

操作任务：**1号机1A定冷水泵切换至1B定冷水泵运行** 风险等级：________

一、发令、接令	确认划“√”
核实相关工作票已终结或押回，检查设备、系统运行方式、运行状态具备操作条件	
复诵操作指令确认无误	
根据操作任务风险等级通知相关人员到岗到位	

发令人：__________ 接令人：__________ 发令时间：________年___月___日___时___分

二、操作前作业环境风险评估	
危害因素	预 控 措 施
肢体部位或饰品衣物、用具、工具接触转动部位	（1）正确佩戴防护用品，衣服和袖口扣好，不得戴围巾领带，长发必须盘在安全帽内； （2）不准将用具、工器具接触设备的转动部位； （3）不准在靠背轮上、安全罩上或运行中设备的轴承上行走或坐立
进入噪声区域时未正确使用防护用品	（1）进入噪声区域时正确佩戴合格的耳塞； （2）避免长时间在高噪声区停留
孔洞、沟道无盖板、防护栏缺失损坏	（1）行走及操作时注意周边工作环境是否安全，现场孔洞、沟道盖板、平台栏杆是否完好； （2）不准擅自进入现场隔离区域； （3）禁止无安全防护设施的情况下进行高空位置操作

三、操作人、监护人互查	确认划“√”
人员状态：工作人员健康状况良好，无酒后、疲劳作业等情况	
个人防护：安全帽、工作鞋、工作服以及与操作任务危害因素相符的耳塞、手套等劳动保护用品等	

四、检查确认工器具完好		
工器具	完 好 标 准	确认划“√”
阀门钩	阀门钩完好无损坏和变形	
测温仪	校验合格证在有效期内，计量显示准确	
测振仪	校验合格证在有效期内，计量显示准确	

五、安全技术交底
值班负责人按照“操作前作业环境风险评估”以及操作中“风险提示”等内容向操作人、监护人进行安全技术交底。 操作人： 监护人：

确认上述二～五项内容：

管理人员鉴证：值班负责人________________ 部门________________ 厂级________________

六、操作		
操作开始时间：________年___月___日___时___分		
操作任务：1号机1A定冷水泵切换至1B定冷水泵运行		
顺序	操 作 项 目	确认划“√”
1	检查1号机1B定冷水泵备用良好	
2	切换前检查、记录1号发电机定子线圈进水压力____MPa（0.35～0.45MPa）、定冷水流量____（>122t/h）、定冷水温度____℃（45℃±3℃）、定冷水箱水位____mm（500～650mm）、____定冷水泵电流____A（<133A）	
3	确认1号机定冷水系统运行正常	
4	检查1号机1B定冷水泵入口手动门在全开位	

续表

顺序	操 作 项 目	确认划“√”
5	检查1号机1B定冷水泵出口手动止回门在全开位	
6	退出1号机1B定冷水泵备用联锁	
7	**风险提示：**电动机启动前应与电机保持安全距离，不要站在泵径向方向，避免机械伤害；巡检人员应站在定冷水泵事故按钮处，启动时发现机械振动大或冒烟着火时及时通过事故按钮停止	
	启动1号机1B定冷水泵运行	
8	检查1号机1B定冷水泵电流____A（＜133A）、振动、声音正常，出口压力____MPa（0.85～1.0MPa）	
9	检查1号发电机定子线圈进水压力____MPa（0.35～0.45MPa）、定冷水流量____（＞122t/h）、定子水温度____℃（45℃±3℃）、定冷水箱水位____mm（500～650mm）、____定冷水泵电流____A（＜133A），____定冷水泵电流____A（＜133A），确认系统各参数正常，系统运行良好	
10	**风险提示：**停泵时应监视发电机定冷水流量及压力，若出现大幅波动或降低时应立即强启1A定冷水泵恢复运行，防止断水保护动作跳机；若无法强启，则立即令就地人员快速关闭1A定冷水泵出口门	
	停运1号机1A定冷水泵，电机电流到0，并确认定冷水母管压力及流量稳定	
11	检查定子线圈进水压力____MPa（0.35～0.45MPa）、定冷水流量____（＞122t/h）、定冷水温度____℃（45℃±3℃）	
12	确认定冷水系统运行正常，投入1号机1A定冷水泵备用联锁	
13	操作完毕，汇报值长	

操作人：____________　　监护人：____________　　值班负责人（值长）：____________

七、回检	确认划“√”
确认操作过程中无跳项、漏项	
核对阀门位置正确	
远传信号、指示正常，无报警	
向值班负责人（值长）回令，值班负责人（值长）确认操作完成	

操作结束时间：________年____月____日____时____分

操作人：____________　　监护人：____________

管理人员鉴证：值班负责人________________　部门________________　厂级________________

八、备注

热力机械操作票

单位：________ 班组：________ 编号：________

操作任务：**1 号机 1A 凝结水泵入口滤网清理后恢复备用** 风险等级：________

一、发令、接令	确认划“√”
核实相关工作票已终结或押回，检查设备、系统运行方式、运行状态具备操作条件	
复诵操作指令确认无误	
根据操作任务风险等级通知相关人员到岗到位	

发令人：________ 接令人：________ 发令时间：____年__月__日__时__分

二、操作前作业环境风险评估	
危害因素	预　控　措　施
肢体部位或饰品衣物、用具、工具接触转动部位	（1）正确佩戴防护用品，衣服和袖口扣好，不得戴围巾领带，长发必须盘在安全帽内； （2）不准将用具、工器具接触设备的转动部位； （3）不准在靠背轮上、安全罩上或运行中设备的轴承上行走或坐立
孔洞、沟道无盖板、防护栏缺失损坏	（1）行走及操作时注意周边现场孔洞、沟道盖板、平台栏杆是否完好； （2）不准擅自进入现场隔离区域； （3）禁止无安全防护设施的情况下进行高空位置操作
进入噪声区域未正确使用防护用品	（1）进入噪声区域时正确佩戴合格的耳塞； （2）避免长时间在高噪声区停留

三、操作人、监护人互查	确认划“√”
人员状态：工作人员健康状况良好，无酒后、疲劳作业等情况	
个人防护：安全帽、工作鞋、工作服以及与操作任务危害因素相符的耳塞、手套等劳动保护用品等	

四、检查确认工器具完好		
工器具	完　好　标　准	确认划“√”
阀门钩	阀门钩完好无损坏、变形	
测温仪	校验合格证在有效期内，计量显示准确	
测振仪	校验合格证在有效期内，计量显示准确	

五、安全技术交底
值班负责人按照“操作前作业环境风险评估”以及操作中“风险提示”等内容向操作人、监护人进行安全技术交底。 操作人：　　　　监护人：

确认上述二～五项内容：

管理人员鉴证：值班负责人________ 部门________ 厂级________

六、操作		
操作开始时间：____年__月__日__时__分		
操作任务：1 号机 1A 凝结水泵入口滤网清理后恢复备用		
顺序	操　作　项　目	确认划“√”
1	关闭 1 号机 1A 凝结水泵入口滤网底部放水门	
2	开启 1 号机 1A 凝结水泵密封水供水手动总门	
3	检查 1 号机 1A 凝结水泵入口滤网排空门开启	
4	**风险提示**：缓慢开启凝结水泵入口滤网 A 侧冲洗手动一、二次门，注水时注意观察凝泵进口压力表显示不超过 0.2MPa，防止凝结水泵入口伸缩节损坏	
	稍开 1 号机 1A 凝结水泵入口滤网 A 侧冲洗手动一、二次门，对入口滤网进行注水排气	

续表

顺序	操 作 项 目	确认划"√"
5	待1号机1A凝结水泵入口滤网排气门有连续水流流出时，关闭1A凝结水泵入口滤网A侧冲洗手动一、二次门，关闭1A凝结水泵入口滤网排空门	
6	检查1号机1A凝结水泵及入口滤网法兰等处无渗漏水现象	
7	**风险提示：**缓慢开启凝泵入口滤网抽空气门、泵体抽空气门，发现真空下降，立即恢复	
	缓慢开启1号机1A凝结水泵入口滤网抽空气一、二次门	
8	关闭1号机1B凝结水泵泵体抽空气门	
9	缓慢开启1号机1A凝泵泵体抽空气门	
10	严密监视1号机凝汽器真空、运行凝结水泵工况稳定	
11	确认1号机1A凝结水泵电动机冷却水已投入	
12	1号机1A凝结水泵入口电动门送电	
13	1号机1A凝结水泵出口电动门送电	
14	1号机1A检查凝结水泵开关在热备用	
15	**风险提示：**严密监视运行凝结水泵出口压力、流量、电流变化，有气蚀现象发生时及时关闭所恢复凝泵入口电动门	
	开启1号机1A凝结水泵入口电动门	
16	检查1号机1A凝结水泵入口电动门全开	
17	投入1号机1A凝结水泵"备用"联锁	
18	检查1号机1A凝结水泵出口电动门联锁全开，凝结水泵不倒转	
19	缓慢打开1号机1B凝结水泵泵体抽空气门	
20	检查1号机1B凝结水泵运行正常	
21	操作完毕，汇报值长	

操作人：__________ 监护人：__________ 值班负责人（值长）：__________

七、回检	确认划"√"
确认操作过程中无跳项、漏项	
核对阀门位置正确	
远传信号、指示正常，无报警	
向值班负责人（值长）回令，值班负责人（值长）确认操作完成	

操作结束时间：________年____月____日____时____分

操作人：__________ 监护人：__________

管理人员鉴证：值班负责人__________ 部门__________ 厂级__________

八、备注

热力机械操作票

单位：________________ 班组：________________ 编号：____________

操作任务：**1号机主汽门、调门严密性试验** 风险等级：________

一、发令、接令	确认划“√”
核实相关工作票已终结或押回，检查设备、系统运行方式、运行状态具备操作条件	
复诵操作指令确认无误	
根据操作任务风险等级通知相关人员到岗到位	

发令人：__________ 接令人：__________ 发令时间：________年____月____日____时____分

二、操作前作业环境风险评估		
危害因素	预 控 措 施	
肢体部位或饰品衣物、用具、工具接触转动部位	（1）正确佩戴防护用品，衣服和袖口应扣好，不得戴围巾领带，长发必须盘在安全帽内； （2）不准将用具、工器具接触设备的转动部位； （3）不准在靠背轮上、安全罩上或运行中设备的轴承上行走与坐立	
孔洞、沟道无盖板、防护栏缺失损坏	（1）行走及操作时注意周边工作环境是否安全，现场孔洞、沟道盖板、平台栏杆是否完好； （2）不准擅自进入现场隔离区域； （3）禁止无安全防护设施的情况下进行高空位置操作	
进入噪声区域时未正确使用防护用品	（1）进入噪声区域时正确佩戴合格的耳塞； （2）避免长时间在高噪声区停留	
三、操作人、监护人互查		确认划“√”
人员状态：工作人员健康状况良好，无酒后、疲劳作业等情况		
个人防护：安全帽、工作鞋、工作服以及与操作任务危害因素相符的耳塞、手套等劳动保护用品等		
四、检查确认工器具完好		
工器具	完 好 标 准	确认划“√”
阀门钩	阀门钩完好无损坏和变形	
五、安全技术交底		
值班负责人按照“操作前作业环境风险评估”以及操作中“风险提示”等内容向操作人、监护人进行安全技术交底。 操作人： 监护人：		

确认上述二～五项内容：

管理人员鉴证：值班负责人________________ 部门________________ 厂级________________

六、操作		
操作开始时间：________年____月____日____时____分		
操作任务：1号机主汽门、调门严密性试验		
顺序	操 作 项 目	确认划“√”
1	确认1号机组运行正常，DEH、ETS及TSI无异常报警出现，各轴承振动情况正常	
2	确认1号机组未并网，机组转速稳定在3000rpm	
3	检查确认1号机一级大旁路自动或手动方式投运正常	
4	调整并记录1号机试验前参数：主汽压力____MPa，不低于50%额定汽压（13.25MPa），汽温____℃，真空____kPa，机组参数稳定	
5	确认1号机交流润滑油泵、交流启动油泵运行正常，润滑油压0.137～0.18MPa，主油泵出口油压1.51MPa	
6	试转1号机直流润滑油泵（EOP）正常后停运直流润滑油泵，投入联锁备用	

续表

顺序	操 作 项 目	确认划“√”
7	打开1号机“DEH阀门全行程试验”画面，检查“转速大于2990rpm”“发电机未并网”指示灯红灯亮	
8	确认1号机组试验条件具备，准备进行阀门严密性试验	
9	在1号机“DEH阀门全行程试验”画面“严密性试验”区点击“试验允许”按钮，按“投入”，检查“严密性试验允许”指示红灯亮	
10	在1号机“DEH阀门全行程试验”画面“严密性试验”区按“MSV/RSV试验”按钮，点击“投入”，“MSV/RSV试验”按钮灯亮	
11	1号机DEH自动控制高、中压主汽阀快关电磁阀带电，高、中压主汽门逐渐关闭，高、中压调门逐渐全开	
12	**风险提示：**主汽门及调门关闭后，应检查转速下降，加强汽轮机润滑油压力监视，防止汽轮机润滑油中断烧瓦；及时调整轴封压力；转速降至2500rpm检查顶轴油泵自动启动，否则立即手动启动	
	检查1号汽轮机转速开始下降，开始记录转子惰走时间	
13	当1号汽轮机转速降至2500rpm，检查顶轴油泵自动启动正常	
14	就地检查确认1号机高、中压主汽门已全部关闭到位	
15	当1号汽轮机转速降至规定转速［1000×（当前汽压/26.5）］以下，表明高、中压主汽门严密性试验合格	
16	记录：1号机惰走时间为____s，可接受转速为____rpm	
17	盘前手动按下1号机停机按钮，检查汽轮机跳闸，高、中压调门关闭	
18	1号汽轮机重新挂闸，根据汽缸温度选择升速率，将汽轮机冲转至3000rpm，检查运行稳定	
19	打开1号机“DEH阀门全行程试验”画面，检查“转速大于2990rpm”“发电机未并网”指示灯红灯亮	
20	在1号机“DEH阀门全行程试验”画面“严密性试验”区点击“试验允许”按钮，按“投入”，检查“严密性试验允许”指示红灯亮	
21	在1号机“DEH阀门全行程试验”画面“严密性试验”区按“CV试验”按钮，点击“投入”，“CV试验”按钮灯亮	
22	1号机高、中压调节阀快关电磁阀带电，高、中压六个调门逐渐关闭	
23	检查1号汽轮机转速开始下降，开始记录转子惰走时间	
24	当1号汽轮机转速降至2500rpm，检查顶轴油泵自动启动正常	
25	就地检查确认1号机高、中压调速汽门已全部关闭到位	
26	当1号汽轮机转速降至规定转速［1000×（当前汽压/26.5）］以下，表明高、中调门严密性试验合格	
27	记录：1号机惰走时间为____s，可接受转速为____rpm	
28	盘前手动按下1号机停机按钮，检查1号汽轮机跳闸，高、中压主汽门关闭	
29	试验结束，在1号机“DEH阀门全行程试验”画面“严密性试验”区点击“试验允许”按钮，按“切除”，检查“严密性试验允许”指示灯变灰	
30	根据情况1号机进行停机或重新挂闸升速	
31	操作完毕，汇报值长	

操作人：__________ 监护人：__________ 值班负责人（值长）：__________

七、回检	确认划“√”
确认操作过程中无跳项、漏项	
核对阀门位置正确	
远传信号、指示正常，无报警	
向值班负责人（值长）回令，值班负责人（值长）确认操作完成	

操作结束时间：________年____月____日____时____分

操作人：____________　　　　　　　　　　监护人：____________

管理人员鉴证：值班负责人________________ 部门________________ 厂级________________

八、备注

热力机械操作票

单位：________ 班组：________ 编号：________

操作任务：**1号汽轮机高、中压主汽门、中调门部分行程活动试验** 风险等级：________

一、发令、接令	确认划"√"
核实相关工作票已终结或押回，检查设备、系统运行方式、运行状态具备操作条件	
复诵操作指令确认无误	
根据操作任务风险等级通知相关人员到岗到位	

发令人：________ 接令人：________ 发令时间：________年____月____日____时____分

二、操作前作业环境风险评估		
危害因素	预　控　措　施	
肢体部位或饰品衣物、用具、工具接触转动部位	（1）正确佩戴防护用品，衣服和袖口应扣好，不得戴围巾领带，长发必须盘在安全帽内； （2）不准将用具、工器具接触设备的转动部位； （3）不准在靠背轮上、安全罩上或运行中设备的轴承上行走与坐立	
孔洞、沟道无盖板、防护栏缺失损坏	（1）行走及操作时注意周边工作环境是否安全，现场孔洞、沟道盖板、平台栏杆是否完好； （2）不准擅自进入现场隔离区域； （3）禁止无安全防护设施的情况下进行高空位置操作	
进入噪声区域时未正确使用防护用品	（1）进入噪声区域时正确佩戴合格的耳塞； （2）避免长时间在高噪声区停留	
三、操作人、监护人互查		确认划"√"
人员状态：工作人员健康状况良好，无酒后、疲劳作业等情况		
个人防护：安全帽、工作鞋、工作服以及与操作任务危害因素相符的耳塞、手套等劳动保护用品等		
四、检查确认工器具完好		
工器具	完　好　标　准	确认划"√"
阀门钩	阀门钩完好无损坏和变形	
五、安全技术交底		
值班负责人按照"操作前作业环境风险评估"以及操作中"风险提示"等内容向操作人、监护人进行安全技术交底。 操作人：　　　　　　　　监护人：		

确认上述二～五项内容：

管理人员鉴证：值班负责人________ 部门________ 厂级________

六、操作		
操作开始时间：________年____月____日____时____分		
操作任务：1号汽轮机高、中压主汽门、中调门部分行程活动试验		
顺序	操　作　项　目	确认划"√"
1	检查1号机无增/减负荷操作，机组运行工况稳定	
2	检查1号机所有活动的高、中压主汽门、中调门处于全开状态	
3	检查1号机汽门控制方式处于自动状态	
4	检查1号机负荷稳定在500～700MW之间	
5	申请调度解除1号机AGC，在CCS控制方式做汽门半行程活动试验	
6	在1号机DEH操作员站"DEH阀门半行程试验"画面中检查"所有主汽门开""自动""50%<功率<70%"，点击"活动试验允许"按钮，在弹出的对话框中点击"投入""活动试验允许"灯亮	

续表

顺序	操作项目	确认划“√”
7	在1号机DEH操作员站“DEH阀门半行程试验”画面中点击“MSV1试验”按钮，在弹出的对话框中点击“投入”	
8	**风险提示**：伺服阀卡涩或执行机构故障，通知维修人员到场，保持机组负荷及参数稳定	
	巡检就地检查1号机MSV1的实际动作情况	
9	若出现“试验失败”字样，停止试验，通知热控人员到场检查原因并进行处理	
10	确认1号机MSV1开反馈脱开，15～20s后，出现“试验成功”字样后，继续下一汽门试验	
11	以同样的方法做1号机MSV2、MSV3、MSV4半行程活动试验	
12	1号机高压主汽门试验完毕，继续做中压主汽门半行程活动试验	
13	点击1号机“RSV1试验”按钮，在弹出的框中点击“投入”，巡检就地检查RSV1实际动作情况	
14	**风险提示**：伺服阀卡涩或执行机构故障，通知维修人员到场处理，保持机组负荷及参数稳定	
	若出现“试验失败”字样，停止试验，通知热控人员到场检查原因并进行处理	
15	确认1号机RSV1开反馈脱开，15～20s后，出现“试验成功”字样后，继续下一汽门试验	
16	点击1号机“RSV2试验”按钮，在弹出的框中点击“投入”，巡检就地检查RSV2实际动作情况	
17	**风险提示**：伺服阀卡涩或执行机构故障，通知维修人员到场处理，保持机组负荷及参数稳定	
	若出现“试验失败”字样，停止试验，通知热控人员到场检查原因并进行处理	
18	确认1号机RSV2开反馈脱开，15～20s后，出现“试验成功”字样后，中主门半行程试验完成	
19	继续做1号机中调门半行程活动试验，点击“ICV1试验”按钮，在弹出的框中点击“投入”，巡检就地检查ICV1实际动作情况	
20	**风险提示**：伺服阀卡涩或执行机构故障，通知维修人员到场处理，保持机组负荷及参数稳定	
	若出现“试验失败”字样，停止试验，通知热控人员到场检查原因并进行处理	
21	确认1号机ICV1以1%/s速度平稳匀速地关至85%开度，发出“试验成功”信号，继续下一个中调门试验	
22	若出现“试验失败”字样，停止试验，通知热控人员到场检查原因并进行处理	
23	以同样的方法做1号机ICV2、ICV3、ICV4半行程活动试验	
24	试验完毕，在1号机DEH操作员站“DEH阀门全行程试验”画面中检查“所有主汽门开”“自动”“50%＜功率＜70%”“活动试验允许”灯亮，点击“活动试验允许”按钮，在弹出的对话框中点击“切除”，检查“活动试验允许”灯灭	
25	检查1号机组运行状态正常	
26	检查1号机所有主汽门处于开启状态，主汽门开度无摆动情况发生	
27	检查1号机EH油管路、油动机及伺服阀、溢流阀处无泄漏	
28	操作完毕，汇报值长	

操作人：__________　　监护人：__________　　值班负责人（值长）：__________

七、回检	确认划“√”
确认操作过程中无跳项、漏项	
核对阀门位置正确	
远传信号、指示正常，无报警	
向值班负责人（值长）回令，值班负责人（值长）确认操作完成	

操作结束时间：________年___月___日___时___分

操作人：____________ 监护人：____________

管理人员鉴证：值班负责人________________ 部门________________ 厂级________________

八、备注

热力机械操作票

单位：__________ 班组：__________ 编号：__________

操作任务：1号机1A给水泵汽轮机低压主汽门部分行程活动试验 风险等级：__________

一、发令、接令	确认划“√”
核实相关工作票已终结或押回，检查设备、系统运行方式、运行状态具备操作条件	
复诵操作指令确认无误	
根据操作任务风险等级通知相关人员到岗到位	

发令人：__________ 接令人：__________ 发令时间：______年___月___日___时___分

二、操作前作业环境风险评估		
危害因素	预 控 措 施	
肢体部位或饰品衣物、用具、工具接触转动部位	（1）正确佩戴防护用品，衣服和袖口应扣好，不得戴围巾领带，长发必须盘在安全帽内； （2）不准将用具、工器具接触设备的转动部位； （3）不准在靠背轮上、安全罩上或运行中设备的轴承上行走与坐立	
孔洞、沟道无盖板、防护栏缺失损坏	（1）行走及操作时注意周边工作环境是否安全，现场孔洞、沟道盖板、平台栏杆是否完好； （2）不准擅自进入现场隔离区域； （3）禁止无安全防护设施的情况下进行高空位置操作	
进入噪声区域时未正确使用防护用品	（1）进入噪声区域时正确佩戴合格的耳塞； （2）避免长时间在高噪声区停留	
三、操作人、监护人互查		确认划“√”
人员状态：工作人员健康状况良好，无酒后、疲劳作业等情况		
个人防护：安全帽、工作鞋、工作服以及与操作任务危害因素相符的耳塞、手套等劳动保护用品等		
四、检查确认工器具完好		
工器具	完 好 标 准	确认划“√”
阀门钩	阀门钩完好无损坏和变形	
五、安全技术交底		
值班负责人按照“操作前作业环境风险评估”以及操作中“风险提示”等内容向操作人、监护人进行安全技术交底。 操作人： 监护人：		

确认上述二～五项内容：

管理人员鉴证：值班负责人__________ 部门__________ 厂级__________

六、操作		
操作开始时间：______年___月___日___时___分		
操作任务：1号机1A给水泵汽轮机低压主汽门部分行程活动试验		
顺序	操 作 项 目	确认划“√”
1	检查1号机组负荷稳定，负荷在400～800MW之间	
2	检查1号1A给水泵汽轮机低压主汽门处于全开状态，1A、1B汽动给水泵运行稳定	
3	检查1号1A给水泵汽轮机转速大于2800rpm	
4	在1号机汽机给水系统画面解除1A给水泵汽轮机转速自动	
5	在1号机汽机给水系统画面退出1A给水泵汽轮机“给水泵遥控”方式	
6	在1号机1A给水泵MEH控制画面切除“CCS控制	
7	检查1号机1A给水泵MEH控制画面给水泵汽轮机低压主汽门控制方式在“自动”状态	

续表

顺序	操 作 项 目	确认划“√”
8	在1号机1A给水泵MEH控制画面点击“LSV试验”，在弹出的对话框中点击“投入”	
9	在1号机1A给水泵MEH控制画面检查“低压主汽门全开”信号消失后恢复，“低压主汽阀活动试验位”开关量由红变灰后变红状态	
10	**风险提示**：伺服阀卡涩或执行机构故障，通知维修人员到场，保持机组负荷及参数稳定，可根据情况再试验一次	
	就地确认1号机1A给水泵汽轮机低压主汽门关至75%后自动开启	
11	检查1号机1A给水泵MEH控制画面“LSV试验成功”显示，试验结束	
12	试验过程中发现异常立即停止试验	
13	检查1号机1A给水泵汽轮机转速应平稳，低压主汽门处于开启状态，主汽门开度无摆动情况	
14	在1号机汽轮机给水系统画面投入1A给水泵汽轮机“给水泵遥控”方式	
15	投入1号机1A给水泵汽轮机“CCS控制”方式	
16	在1号机汽轮机给水系统画面投入1A给水泵汽轮机转速自动	
17	操作完毕，汇报值长	

操作人：__________　　监护人：__________　　值班负责人（值长）：__________

七、回检	确认划“√”
确认操作过程中无跳项、漏项	
核对阀门位置正确	
远传信号、指示正常，无报警	
向值班负责人（值长）回令，值班负责人（值长）确认操作完成	

操作结束时间：________年____月____日____时____分

操作人：____________　　监护人：____________

管理人员鉴证：值班负责人______________　部门______________　厂级______________

八、备注

热力机械操作票

单位：________________ 班组：________________ 编号：____________

操作任务：1号机抽汽止回门活动试验 风险等级：__________

一、发令、接令	确认划“√”
核实相关工作票已终结或押回，检查设备、系统运行方式、运行状态具备操作条件	
复诵操作指令确认无误	
根据操作任务风险等级通知相关人员到岗到位	

发令人：__________ 接令人：__________ 发令时间：_______年___月___日___时___分

二、操作前作业环境风险评估		
危害因素	预 控 措 施	
肢体部位或饰品衣物、用具、工具接触转动部位	（1）正确佩戴防护用品，衣服和袖口扣好，不得戴围巾领带，长发必须盘在安全帽内； （2）不准将用具、工器具接触设备的转动部位； （3）不准在靠背轮上、安全罩上或运行中设备的轴承上行走或坐立	
孔洞、沟道无盖板、防护栏缺失损坏	（1）行走及操作时注意周边工作环境是否安全，现场孔洞、沟道盖板、平台栏杆是否完好； （2）不准擅自进入现场隔离区域； （3）禁止无安全防护设施的情况下进行高空位置操作	
进入噪声区域未正确使用防护用品	（1）进入噪声区域时正确佩戴合格的耳塞； （2）避免长时间在高噪声区停留	
三、操作人、监护人互查		确认划“√”
人员状态：工作人员健康状况良好，无酒后、疲劳作业等情况		
个人防护：安全帽、工作鞋、工作服以及与操作任务危害因素相符的耳塞、手套等劳动保护用品等		
四、检查确认工器具完好		
工器具	完 好 标 准	确认划“√”
阀门钩	阀门钩完好无损坏和变形	
五、安全技术交底		
值班负责人按照“操作前作业环境风险评估”以及操作中“风险提示”等内容向操作人、监护人进行安全技术交底。 操作人： 监护人：		

确认上述二～五项内容：

管理人员鉴证：值班负责人________________ 部门________________ 厂级________________

六、操作		
操作开始时间：_______年___月___日___时___分		
操作任务：1号机抽汽止回门活动试验		
顺序	操 作 项 目	确认划“√”
1	检查1号机组运行工况稳定，机组负荷在500～900MW之间	
2	检查压缩空气系统运行正常，仪用气压力在0.63～0.8MPa之间	
3	检查1号机各加热器运行正常，水位稳定，水位自动调节正常	
4	检查待试验的抽汽止回门在全开位置，四段抽汽1、2号止回门不参与活动试验，抽汽止回门活动试验应压力应由低到高逐个进行	
5	就地操作人员和集控室人员通信联系畅通可靠	
6	进行六抽止回门活动试验	

续表

顺序	操 作 项 目	确认划“√”
7	**风险提示：**为防止水位大幅波动，可只做抽汽止回门部分关闭试验（约关闭近一半的行程）	
	在 DCS 上关闭六抽止回门，就地检查六抽止回门气缸活塞向下移动，抽汽止回门向关闭方向移动	
8	**风险提示：**试验过程中，止回门如有卡涩现象，可反复试验几次，直至卡涩现象消失。如止回门拒动或卡涩现象消除不了，联系检修消缺，必要时停运该级抽汽及相应加热器	
	当六抽止回门关闭到位后，DCS 上开启六抽止回门，检查六段抽汽止回门已全开正常	
9	进行五抽止回门活动试验	
10	在 DCS 上关闭五抽止回门，就地检查五抽止回门气缸活塞向下移动，抽汽止回门向关闭方向移动	
11	当五抽止回门关闭到位后，DCS 上开启五抽止回门，检查五段抽汽止回门已全开正常	
12	进行三抽止回门活动试验	
13	**风险提示：**为防止水位大幅波动，可只做抽汽止回门部分关闭试验（约关闭近一半的行程）	
	在 DCS 上关闭三抽止回门，就地检查三抽止回门气缸活塞向下移动，抽汽止回门向关闭方向移动	
14	当三抽止回门关闭到位后，DCS 上开启三抽止回门，检查三段抽汽止回门已全开正常	
15	进行二抽止回门活动试验	
16	在 DCS 上关闭二抽止回门，就地检查二抽止回门气缸活塞向下移动，抽汽止回门向关闭方向移动	
17	当二抽止回门关闭到位后，DCS 上开启二抽止回门，检查二段抽汽止回门已全开正常	
18	进行一抽止回门活动试验	
19	在 DCS 上关闭一抽止回门，就地检查一抽止回门气缸活塞向下移动，抽汽止回门向关闭方向移动	
20	当一抽止回门关闭到位后，DCS 上开启一抽止回门，检查一段抽汽止回门已全开正常	
21	检查所有抽汽止回门状态正确，各加热器运行正常	
22	检查机组振动、轴向位移、各加热器水位自动调节均正常	
23	操作完毕，汇报值长	

操作人：__________ 监护人：__________ 值班负责人（值长）：__________

七、回检	确认划“√”
确认操作过程中无跳项、漏项	
核对阀门位置正确	
远传信号、指示正常，无报警	
向值班负责人（值长）回令，值班负责人（值长）确认操作完成	

操作结束时间：________年____月____日____时____分

操作人：__________ 监护人：__________

管理人员鉴证：值班负责人__________ 部门__________ 厂级__________

八、备注

热力机械操作票

单位：________________ 班组：________________ 编号：______________

操作任务：**1号机3号高压加热器汽侧投运** 风险等级：__________

一、发令、接令	确认划“√”
核实相关工作票已终结或押回，检查设备、系统运行方式、运行状态具备操作条件	
复诵操作指令确认无误	
根据操作任务风险等级通知相关人员到岗到位	

发令人：__________ 接令人：__________ 发令时间：_______年____月____日____时____分

二、操作前作业环境风险评估		
危害因素	预 控 措 施	
肢体部位或饰品衣物、用具、工具接触转动部位	（1）正确佩戴防护用品，衣服和袖口扣好，不得戴围巾领带，长发必须盘在安全帽内； （2）不准将用具、工器具接触设备的转动部位； （3）不准在靠背轮上、安全罩上或运行中设备的轴承上行走或坐立	
孔洞、沟道无盖板、防护栏缺失损坏	（1）行走及操作时注意周边现场孔洞、沟道盖板、平台栏杆是否完好； （2）不准擅自进入现场隔离区域； （3）禁止无安全防护设施的情况下进行高空位置操作	
进入噪声区域未正确使用防护用品	（1）进入噪声区域时正确佩戴合格的耳塞； （2）避免长时间在高噪声区停留	
三、操作人、监护人互查		确认划“√”
人员状态：工作人员健康状况良好，无酒后、疲劳作业等情况		
个人防护：安全帽、工作鞋、工作服以及与操作任务危害因素相符的耳塞、手套等劳动保护用品等		
四、检查确认工器具完好		
工器具	完 好 标 准	确认划“√”
阀门钩	阀门钩完好无损坏和变形	
测温仪	校验合格证在有效期内，计量显示准确	
五、安全技术交底		
值班负责人按照“操作前作业环境风险评估”以及操作中“风险提示”等内容向操作人、监护人进行安全技术交底。 操作人： 监护人：		

确认上述二～五项内容：

管理人员鉴证：值班负责人________________ 部门________________ 厂级______________

六、操作		
操作开始时间：_______年____月____日____时____分		
操作任务：1号机3号高压加热器汽侧投运		
顺序	操 作 项 目	确认划“√”
1	执行《高压加热器疏水、排气系统检查卡》，将1号机3号高压加热器汽侧各阀门恢复完毕，具备投运条件	
2	确认1号机3号高压加热器各热工测量元件完好，压力表、压力变送器、压力开关、液位开关一次门开启，控制电源、信号电源投入正常	
3	联系热控确认1号机3号高压加热器各联锁保护投入正常，联锁保护试验合格	
4	检查1号机3号高压加热器汽侧水位计投入良好，无水位显示，报警信号及保护装置动作正常	
5	确认高压加热器水侧已投运正常，主路运行	

续表

顺序	操 作 项 目	确认划"√"
6	检查主机凝汽器真空正常（≤10kPa）	
7	检查1号机3号高压加热器汽侧各放水门、排气门关闭严密	
8	确认1号机3号高压加热器正常疏水调节门前手动门开启，正常疏水调节门关闭	
9	**风险提示：**3号高压加热器危急疏水门开启时，加强机组真空监视	
	确认1号机3号高压加热器危急事故疏水调节门前、后手动门开启，全开3号高压加热器危急事故疏水调节门	
10	确认1号机3号高压加热器抽汽止回门前疏水门开启，高压加热器抽汽电动门后疏水门开启	
11	开启1号机3号高压加热器抽汽止回门	
12	开启1号机3号高压加热器进汽电动门5%～10%，对3号高压加热器进行预暖，就地管道无剧烈振动	
13	保持1号机3号高压加热器汽侧压力0.1～0.2MPa，暖体1h	
14	3号高压加热器暖体结束，逐步开启（5%/min）1号机3号高压加热器进汽电动门，控制3号高压加热器出水温度变化率不超过1.5℃/min，直至全开	
15	当1号机3号高压加热器汽侧压力大于除氧器压力0.2MPa及以上时，缓慢开启3号高压加热器连续排气门，检查连续排气止回门及管道无强烈撞击现象	
16	监视真空变化情况，若真空快速下降，并对加热器进行检查，确认漏真空点消除后才可继续操作	
17	随着1号机3号高压加热器进汽压力逐渐上升，3号高压加热器水位应逐渐上升，控制危急事故疏水调节阀开度，维持水位在0mm左右	
18	投入1号机3号高压加热器危急事故疏水调阀自动，设定水位0mm	
19	检查1号机2号高压加热器走危急事故疏水正常，水位自动控制稳定；当2号高压加热器压力大于3号高压加热器压力0.2MPa以上时，准备将2号高压加热器疏水由危急事故疏水切至正常疏水控制	
20	稍开1号机2号高压加热器正常疏水调门5%，对正常疏水管路进行预暖，预暖管路10min，检查管路无振动	
21	投入1号机2号高压加热器正常疏水调阀自动，将设定值改为0mm，并将2号高压加热器危急事故疏水调阀切至手动控制	
22	逐渐关小1号机2号高压加热器危急事故疏水调节阀直至全关，随着2号高压加热器水位逐渐上升，检查2号高压加热器正常疏水调节阀自动开大，维持低压加热器水位在0mm左右	
23	随着1号机2号高压加热器切至正常疏水过程中，检查3号高压加热器水位自动跟踪良好，水位稳定在0mm左右	
24	投入1号机2号高压加热器危急事故疏水调阀自动，设定水位20mm	
25	检查除氧器水位自动跟踪正常，水位稳定，当3号高压加热器与除氧器压差大于0.3MPa时，准备将3号高压加热器疏水由危急事故疏水切至正常疏水控制	
26	稍开1号机3号高压加热器正常疏水调门5%，对正常疏水管路进行预暖，预暖管路10min，检查管路无振动	
27	投入1号机3号高压加热器正常疏水调阀自动，将设定值改为0mm，并将3号高压加热器危急事故疏水调阀切至手动控制	
28	逐渐关小1号机3号高压加热器危急事故疏水调节阀直全全关，随着3号高压加热器水位逐渐上升，检查3号高压加热器正常疏水调节阀自动开大，维持低压加热器水位在0mm左右	
29	随着1号机3号高压加热器切至正常疏水过程中，检查除氧器水位自动跟踪良好，除氧器水位稳定在2900～3100mm之间	
30	投入1号机3号高压加热器危急事故疏水调阀自动，设定水位20mm	

续表

顺序	操 作 项 目	确认划“√”
31	关闭1号机3段抽汽止回门前及抽汽电动门后疏水气动门	
32	操作完毕，汇报值长	

操作人：__________ 监护人：__________ 值班负责人（值长）：__________

七、回检	确认划“√”
确认操作过程中无跳项、漏项	
核对阀门位置正确	
远传信号、指示正常，无报警	
向值班负责人（值长）回令，值班负责人（值长）确认操作完成	

操作结束时间：________年____月____日____时____分

操作人：__________ 监护人：__________

管理人员鉴证：值班负责人______________ 部门______________ 厂级______________

八、备注

热力机械操作票

单位：________________ 班组：________________ 编号：____________

操作任务：**1号机高压加热器解列** 风险等级：__________

一、发令、接令	确认划"√"
核实相关工作票已终结或押回，检查设备、系统运行方式、运行状态具备操作条件	
复诵操作指令确认无误	
根据操作任务风险等级通知相关人员到岗到位	

发令人：__________ 接令人：__________ 发令时间：________年___月___日___时___分

二、操作前作业环境风险评估		
危害因素	预 控 措 施	
肢体部位或饰品衣物、用具、工具接触转动部位	（1）正确佩戴防护用品，衣服和袖口扣好，不得戴围巾领带，长发必须盘在安全帽内； （2）不准将用具、工器具接触设备的转动部位； （3）不准在靠背轮上、安全罩上或运行中设备的轴承上行走或坐立	
孔洞、沟道无盖板、防护栏缺失损坏	（1）行走及操作时注意周边工作环境是否安全，现场孔洞、沟道盖板、平台栏杆是否完好； （2）不准擅自进入现场隔离区域； （3）禁止无安全防护设施的情况下进行高空位置操作	
进入噪声区域未正确使用防护用品	（1）进入噪声区域时正确佩戴合格的耳塞； （2）避免长时间在高噪声区停留	
三、操作人、监护人互查		确认划"√"
人员状态：工作人员健康状况良好，无酒后、疲劳作业等情况		
个人防护：安全帽、工作鞋、工作服以及与操作任务危害因素相符的耳塞、手套等劳动保护用品等		
四、检查确认工器具完好		
工器具	完 好 标 准	确认划"√"
阀门钩	阀门钩完好无损坏和变形	
五、安全技术交底		
值班负责人按照"操作前作业环境风险评估"以及操作中"风险提示"等内容向操作人、监护人进行安全技术交底。 操作人： 监护人：		

确认上述二～五项内容：

管理人员鉴证：值班负责人______________ 部门______________ 厂级______________

六、操作		
操作开始时间：____年___月___日___时___分		
操作任务：1号机高压加热器解列		
顺序	操 作 项 目	确认划"√"
1	检查1号机负荷小于900MW，防止机组过负荷	
2	**风险提示：**在高负荷解列高压加热器时，应适当降低机组负荷，以防机组超负荷、超压	
	检查确认1、2、3号高压加热器正常疏水自动跟踪良好，确认1号高压加热器正常疏水调节阀及危急疏水调节阀均投入自动，正常疏水调节阀设定值"0mm"，危急疏水调节阀设定值"20mm"，1号高压加热器水位正常	
3	**风险提示：**1、2、3号高压加热器疏水切至凝汽器后，加强监视凝结水泵运行变化，防止凝结泵过负荷	
	1号机1号高压加热器危急事故疏水调节阀设定值修改为"0mm"	

续表

顺序	操 作 项 目	确认划“√”
4	1号高压加热器正常疏水调节阀切至手动，逐渐关小1号高压加热器正常疏水调阀直至全关，随着1号高压加热器加水位逐渐上升，检查1号高压加热器危急事故疏水调阀自动跟踪良好，维持1号高压加热器水位在0mm左右	
5	1号高压加热器正常疏水退出后，将1号高压加热器危急事故疏水调节阀设定值修改为“0mm”	
6	1号高压加热器疏水由正常疏水切至事故疏水的过程中，加强对主机凝汽器疏水扩容器温度及真空变化的监视	
7	检查1号机2、3号高压加热器水位自动控制正常，除氧器水位自动调节良好	
8	**风险提示**：退出1号高压加热器汽侧过程中，加强监视汽机推力轴承温度、轴向位移变化；随着给水温度降低及时调整给水流量防止汽温大幅下降	
	缓慢关闭（5%/min）1段抽汽电动门，控制1号高压加热器出水温度变化率不大于2℃/min	
9	确认1段抽汽电动门全关后，关闭1段抽汽止回门	
10	检查1段抽汽管道各疏水气动门自动开启，否则手动开启	
11	检查1号高压加热器危急事故疏水调阀应自动关小，将危急事故疏水阀切手动全开，检查1号高压加热器水位应逐渐下降	
12	1号高压加热器降至无水位或水位不再下降时，关闭1号高压加热器危急疏水调节阀，1号高压加热器水位无上升现象	
13	关闭1号机1号高压加热器连续排气一、二次手动门	
14	关闭1号机1号高压加热器正常疏水调节阀前手动门	
15	关闭1号机1号高压加热器危急疏水调节阀前、后手动门	
16	1号机2号高压加热器危急事故疏水调节阀设定值修改为“0mm”	
17	1号机2号高压加热器正常疏水调节阀切至手动，逐渐关小2号高压加热器正常疏水调阀直至全关，随着2号高压加热器加水位逐渐上升，检查2号高压加热器危急事故疏水调阀自动跟踪良好，维持2号高压加热器水位在0mm左右	
18	**风险提示**：退出2号高压加热器汽侧过程中，加强监视汽轮机推力轴承温度、轴向位移变化；随着给水温度降低及时调整给水流量防止汽温大幅下降	
	缓慢关闭（5%/min）2段抽汽电动门，控制2号高压加热器出水温度变化率不大于2℃/min	
19	确认1号机2段抽汽电动门全关后，关闭2段抽汽止回门	
20	检查1号机2段抽汽管道各疏水气动门自动开启，否则手动开启	
21	检查1号机2号高压加热器危急事故疏水调阀应自动关小直至全关，将危急事故疏水阀切手动全开，检查2号高压加热器水位应逐渐下降	
22	1号机2号高压加热器降至无水位或水位不再下降时，关闭2号高压加热器危急疏水调节阀，2号高压加热器水位无上升现象	
23	关闭1号机2号高压加热器连续排气一、二次手动门	
24	关闭1号机2号高压加热器危急疏水调节阀前、后手动门	
25	关闭1号机2号高压加热器正常疏水调节阀前手动门	
26	1号机3号高压加热器危急事故疏水调节阀设定值修改为“0mm”	
27	1号机3号高压加热器正常疏水调节阀切至手动，逐渐关小3号高压加热器正常疏水调阀直至全关，随着3号高压加热器加水位逐渐上升，检查3号高压加热器危急事故疏水调阀自动跟踪良好，维持3号高压加热器水位在0mm左右	
28	**风险提示**：退出3号高压加热器汽侧过程中，加强监视汽轮机推力轴承温度、轴向位移变化；随着给水温度降低及时调整给水流量防止汽温大幅下降	
	缓慢关闭（5%/min）1号机3段抽汽电动门，控制3号高压加热器出水温度变化率不大于2℃/min	
29	确认1号机3段抽汽电动门全关后，关闭3段抽汽止回门	

续表

顺序	操 作 项 目	确认划“√”
30	检查1号机3段抽汽管道各疏水气动门自动开启，否则手动开启	
31	检查1号机3号高压加热器危急事故疏水调阀应自动关小直至全关，将危急事故疏水阀切手动全开，检查3号高压加热器水位应逐渐下降	
32	1号机3号高压加热器降至无水位或水位不再下降时，关闭3号高压加热器危急疏水调节阀，3号高压加热器水位无上升现象	
33	关闭1号机3号高压加热器连续排气一、二次手动门	
34	关闭1号机3号高压加热器危急疏水调节阀前、后手动门	
35	关闭1号机3号高压加热器正常疏水调节阀前手动门	
36	1号机高压加热器水侧切至旁路运行	
37	检查1号锅炉给水流量稳定	
38	**风险提示：**开启高压加热器汽侧排空、放水门时，应缓慢进行，加强监视真空变化	
	开启1号机3号高压加热器汽侧放空气门，对加热器汽侧进行泄压	
39	开启1号机3号高压加热器汽侧放水门，对加热器汽侧进行放水	
40	开启1号机3号高压加热器水侧放水门，对加热器水侧进行放水	
41	开启1号机2号高压加热器汽侧放空气门，对加热器汽侧进行泄压	
42	开启1号机2号高压加热器汽侧放水门，对加热器汽侧进行放水	
43	开启1号机2号高压加热器水侧放水门，对加热器水侧进行放水	
44	开启1号机1号高压加热器汽侧放空气门，对加热器汽侧进行泄压	
45	开启1号机1号高压加热器汽侧放水门，对加热器汽侧进行放水	
46	开启1号机1号高压加热器水侧放水门，对加热器水侧进行放水	
47	操作完毕，汇报值长	

操作人：__________　　监护人：__________　　值班负责人（值长）：__________

七、回检	确认划“√”
确认操作过程中无跳项、漏项	
核对阀门位置正确	
远传信号、指示正常，无报警	
向值班负责人（值长）回令，值班负责人（值长）确认操作完成	

操作结束时间：________年____月____日____时____分

操作人：__________　　监护人：__________

管理人员鉴证：值班负责人______________　部门______________　厂级______________

八、备注

热力机械操作票

单位：________ 班组：________ 编号：________

操作任务：**1号机高压加热器检修后投运** 风险等级：________

一、发令、接令	确认划"√"
核实相关工作票已终结或押回，检查设备、系统运行方式、运行状态具备操作条件	
复诵操作指令确认无误	
根据操作任务风险等级通知相关人员到岗到位	

发令人：________ 接令人：________ 发令时间：________年____月____日____时____分

二、操作前作业环境风险评估		
危害因素	预 控 措 施	
肢体部位或饰品衣物、用具、工具接触转动部位	（1）正确佩戴防护用品，衣服和袖口扣好，不得戴围巾领带，长发必须盘在安全帽内； （2）不准将用具、工器具接触设备的转动部位； （3）不准在靠背轮上、安全罩上或运行中设备的轴承上行走或坐立	
孔洞、沟道无盖板、防护栏缺失损坏	（1）行走及操作时注意周边工作环境是否安全，现场孔洞、沟道盖板、平台栏杆是否完好； （2）不准擅自进入现场隔离区域； （3）禁止无安全防护设施的情况下进行高空位置操作	
进入噪声区域未正确使用防护用品	（1）进入噪声区域时正确佩戴合格的耳塞； （2）避免长时间在高噪声区停留	
三、操作人、监护人互查		确认划"√"
人员状态：工作人员健康状况良好，无酒后、疲劳作业等情况		
个人防护：安全帽、工作鞋、工作服以及与操作任务危害因素相符的耳塞、手套等劳动保护用品等		
四、检查确认工器具完好		
工器具	完 好 标 准	确认划"√"
阀门钩	阀门钩完好无损坏和变形	
五、安全技术交底		
值班负责人按照"操作前作业环境风险评估"以及操作中"风险提示"等内容向操作人、监护人进行安全技术交底。 操作人： 监护人：		

确认上述二～五项内容：

管理人员鉴证：值班负责人________ 部门________ 厂级________

六、操作		
操作开始时间：________年____月____日____时____分		
操作任务：1号机高压加热器检修后投运		
顺序	操 作 项 目	确认划"√"
1	确认1号机组负荷小于900MW，机组参数正常	
2	执行1号机《高压加热器疏水、排气系统检查卡》，将1、2、3号高压加热器汽侧各阀门恢复完毕，具备投运条件	
3	确认1号机1、2、3号高压加热器各热工测量元件完好，压力表、压力变送器、压力开关、液位开关一次门开启，控制电源、信号电源投入正常	
4	确认1号机1、2、3号高压加热器各联锁保护投入正常，联锁保护试验合格	
5	检查1号机1、2、3号高压加热器汽侧水位计投入良好，无水位显示，报警信号及保护装置动作正常	

续表

顺序	操　作　项　目	确认划“√”
6	确认1号机1、2、3号高压加热器水侧进、出口液动三通阀关闭，水侧旁路运行	
7	确认1号机1、2、3号高压加热器水侧卸荷阀开启，注水门关闭	
8	开启1号机1号高压加热器水侧入口管道排空门及疏水门	
9	开启1号机2号高压加热器水侧入口管道排空门及疏水门	
10	开启1号机3号高压加热器水侧入口管道排空门及疏水门	
11	全开1号机高压加热器水侧注水一次门，微开注水二次门1/2圈	
12	待1号机3号高压加热器水侧入口管道放水门有连续热水流出后关闭	
13	待1号机3号高压加热器水侧入口管道排空门有连续热水流出后关闭	
14	待1号机2号高压加热器水侧入口管道放水门有连续热水流出后关闭	
15	待1号机2号高压加热器水侧入口管道排空门有连续热水流出后关闭	
16	待1号机1号高压加热器水侧入口管道放水门有连续热水流出后关闭	
17	待1号机1号高压加热器水侧入口管道排空门有连续热水流出后关闭	
18	检查就地1号机高压加热器给水管道无振动，否则关小注水门	
19	确认1号机1、2、3号高压加热器水侧充满水后，全开注水二次门	
20	就地确认1号机高压加热器水侧升压正常，检查高加汽侧无水位显示	
21	待1号机高压加热器水侧压力与给水泵出口母管压力一致时，关闭卸荷阀	
22	确认1号机高压加热器进、出口液动三通阀开启，确认全开	
23	密切监视1号机给水流量正常，否则开启卸荷阀	
24	检查1号机主机凝汽器真空正常（−92kPa以上）	
25	检查1号机1、2、3号高压加热器汽侧各放水门、排气门关闭严密	
26	确认1号机1、2、3号高压加热器正常疏水调节门前手动门开启，正常疏水调节门关闭	
27	**风险提示：**开启1、2、3号高压加热器危急事故疏水门时，监视机组真空变化	
	确认1号机1、2、3号高压加热器危急事故疏水调节门前、后手动门开启，全开1、2、3号高压加热器危急事故疏水调节门	
28	确认1号机1、2、3号高压加热器抽汽止回门前疏水门开启，高压加热器抽汽电动门后疏水门开启	
29	**风险提示：**用3号高压加热进汽电动门开度控制高加水侧温升率不大于2℃/min；给水温度逐渐升高，通知监盘人员调节给水流量；防止汽温波动；加强汽轮机推力轴承温度、轴向位移、机组负荷监视	
	开启1号机3号高压加热器抽汽止回门	
30	开启1号机3号高压加热器进汽电动门5%～10%，对3号高压加热器进行预暖，就地管道无剧烈振动	
31	保持1号机3号高压加热器汽侧压力0.1～0.2MPa，暖体1h	
32	1号机3号高压加热器暖体结束，逐步开启（5%/min）3号高压加热器进汽电动门，控制3号高压加热器出水温度变化率不超过2℃/min，直至全开，关闭三抽止回门前后疏水门	
33	当1号机3号高压加热器汽侧压力大于除氧器压力0.2MPa及以上时，缓慢开启3号高压加热器连续排气门，检查连续排气止回门及管道无强烈撞击现象	
34	**风险提示：**用2号高压加热器进汽电动门开度控制高加水侧温升率不大于2℃/min；给水温度逐渐升高，通知监盘人员调节给水流量；防止气温波动；加强汽轮机推力轴承温度、轴向位移、机组负荷监视	
	开启1号机2号高压加热器抽汽止回门	
35	开启1号机2号高压加热器进汽电动门5%～10%，对2号高压加热器进行预暖，就地管道无剧烈振动	

续表

顺序	操 作 项 目	确认划“√”
36	保持1号机2号高压加热器汽侧压力0.1～0.2MPa，暖体1h	
37	1号机2号高压加热器暖体结束，逐步开启（5%/min）2号高压加热器进汽电动门，控制2号高压加热器出水温度变化率不超过2℃/min，直至全开，关闭二抽止回门前后疏水门	
38	当1号机2号高压加热器汽侧压力大于除氧器压力0.2MPa及以上时，缓慢开启2号高压加热器连续排气门，检查连续排气止回门及管道无强烈撞击现象	
39	**风险提示**：用1号高压加热器进汽电动门开度控制高加水侧温升率不大于2℃/min；给水温度逐渐升高，通知监盘人员调节给水流量；防止气温波动 ；加强汽轮机推力轴承温度、轴向位移、机组负荷监视	
	开启1号机1号高压加热器抽汽止回门	
40	开启1号机1号高压加热器进汽电动门5%～10%，对1号高压加热器进行预暖，就地管道无剧烈振动	
41	保持1号机1号高压加热器汽侧压力0.1～0.2MPa，暖体1h	
42	1号机1号高压加热器暖体结束，逐步开启（5%/min）1号高压加热器进汽电动门，控制1号高压加热器出水温度变化率不超过2℃/min，直至全开，关闭一抽止回门前后疏水门	
43	当1号机1号高压加热器汽侧压力大于除氧器压力0.2MPa及以上时，缓慢开启1号高压加热器连续排气门，检查连续排气止回门及管道无强烈撞击现象	
44	1号机1号高压加热器水位应逐渐上升，控制危急事故疏水调节阀开度，维持水位在0mm左右	
45	投入1号机1号高压加热器危急事故疏水调阀自动，设定水位0mm	
46	检查1号机1号高压加热器走危急事故疏水正常，水位自动控制稳定；当1号高压加热器压力汽侧压差大于2号高压加热器压力0.2MPa以上时，将1号高压加热器疏水由危急事故疏水切至正常疏水控制	
47	稍开1号机1号高压加热器正常疏水调门5%，对正常疏水管路进行预暖，预暖管路10min，检查管路无振动	
48	投入1号机1号高压加热器正常疏水调阀自动，将设定值改为0mm	
49	逐渐关小1号机1号高压加热器危急事故疏水调节阀直至全关，随着1号高压加热器水位逐渐上升，检查1号高压加热器正常疏水调节阀自动开大，维持低压加热器水位在0mm左右	
50	检查1号高压加热器水位自动跟踪良好，水位稳定在0mm左右	
51	投入1号高压加热器危急事故疏水调阀自动，设定水位20mm	
52	检查1号机2号高压加热器水位自动跟踪正常，水位稳定，当2号高压加热器与3号高压加热器汽侧压差大于0.2MPa时，将2号高压加热器疏水由危急事故疏水切至正常疏水控制	
53	稍开1号机2号高压加热器正常疏水调门5%，对正常疏水管路进行预暖，预暖管路10min，检查管路无振动	
54	投入2号高压加热器正常疏水调阀自动，将设定值改为0mm	
55	逐渐关小1号机2号高压加热器危急事故疏水调节阀直至全关，随着2号高压加热器水位逐渐上升，检查2号高压加热器正常疏水调节阀自动开大，维持水位在0mm左右	
56	投入2号高压加热器危急事故疏水调阀自动，设定水位20mm	
57	联系化验确认1号机3号高压加热器疏水水质合格	
58	检查3号高压加热器水位自动跟踪正常，水位稳定，当3号高压加热器疏水与除氧器压差大于0.2MPa时，准备将3号高压加热器疏水由危急事故疏水切至正常疏水控制	
59	稍开3号高压加热器正常疏水调门5%，对正常疏水管路进行预暖，预暖管路10min，检查管路无振动	
60	投入3号高压加热器正常疏水调阀自动，将设定值改为0mm	
61	逐渐关小3号高压加热器危急事故疏水调节阀直至全关，随着3号高压加热器水位逐渐上升，检查3号高压加热器正常疏水调节阀自动开大，维持水位在0mm左右	

续表

顺序	操 作 项 目	确认划“√”
62	投入3号高压加热器危急事故疏水调阀自动，设定水位20mm	
63	检查机组参数正常	
64	操作完毕，汇报值长	

操作人：__________ 监护人：__________ 值班负责人（值长）：__________

七、回检	确认划“√”
确认操作过程中无跳项、漏项	
核对阀门位置正确	
远传信号、指示正常，无报警	
向值班负责人（值长）回令，值班负责人（值长）确认操作完成	

操作结束时间：________年____月____日____时____分

操作人：____________ 监护人：____________

管理人员鉴证：值班负责人________________ 部门________________ 厂级________________

八、备注

热力机械操作票

单位：__________ 班组：__________ 编号：__________

操作任务：**1号机真空系统严密性试验** 风险等级：__________

一、发令、接令	确认划“√”
核实相关工作票已终结或押回，检查设备、系统运行方式、运行状态具备操作条件	
复诵操作指令确认无误	
根据操作任务风险等级通知相关人员到岗到位	

发令人：__________ 接令人：__________ 发令时间：________年____月____日____时____分

二、操作前作业环境风险评估		
危害因素	预 控 措 施	
肢体部位或饰品衣物、用具、工具接触转动部位	（1）正确佩戴防护用品，衣服和袖口应扣好，不得戴围巾领带，长发必须盘在安全帽内； （2）不准将用具、工器具接触设备的转动部位； （3）不准在靠背轮上、安全罩上或运行中设备的轴承上行走与坐立	
孔洞、沟道无盖板、防护栏缺失损坏	（1）行走及操作时注意周边工作环境是否安全，现场孔洞、沟道盖板、平台栏杆是否完好； （2）不准擅自进入现场隔离区域； （3）禁止无安全防护设施的情况下进行高空位置操作	
进入噪声区域时未正确使用防护用品	（1）进入噪声区域时正确佩戴合格的耳塞； （2）避免长时间在高噪声区停留	
三、操作人、监护人互查		确认划“√”
人员状态：工作人员健康状况良好，无酒后、疲劳作业等情况		
个人防护：安全帽、工作鞋、工作服以及与操作任务危害因素相符的耳塞、手套等劳动保护用品等		
四、检查确认工器具完好		
工器具	完 好 标 准	确认划“√”
阀门钩	阀门钩完好无损坏和变形	
五、安全技术交底		
值班负责人按照“操作前作业环境风险评估”以及操作中“风险提示”等内容向操作人、监护人进行安全技术交底。 操作人： 监护人：		

确认上述二～五项内容：

管理人员鉴证：值班负责人__________ 部门__________ 厂级__________

六、操作		
操作开始时间：________年____月____日____时____分		
操作任务：1号机真空系统严密性试验		
顺序	操 作 项 目	确认划“√”
1	检查1号机组运行工况稳定，维持机组负荷在800MW以上	
2	记录试验前参数：1号机负荷____MW，高、低压凝汽器真空HP/LP：____kPa，A/B缸排汽温度____℃（<50℃）	
3	退出1号机备用真空泵联锁开关	
4	**风险提示：**密切监视真空系统压力，真空到－89kPa时立即恢复至试验前运行方式	
	全停1号机高、低压凝汽器运行真空泵，检查真空泵入口气动门联关	
5	1号机真空泵入口门关闭后开始计时，每分钟记录一次高、低压凝汽器真空值，共记录8min	
6	取后5min真空平均值，计算出真空平均下降速度	

续表

顺序	操　作　项　目	确认划"√"
7	真空严密性评价标准如下： 优秀：0.133kPa/min； 良好：0.266kPa/min； 合格：0.399kPa/min	
8	试验过程中，如果1号机凝汽器真空下降至－89kPa，应立即停止试验，启动真空泵，恢复机组试验前运行方式，并查找原因	
9	**风险提示**：真空泵电动机启动前应与电机保持安全距离	
	8min后试验结束，启动1号机高、低压凝汽器真空泵，检查进口气动门联开正常，凝汽器真空恢复至正常值	
10	投入1号机备用真空泵联锁开关	
11	操作完毕，汇报值长	

操作人：__________　　监护人：__________　　值班负责人（值长）：__________

七、回检	确认划"√"
确认操作过程中无跳项、漏项	
核对阀门位置正确	
远传信号、指示正常，无报警	
向值班负责人（值长）回令，值班负责人（值长）确认操作完成	

操作结束时间：________年____月____日____时____分

操作人：____________　　监护人：____________

管理人员鉴证：值班负责人______________　部门______________　厂级______________

八、备注

热力机械操作票

单位：__________ 班组：__________ 编号：__________

操作任务：1号机高、低压凝汽器A侧隔离 风险等级：__________

一、发令、接令	确认划“√”
核实相关工作票已终结或押回，检查设备、系统运行方式、运行状态具备操作条件	
复诵操作指令确认无误	
根据操作任务风险等级通知相关人员到岗到位	

发令人：__________ 接令人：__________ 发令时间：______年___月___日___时___分

二、操作前作业环境风险评估	
危害因素	预　控　措　施
肢体部位或饰品衣物、用具、工具接触转动部位	（1）正确佩戴防护用品，衣服和袖口扣好，不得戴围巾领带，长发必须盘在安全帽内； （2）不准将用具、工器具接触设备的转动部位； （3）不准在靠背轮上、安全罩上或运行中设备的轴承上行走或坐立
孔洞、沟道无盖板、防护栏缺失损坏	（1）行走及操作时注意周边现场孔洞、沟道盖板、平台栏杆是否完好； （2）不准擅自进入现场隔离区域； （3）禁止无安全防护设施的情况下进行高空位置操作
进入噪声区域未正确使用防护用品	（1）进入噪声区域时正确佩戴合格的耳塞； （2）避免长时间在高噪声区停留

三、操作人、监护人互查	确认划“√”
人员状态：工作人员健康状况良好，无酒后、疲劳作业等情况	
个人防护：安全帽、工作鞋、工作服以及与操作任务危害因素相符的耳塞、手套等劳动保护用品等	

四、检查确认工器具完好		
工器具	完　好　标　准	确认划“√”
阀门钩	阀门钩完好无损坏和变形	

五、安全技术交底
值班负责人按照“操作前作业环境风险评估”以及操作中“风险提示”等内容向操作人、监护人进行安全技术交底。 操作人：　　　　　　监护人：

确认上述二～五项内容：

管理人员鉴证：值班负责人__________ 部门__________ 厂级__________

六、操作		
操作开始时间：____年___月___日___时___分		
操作任务：1号机高、低压凝汽器A侧隔离		
顺序	操　作　项　目	确认划“√”
1	1号机组负荷降至50%额定负荷	
2	检查1号机组运行工况稳定	
3	停运1号机凝汽器A侧循环水胶球清洗装置运行	
4	停运1号机凝汽器A侧循环水进水二次滤网，关闭二次滤网排污电动门	
5	关闭1号机低压凝汽器A侧抽真空手动门	
6	关闭1号机高压凝汽器A侧抽真空手动门	
7	**风险提示**：关闭凝汽器循环水进回水电动蝶阀过程应缓慢，注意检查真空下降情况;加强监视循环泵电流变化及循环泵振动情况	
	逐渐关闭1号机A侧凝汽器循环水进、回水电动蝶阀，增加运行侧循环水量	

续表

顺序	操　作　项　目	确认划“√”
8	检查 1 号机 B 侧高、低压凝汽器真空正常（－90kPa 以上）	
9	检查 1 号机凝汽器 B 侧循环水进水压力正常	
10	检查 1 号机凝汽器低压缸排汽温度正常	
11	监视 1 号机凝汽器真空泵电流、真空泵汽水分离器水位和泵体温度变化正常	
12	检查 1 号机循环水泵坑排污泵液位联锁投入	
13	**风险提示：**开启水室放水门过程中应缓慢，注意检查真空变化，真空异常变化时立即关闭放水门	
	开启 1 号机低压凝汽器 A 侧循环水进水室放水门	
14	开启 1 号机低压凝汽器 A 侧循环水出水室放水门	
15	开启 1 号机高压凝汽器 A 侧循环水进水室放水门	
16	开启 1 号机高压凝汽器 A 侧循环水出水室放水门	
17	开启 1 号机凝汽器 A 侧循环水二次滤网排污手动门	
18	开启 1 号机低压侧凝汽器 A 侧循环水进水室放气手动门	
19	开启 1 号机低压凝汽器 A 侧循环水出水室放气手动门	
20	开启 1 号机高压凝汽器 A 侧循环水进水室放气手动门	
21	开启 1 号机高压凝汽器 A 侧循环水出水室放气手动门	
22	**风险提示：**凝汽器半侧隔离及隔离后的检修工作中，加强对凝汽器真空监视，发现异常及时停止工作，进行恢复	
	进行半侧隔离操作过程中注意观察凝汽器真空的变化，如发现真空下降，应立即停止工作，迅速恢复并查明原因	
23	检查 1 号机循环水泵坑液位正常，排污泵联锁启、停正常	
24	将 1 号机 A 侧凝汽器胶球泵、二次旋转滤网、凝汽器循环水进出口电动蝶阀停电并挂牌	
25	当 1 号机凝汽器 A 侧循环水室水放净后，确认水室泄压为零，方可打开人孔门，开始检修工作	
26	**风险提示：**凝汽器半侧隔离及隔离后的检修工作中，加强对凝汽器真空监视，发现异常及时停止工作，进行恢复	
	检修工作过程中，要时刻注意凝汽器真空变化，如果真空异常，应立即停止工作，迅速恢复并查明原因	
27	操作完毕，汇报值长	

操作人：＿＿＿＿＿＿　　监护人：＿＿＿＿＿＿　　值班负责人（值长）：＿＿＿＿＿＿

七、回检	确认划“√”
确认操作过程中无跳项、漏项	
核对阀门位置正确	
远传信号、指示正常，无报警	
向值班负责人（值长）回令，值班负责人（值长）确认操作完成	

操作结束时间：＿＿＿＿年＿＿月＿＿日＿＿时＿＿分

操作人：＿＿＿＿＿＿　　监护人：＿＿＿＿＿＿

管理人员鉴证：值班负责人＿＿＿＿＿＿　部门＿＿＿＿＿＿　厂级＿＿＿＿＿＿

八、备注

热力机械操作票

单位：________ 班组：________ 编号：________

操作任务：**1 号机 EH 油泵低油压联动试验** 风险等级：________

一、发令、接令	确认划“√”
核实相关工作票已终结或押回，检查设备、系统运行方式、运行状态具备操作条件	
复诵操作指令确认无误	
根据操作任务风险等级通知相关人员到岗到位	

发令人：________ 接令人：________ 发令时间：____年__月__日__时__分

二、操作前作业环境风险评估	
危害因素	预 控 措 施
肢体部位或饰品衣物、用具、工具接触转动部位	（1）衣服和袖口扣好，不得戴围巾领带，长发必须盘在安全帽内； （2）不准将用具、工器具接触设备的转动部位； （3）不准在靠背轮上、安全罩上或运行中设备的轴承上行走或坐立
孔洞、沟道无盖板、防护栏缺失损坏	（1）行走及操作时注意周边现场孔洞、沟道盖板、平台栏杆是否完好； （2）不准擅自进入现场隔离区域； （3）禁止无安全防护设施的情况下进行高空位置操作
进入噪声区域未正确使用防护用品	（1）进入噪声区域时正确佩戴合格的耳塞； （2）避免长时间在高噪声区停留

三、操作人、监护人互查		确认划“√”
人员状态：工作人员健康状况良好，无酒后、疲劳作业等情况		
个人防护：安全帽、工作鞋、工作服以及与操作任务危害因素相符的耳塞、手套等劳动保护用品等		
四、检查确认工器具完好		
工器具	完 好 标 准	确认划“√”
阀门钩	阀门钩完好无损坏和变形	
测温仪	校验合格证在有效期内，计量显示准确	
测振仪	校验合格证在有效期内，计量显示准确	
五、安全技术交底		
值班负责人按照“操作前作业环境风险评估”以及操作中“风险提示”等内容向操作人、监护人进行安全技术交底。 操作人： 监护人：		

确认上述二～五项内容：

管理人员鉴证：值班负责人________ 部门________ 厂级________

六、操作		
操作开始时间：____年__月__日__时__分		
操作任务：1 号机 EH 油泵低油压联动试验		
顺序	操 作 项 目	确认划“√”
1	检查确认机组运行稳定，1 号机 1A EH 油泵运行正常，试验条件具备	
2	试验前主控与就地人员对照确认 1 号机 1A EH 油泵出口母管压力____MPa（14 MPa±0.5MPa），EH 油箱油位____mm（270～460mm）	
3	检查 1 号机 1B EH 油泵处于良好备用状态，进、出口阀门状态正确	
4	检查 1 号机 1B EH 油泵联锁投入	

续表

顺序	操 作 项 目	确认划“√”
5	**风险提示：**电动机启动前应与电机保持安全距离，不要站在泵径向方向，避免机械伤害;巡检人员站在事故按钮处，启动时发现机械振动大或冒烟着火时及时通过事故按钮停止	
	在 DCS 画面中点击“1 号汽轮机 EH 油泵出口试验电磁阀”按钮，在弹开的对话框中点击“打开”按钮，再按“确认”按钮	
6	检查 1 号机 1B EH 油泵启动成功，记录 EH 油泵联启压力____MPa，EH 油母管压力____MPa	
7	就地反馈“1 号汽轮机 EH 油泵出口试验电磁阀”动作正常，1 号机 1B EH 油泵联动正确	
8	检查 1 号机 1B EH 油泵运行正常，系统油压正常，停止 1A EH 油泵。记录联启____EH 油泵电流____A（<85A），EH 油母管压力____MPa（14MPa±0.5MPa），EH 油箱油位____mm（270～460mm）	
9	检查 EH 油母管压力正常	
10	操作结束，汇报值长	

操作人：____________ 监护人：____________ 值班负责人（值长）：____________

七、回检	确认划“√”
确认操作过程中无跳项、漏项	
核对阀门位置正确	
远传信号、指示正常，无报警	
向值班负责人（值长）回令，值班负责人（值长）确认操作完成	

操作结束时间：________年____月____日____时____分

操作人：______________ 监护人：______________

管理人员鉴证：值班负责人________________ 部门________________ 厂级________________

八、备注

热力机械操作票

单位：________________ 班组：________________ 编号：____________

操作任务：**1号机DEH高压遮断电磁阀试验** 风险等级：________

一、发令、接令	确认划“√”
核实相关工作票已终结或押回，检查设备、系统运行方式、运行状态具备操作条件	
复诵操作指令确认无误	
根据操作任务风险等级通知相关人员到岗到位	

发令人：__________ 接令人：__________ 发令时间：________年____月____日____时____分

二、操作前作业环境风险评估		
危害因素	预 控 措 施	
肢体部位或饰品衣物、用具、工具接触转动部位	（1）正确佩戴防护用品，衣服和袖口扣好，不得戴围巾领带，长发必须盘在安全帽内； （2）不准将用具、工器具接触设备的转动部位； （3）不准在靠背轮上、安全罩上或运行中设备的轴承上行走或坐立	
孔洞、沟道无盖板、防护栏缺失损坏	（1）行走及操作时注意周边现场孔洞、沟道盖板、平台栏杆是否完好； （2）不准擅自进入现场隔离区域； （3）禁止无安全防护设施的情况下进行高空位置操作	
进入噪声区域未正确使用防护用品	（1）进入噪声区域时正确佩戴合格的耳塞； （2）避免长时间在高噪声区停留	
三、操作人、监护人互查		确认划“√”
人员状态：工作人员健康状况良好，无酒后、疲劳作业等情况		
个人防护：安全帽、工作鞋、工作服以及与操作任务危害因素相符的耳塞、手套等劳动保护用品等		
四、检查确认工器具完好		
工器具	完 好 标 准	确认划“√”
无		
五、安全技术交底		
值班负责人按照“操作前作业环境风险评估”以及操作中“风险提示”等内容向操作人、监护人进行安全技术交底。 操作人： 监护人：		

确认上述二～五项内容：

管理人员鉴证：值班负责人________________ 部门________________ 厂级________________

六、操作		
操作开始时间：_______年____月____日____时____分		
操作任务：1号机DEH高压遮断电磁阀试验		
顺序	操 作 项 目	确认划“√”
1	检查1号机组运行正常，PS1、PS2、PS3压力开关均显示红色	
2	检查1号机组DEH系统工作状态正常	
3	**风险提示：**主跳闸电磁阀“带电励磁”指示灯不亮，禁止进行主跳闸电磁阀试验，禁止同时进行5YV、6YV、7YV、8YV主跳闸电磁阀试验	
	检查1号机DEH操作员站“DEH高压遮断试验”画面5YV、6YV、7YV、8YV主跳闸电磁阀“带电励磁”灯正常	
4	检查1号机DEH母管中间点油压正常，PS4、PS5开关量信号正常	
5	联系热工人员到1号机现场做好准备工作	

续表

顺序	操 作 项 目	确认划“√”
6	在1号机DEH操作员站“DEH高压遮断试验”画面中点击“试验允许”按钮，置“试验”位	
7	在1号机DEH操作员站“DEH高压遮断试验”画面点击“高压遮断试验1”按钮，点击“确认”，检查AST1（5YV）主跳闸电磁阀动作，电磁阀动作状态指示灯亮，压力开关PS4发讯油压高，试验状态“5YV试验成功”指示灯亮，检查确认电磁阀失电动作	
8	**风险提示**：观察DEH母管中间点油压的变化趋势，PS4、PS5开关量信号异常时禁止试验	
	注意观察1号机DEH母管中间点油压的上升趋势，PS4、PS5开关量信号显示正确	
9	检查1号机DEH操作员站“DEH高压遮断试验”画面中5YV试验成功信号灯亮（变成红色）	
10	在1号机DEH操作员站“DEH高压遮断试验”画面中点击“高压遮断试验1”按钮，在弹出的对话框中点击“取消”，电磁阀动作状态指示灯灭，压力开关PS4油压高消失，确认电磁阀带电动作复位	
11	在1号机DEH操作员站“DEH高压遮断试验”画面中点击“高压遮断试验2”按钮，点击“确认”，检查AST2（6YV）主跳闸电磁阀动作，电磁阀动作状态指示灯亮，压力开关PS5发讯油压低，试验状态“6YV试验成功”指示灯亮，检查确认电磁阀失电动作	
12	**风险提示**：观察DEH母管中间点油压的变化趋势，PS4、PS5开关量信号异常时禁止试验	
	注意观察1号机DEH母管中间点油压的下降趋势，PS4、PS5开关量信号显示正确	
13	检查1号机DEH操作员站“DEH高压遮断试验”画面中6YV试验成功信号灯亮（变成红色）	
14	在1号机DEH操作员站“DEH高压遮断试验”画面中点击“高压遮断试验2”按钮，点击“取消”，电磁阀动作状态指示灯灭，压力开关PS5油压低消失，确认电磁阀带电动作复位	
15	在1号机DEH操作员站“DEH高压遮断试验”画面中点击点击“高压遮断试验3”按钮，点击“确认”，检查AST3（7YV）主跳闸电磁阀动作，电磁阀动作状态指示灯亮，压力开关PS4发讯油压高，试验状态“7YV试验成功”指示灯亮，检查确认电磁阀失电动作	
16	**风险提示**：观察DEH母管中间点油压的变化趋势，PS4、PS5开关量信号异常时禁止试验	
	注意观察1号机DEH母管中间点油压的上升趋势，PS4、PS5开关量信号显示正确	
17	检查1号机DEH操作员站“DEH高压遮断试验”画面中7YV试验成功信号灯亮（变成红色）	
18	在1号机DEH操作员站“DEH高压遮断试验”画面中点击“高压遮断试验3”按钮，点击“取消”，电磁阀动作状态指示灯灭，压力开关PS4油压高消失，确认电磁阀带电动作复位	
19	在1号机DEH操作员站“DEH高压遮断试验”画面中点击“高压遮断试验4”按钮，点击“确认”，检查AST4（8YV）主跳闸电磁阀动作，电磁阀动作状态指示灯亮，压力开关PS5发讯油压低，试验状态“8YV试验成功”指示灯亮，检查确认电磁阀失电动作	
20	**风险提示**：观察DEH母管中间点油压的变化趋势，PS4、PS5开关量信号异常时禁止试验	
	注意观察1号机DEH母管中间点油压的下降趋势，PS4、PS5开关量信号显示正确	
21	检查1号机DEH操作员站“DEH高压遮断试验”画面中8YV试验成功信号灯亮（变成红色）	
22	在1号机DEH操作员站“DEH高压遮断试验”画面中点击“高压遮断试验4”按钮，点击“取消”，电磁阀动作状态指示灯灭，压力开关PS5油压低消失，确认电磁阀带电动作复位	
23	试验按钮按下后，如果15s内DEH检测不到压力开关信号状态正确，则对应按钮下面会显示“失败	
24	在1号机DEH操作员站“DEH高压遮断试验”画面中点击“试验允许”按钮，将其置为“退出”位	
25	检查机组运行正常	
26	操作完毕，汇报值长	

操作人：__________　　监护人：__________　　值班负责人（值长）：__________

七、回检	确认划“√”
确认操作过程中无跳项、漏项	
核对阀门位置正确	
远传信号、指示正常，无报警	
向值班负责人（值长）回令，值班负责人（值长）确认操作完成	

操作结束时间：________年____月____日____时____分

操作人：______________ 监护人：______________

管理人员鉴证：值班负责人__________________ 部门__________________ 厂级_________________

八、备注

热力机械操作票

单位：________ 班组：________ 编号：________

操作任务：1号汽轮机危急保安器喷油试验 风险等级：________

一、发令、接令	确认划“√”
核实相关工作票已终结或押回，检查设备、系统运行方式、运行状态具备操作条件	
复诵操作指令确认无误	
根据操作任务风险等级通知相关人员到岗到位	

发令人：________ 接令人：________ 发令时间：____年___月___日___时___分

二、操作前作业环境风险评估		
危害因素	预 控 措 施	
肢体部位或饰品衣物、用具、工具接触转动部位	（1）正确佩戴防护用品，衣服和袖口扣好，不得戴围巾领带，长发必须盘在安全帽内； （2）不准将用具、工器具接触设备的转动部位； （3）不准在靠背轮上、安全罩上或运行中设备的轴承上行走或坐立	
孔洞、沟道无盖板、防护栏缺失损坏	（1）行走及操作时注意周边现场孔洞、沟道盖板、平台栏杆是否完好； （2）不准擅自进入现场隔离区域； （3）禁止无安全防护设施的情况下进行高空位置操作	
进入噪声区域未正确使用防护用品	（1）进入噪声区域时正确佩戴合格的耳塞； （2）避免长时间在高噪声区停留	
三、操作人、监护人互查		确认划“√”
人员状态：工作人员健康状况良好，无酒后、疲劳作业等情况		
个人防护：安全帽、工作鞋、工作服以及与操作任务危害因素相符的耳塞、手套等劳动保护用品等		
四、检查确认工器具完好		
工器具	完 好 标 准	确认划“√”
阀门钩	阀门钩完好无损坏和变形	
五、安全技术交底		
值班负责人按照“操作前作业环境风险评估”以及操作中“风险提示”等内容向操作人、监护人进行安全技术交底。 操作人： 监护人：		

确认上述二～五项内容：

管理人员鉴证：值班负责人________ 部门________ 厂级________

六、操作		
操作开始时间：____年___月___日___时___分		
操作任务：1号汽轮机危急保安器喷油试验		
顺序	操 作 项 目	确认划“√”
1	机组运行2000h、危急保安系统检修之后，或机组做超速试验前，应进行危急保安器喷油试验	
2	检查1号汽轮机运行工况稳定，做好试验前准备工作	
3	确认1号主机润滑油压正常0.2～0.23MPa、主机转速2985～3015rpm，高压缸差胀小于4mm，具备试验条件	
4	联系热工人员确认1号机逻辑正常，试验时热工人员必须到场	
5	确认与试验有关的1号机所有按钮指示灯指示正确、闪光正常	
6	在1号机DEH操作员站“DEH喷油试验”画面中点击“喷油试验投入”按钮，在弹出的对话框中点击“确认”	

续表

顺序	操 作 项 目	确认划“√”
7	1号机DEH将自动进行喷油试验	
8	检查确认1号机隔离电磁阀4YV带电，检查“隔离电磁阀动作”亮红灯，隔离位置开关ZS4动作、ZS5断开，表示隔离成功	
9	就地检查确认1号机隔离阀动作正确	
10	1号机喷油试验电磁阀2YV动作，油喷进危急遮断器中，飞环击出，行程开关ZS2闭合，表明危急遮断器及紧急遮断阀动作正确，喷油试验电磁阀2YV失电	
11	就地检查1号机紧急遮断阀动作正常	
12	1号机挂闸电磁阀1YV得电，现场行程开关ZS1闭合。通过杠杆推动遮断顶杆左移，现场行程开关ZS2断开，使危急遮断器挂钩复位	
13	1号机DEH收到现场行程开关ZS1闭合、ZS2断开信号后，使挂闸电磁阀1YV失电。现场行程开关ZS1闭合、现场行程开关ZS2断开，表示危急遮断器已恢复挂闸状态	
14	1号机隔离电磁阀4YV失电自动复位，现场行程开关ZS4断开、ZS5闭合，全部试验过程结束，“喷油试验成功”指示灯亮	
15	试验过程中任一步骤失败将中断试验，“喷油试验失败”指示灯亮	
16	在1号机DEH操作员站“DEH喷油试验”画面中点击“喷油试验投入”按钮，在弹出的对话框中点击“确认”后，如果60s没有完成试验，禁止复位，联系热工人员检查	
17	操作完毕，汇报值长	

操作人：__________ 监护人：__________ 值班负责人（值长）：__________

七、回检	确认划“√”
确认操作过程中无跳项、漏项	
核对阀门位置正确	
远传信号、指示正常，无报警	
向值班负责人（值长）回令，值班负责人（值长）确认操作完成	

操作结束时间：________年____月____日____时____分

操作人：____________ 监护人：____________

管理人员鉴证：值班负责人________________ 部门________________ 厂级________________

八、备注

热力机械操作票

单位：________________ 班组：________________ 编号：____________

操作任务：**1 号机 1A 给水泵汽轮机超速试验** 风险等级：________

一、发令、接令	确认划“√”
核实相关工作票已终结或押回，检查设备、系统运行方式、运行状态具备操作条件	
复诵操作指令确认无误	
根据操作任务风险等级通知相关人员到岗到位	

发令人：__________ 接令人：__________ 发令时间：________年____月____日____时____分

二、操作前作业环境风险评估	
危害因素	预　控　措　施
肢体部位或饰品衣物、用具、工具接触转动部位	（1）衣服和袖口扣好，不得戴围巾领带，长发必须盘在安全帽内； （2）不准将用具、工器具接触设备的转动部位； （3）不准在靠背轮上、安全罩上或运行中设备的轴承上行走或坐立
孔洞、沟道无盖板、防护栏缺失损坏	（1）行走及操作时注意周边现场孔洞、沟道盖板、平台栏杆是否完好； （2）不准擅自进入现场隔离区域； （3）禁止无安全防护设施的情况下进行高空位置操作
进入噪声区域未正确使用防护用品	（1）进入噪声区域时正确佩戴合格的耳塞； （2）避免长时间在高噪声区停留

三、操作人、监护人互查	确认划“√”
人员状态：工作人员健康状况良好，无酒后、疲劳作业等情况	
个人防护：安全帽、工作鞋、工作服以及与操作任务危害因素相符的耳塞、手套等劳动保护用品等	

四、检查确认工器具完好		
工器具	完　好　标　准	确认划“√”
阀门钩	阀门钩完好无损坏和变形	
测温仪	校验合格证在有效期内，计量显示准确	
测振仪	校验合格证在有效期内，计量显示准确	

五、安全技术交底
值班负责人按照“操作前作业环境风险评估”以及操作中“风险提示”等内容向操作人、监护人进行安全技术交底。 操作人：　　　　　　　　监护人：

确认上述二～五项内容：

管理人员鉴证：值班负责人________________ 部门________________ 厂级________________

六、操作		
操作开始时间：________年____月____日____时____分		
操作任务：1 号机 1A 给水泵汽轮机超速试验		
顺序	操　作　项　目	确认划“√”
1	存在下列情况之一禁止做超速试验： （1）就地或远方停机不正常； （2）主汽门、调速汽门关闭不严； （3）在额定转速下任一轴承的振动异常； （4）任一轴承温度高于限定值	
2	确认 1 号机 1A 给水泵汽轮机低压主汽门严密性试验合格	

续表

顺序	操作项目	确认划“√”
3	确认1号机1A给水泵汽轮机就地和远方打闸试验已经完成，确认打闸试验时给水泵小机主汽门及调速汽门立即关闭严密	
4	确认1号机1A给水泵汽轮机就地及控制室转速表指示正确	
5	**风险提示：**试验过程中严密监视机组振动、胀差、轴向位移、瓦温、低压缸排汽温度参数，任一项参数超过规定，必须打闸停机，待原因清楚、处理后才允许继续进行	
	在1号机1A给水泵汽轮机“MEH控制”画面点击“超速试验投入”按钮，将电超速试验按钮投入	
6	联系热控确认1号机1A给水泵汽轮机电超速保护Ⅰ、Ⅱ已投入	
7	联系热控修改1号机1A给水泵汽轮机电超速保护通道定值，电超速保护Ⅰ为600rpm、电超速保护Ⅱ为1200rpm	
8	升速率200rpm	
9	当转速达600rpm时，1号机1A给水泵汽轮机电超速保护Ⅰ动作，给水泵汽轮机跳闸，低压主汽门、调门自动关闭	
10	屏蔽电超速保护	
11	**风险提示：**给水泵汽轮机冲转升速时，就地应有专人监视；就地巡检人员应该站在给水泵汽轮机打闸停机按钮侧面，发现异常，及时打闸停机	
	执行1号机1A给水泵汽轮机冲转操作票，重新挂闸冲转至1000rpm，升速率200rpm	
12	检查1号机1A给水泵汽轮机运行正常，对给水泵汽轮机进行低速暖机40min	
13	重新再设定目标转速为1200rpm，升速率200rpm，点击“进行”，给水泵汽轮机继续升速	
14	当1号机1A给水泵汽轮机转速达1200rpm时，电超速Ⅱ保护动作，给水泵汽轮机跳闸，低压主汽门、调门自动关闭	
15	联系热工人员恢复1号机1A给水泵汽轮机电超速Ⅰ、Ⅱ保护定值为6380rpm	
16	执行1号机1A给水泵汽轮机冲转操作票，给水泵汽轮机重新挂闸冲转到1800rpm，检查给水泵汽轮机运行正常，中速暖机30 min	
17	**风险提示：**当给水泵汽轮机过临界转速2350rpm时，振动最大不应超过100μm	
	设定目标转速为2800rpm，点击“进行”，给水泵汽轮机继续升速	
18	重新再设定目标转速为6400rpm，升速率200rpm，点击“进行”，给水泵小机继续升速	
19	当1号机1A给水泵汽轮机转速达6380rpm时，给水泵汽轮机电超速保护动作，给水泵汽轮机跳闸，低压主汽门、调门自动关闭	
20	**风险提示：**当给水泵汽轮机转速达保护动作值，而保护未动作时，应立即手动打闸	
	如果1号机1A给水泵汽轮机升至6380rpm，给水泵汽轮机电超速保护拒动作，立即就地手动对给水泵小机打闸，确认给水泵汽轮机主汽门及调速汽门关闭严密，转速下降，联系热工处理电超速故障	
21	**风险提示：**试验结束后，应及时将“电超投入”切除，以防造成人为误设定	
	电超速试验结束，在1号机1A给水泵汽轮机“MEH控制”画面点击“超速试验切除”按钮，将电超速试验按钮解除	
22	1号机1A给水泵汽轮机转速到120rpm，检查给水泵汽轮机盘车自动投入	
23	操作完毕，汇报值长	

操作人：__________ 监护人：__________ 值班负责人（值长）：__________

七、回检	确认划“√”
确认操作过程中无跳项、漏项	
核对阀门位置正确	
远传信号、指示正常，无报警	
向值班负责人（值长）回令，值班负责人（值长）确认操作完成	

操作结束时间：________年____月____日____时____分

操作人：______________　　　　　　　　　　监护人：______________

管理人员鉴证：值班负责人________________ 部门________________ 厂级________________

八、备注

热力机械操作票

单位：________ 班组：________ 编号：________

操作任务：**1号汽轮机超速试验** 风险等级：________

一、发令、接令	确认划“√”
核实相关工作票已终结或押回，检查设备、系统运行方式、运行状态具备操作条件	
复诵操作指令确认无误	
根据操作任务风险等级通知相关人员到岗到位	

发令人：________ 接令人：________ 发令时间：________年___月___日___时___分

二、操作前作业环境风险评估		
危害因素	预控措施	
肢体部位或饰品衣物、用具、工具接触转动部位	（1）正确佩戴防护用品，衣服和袖口扣好，不得戴围巾领带，长发必须盘在安全帽内； （2）不准将用具、工器具接触设备的转动部位； （3）不准在靠背轮上、安全罩上或运行中设备的轴承上行走或坐立	
孔洞、沟道无盖板、防护栏缺失损坏	（1）行走及操作时注意周边现场孔洞、沟道盖板、平台栏杆是否完好； （2）不准擅自进入现场隔离区域； （3）禁止无安全防护设施的情况下进行高空位置操作	
进入噪声区域未正确使用防护用品	（1）进入噪声区域时正确佩戴合格的耳塞； （2）避免长时间在高噪声区停留	
三、操作人、监护人互查		确认划“√”
人员状态：工作人员健康状况良好，无酒后、疲劳作业等情况		
个人防护：安全帽、工作鞋、工作服以及与操作任务危害因素相符的耳塞、手套等劳动保护用品等		
四、检查确认工器具完好		
工器具	完好标准	确认划“√”
阀门钩	阀门钩完好无损坏和变形	
测温仪	校验合格证在有效期内，计量显示准确	
测振仪	校验合格证在有效期内，计量显示准确	
五、安全技术交底		
值班负责人按照“操作前作业环境风险评估”以及操作中“风险提示”等内容向操作人、监护人进行安全技术交底。 操作人： 监护人：		

确认上述二～五项内容：

管理人员鉴证：值班负责人________ 部门________ 厂级________

六、操作		
操作开始时间：________年___月___日___时___分		
操作任务：1号汽轮机超速试验		
顺序	操作项目	确认划“√”
1	检查1号机组各系统参数正常	
2	检查试验条件满足：	
	（1）检查1号机组TSI各参数正常，主机各转速表正常投入，指示正常	
	（2）检查1号机主机润滑油、顶轴油、发电机密封油、EH油系统运行正常	
	（3）确认1号机主机远方、就地打闸试验、危急保安器充油试验合格	

续表

顺序	操　作　项　目	确认划“√”
2	（4）确认 1 号机 DEH 高压遮断试验合格	
	（5）确认 1 号机 MSV/RSV，CV 严密性试验合格	
	（6）确认 1 号机组负荷大于 250MW 已稳定运行 4h 后	
	（7）降低 1 号机组负荷，发电机解列，稳定机组参数，维持汽轮机转速 3000rpm 运行，启动主机 TOP、MSP	
	（8）对 1 号机组进行全面检查，正常后，准备进行超速试验	
3	机组超速试验分为三种：OPC 超速试验（103%）、电气超速试验（110%）、机械超速试验（109%～112%）	
4	超速保护动作顺序一般为：103%保护试验首先动作，其次是电气超速试验动作、最后是机械超速试验动作	
5	试验前，确认 1 号汽轮机就地及控制室转速表指示正确	
6	**风险提示：**试验过程中，就地手动打闸手柄必须有专人负责，前箱处转速表指示正确，必要时，立即手动脱扣停机；升速率应控制在 100rpm 左右，最多不超过 150rpm	
	试验在 1 号机组空载下进行，应严密监视转速、振动、轴向位移、胀差、低压缸排汽温度的变化	
7	1 号机超速试验前进行通道试验，确认各试验通道动作正常	
8	1 号机试验过程中，运行人员之间应加强操作联系，由值长统一指挥，尽量缩短操作时间	
9	为确保安全，1 号汽轮机前箱运行人员应严密监视就地转速表指示，试验过程中如汽轮机超速而保护未动，立即就地手动打闸停机	
10	试验过程中，运行人员严密监视 1 号汽轮机轴向位移、轴承振动、汽缸热膨胀、胀差、轴承金属温度、汽轮机转速等参数，发现异常应及时处理并汇报	
11	试验过程中，由于反复升降转速且时间较长，应注意监视 1 号机低压缸排汽温度，低压缸喷水减温“自动”状态	
12	试验过程中，每次机组跳闸后，应仔细检查 1 号机主汽门、调速汽门及各段抽汽止回门动作灵活无卡涩，若发生卡涩现象，必须消除卡涩后才允许继续试验	
13	1 号机超速保护失灵控制措施：试验前要做好远方、就地手动打闸试验，确认试验合格方可进行超速试验；试验时，就地人员应以就地转速表为依据，若汽轮机转速超过试验规定值而未动作，应立即就地手动打闸停机	
14	试验时，就地人员应有专人在 1 号机紧急停机拉杆处做好准备，以防止超速事故发生	
15	发现 1 号机组跳闸或打闸后转速有上升现象，应立即重新打闸，迅速判断升速原因，切断汽源，制止转速进一步上升，根据情况开启 PCV 阀及主、再热汽管道疏水泄压	
16	超速试验时确认 1 号机组主保护全部投入	
17	试验步序：	
	（1）在 1 号机 DEH 操作站分别进行通道试验，确认回路动作正常	
	（2）第一次超速：103%超速保护和电超速、机械超速投入状态，进行超速试验，103%超速应首先动作	
	（3）第二次超速：解除 103%超速保护，确认机械超速在投入状态，进行电超速试验，同时记录电超速的动作实际转速值	
	（4）第三次超速：解除 103%超速保护，解除电超速保护，进行第一次机械超速试验，同时记录机械超速的动作实际转速值	
	（5）第四次超速：解除 103 超速保护，解除电超速保护，进行第二次机械超速试验，同时记录机械超速的动作实际转速值	
	（6）两次试验的动作转速之差不应超过额定转速的 0.6%（18rpm）	

续表

顺序	操 作 项 目	确认划“√”
18	1 号机 103 超速保护试验：	
	（1）检查确认主机 103 超速保护、电超速保护、机械超速保护已投入	
	（2）集控主值确认试验条件具备后，汇报值长	
	（3）运行监护人持操作票，执行复诵制，由监护人监护操作人操作	
	（4）在 DEH 操作员站“DEH 超速试验”画面中，点击“103 保护试验”按钮，弹出对话框中将其置为“试验”位	
	（5）将目标转速设定为 3100rpm，升速率为 100rpm	
	（6）在“超速试验”画面中按“进行/保持”按钮，将其置为“进行”，机组开始升速。若再次按“进行/保持”按钮，将其置为“保持”，可暂停升速	
	（7）检查机组转速上升至 3090rpm，103 超速保护动作，对应调门泄油电磁阀动作，就地检查高中压调门全部关闭严密，机组转速下降	
	（8）记录 103 超速保护实际动作转速值：____rpm（以机头转速表为准）	
	（9）当机组转速降至 3060rpm 以下时，调门相关电磁阀复位，就地检查高、中压调门自动开启，远程/就地调门开度正确	
	（10）就地检查高压调门自动开启正常，维持汽轮机转速稳定在额定转速	
	（11）试验完毕后，按“103 超速保护试验”按钮，将其置为“正常”位	
	（12）对机组进行全面检查，各项参数正常后，准备进行电超速保护试验	
19	1 号机电气超速保护试验：	
	（1）检查确认主机机械超速、电超速保护已投入，103%超速保护已退出	
	（2）集控主值确认试验条件具备后，汇报值长	
	（3）运行监护人持操作票，执行复诵制，由监护人监护、操作人操作	
	（4）在 DEH 操作员站“DEH 超速试验”画面中，点击“电气超速试验”按钮，弹出对话框中将其置为“试验”位	
	（5）目标转速设定为 3310rpm，升速率为 100rpm	
	（6）“超速试验”画面中按“进行/保持”按钮，将其置为“进行”，机组由 3000rpm 开始以速率 100rpm 上升；若再次按“进行/保持”按钮，将其置为“保持”，可暂停升速	
	（7）机组转速上升至 3300rpm，AST 电磁阀失电开启，机械停机电磁铁 3YV 带电吸合，电超速保护动作，记录电超速实际动作转速值为____rpm（以机头转速表为准）	
	（8）若电超速保护未动作，检查机组继续升速至 3360rpm，机械超速保护动作。若机械超速保护未动作，应立即就地打闸	
	（9）就地检查机组高中压主汽门、调门全部关闭，机组转速下降	
	（10）延时 3min 后 3YV 失电，手动复位主机（机头手动拉杆），恢复汽轮机转速至 3000rpm 稳定运行	
	（11）试验完毕后，按“电气超速保护试验”按钮，将其置为“正常”位	
	（12）机组进行全面检查，各项参数正常后，准备进行机械超速保护试验	
20	1 号机机械超速试验：	
	（1）确认主机机械超速保护已投入，103 超速保护、电超速保护已退出	
	（2）集控主值确认试验条件具备后，汇报值长	
	（3）运行监护人持操作票，执行复诵制，由监护人监护操作人操作	
	（4）在 DEH 操作员站“DEH 超速试验”画面中，点击“机械超速试验”按钮，弹出对话框中将其置为“试验”位	
	（5）将目标转速设定为 3360rpm，升速率为 100rpm	

续表

顺序	操　作　项　目	确认划“√”
20	（6）在“超速试验”画面中按“进行/保持”按钮，将其置为“进行”，机组由3000rpm开始以速率100rpm上升；若再次按“进行/保持”按钮，将其置为“保持”，可暂停升速	
	（7）机组转速上升至3300～3360rpm，飞锤击出，撑勾带动连杆，危急遮断阀动作，机械超速保护动作，第一次机械超速保护实际动作转速：____rpm，若机械超速保护未动作，检查机组继续升速至3360rpm。应立即手动打闸，检查机组高中压主汽门、调门关闭，机组转速下降	
	（8）当转速下降正常后，重新挂闸汽轮机，恢复汽轮机转速至额定转速3000rpm稳定运行	
	（9）用同样的方法进行第二次机械超速试验，第二次机械超速保护实际动作转速：____rpm，若机械超速保护未动作，检查机组继续升速至3360rpm。应立即手动打闸，检查机组高中压主汽门、调门关闭，机组转速下降	
	（10）当转速下降正常后，重新挂闸汽轮机，恢复汽轮机转速至额定转速3000rpm稳定运行	
	（11）两次试验的动作转速之差不应超过额定转速的0.6%（18rpm）	
	（12）恢复机组试验前状态，解除相关热工强制	
21	操作完毕，汇报值长	

操作人：__________　　监护人：__________　　值班负责人（值长）：__________

七、回检	确认划“√”
确认操作过程中无跳项、漏项	
核对阀门位置正确	
远传信号、指示正常，无报警	
向值班负责人（值长）回令，值班负责人（值长）确认操作完成	

操作结束时间：________年____月____日____时____分

操作人：____________　　监护人：____________

管理人员鉴证：值班负责人______________　部门______________　厂级______________

八、备注

热力机械操作票

单位：________________ 班组：________________ 编号：____________

操作任务：向 A 液氨储罐卸氨 风险等级：__________

一、发令、接令	确认划“√”
核实相关工作票已终结或押回，检查设备、系统运行方式、运行状态具备操作条件	
复诵操作指令确认无误	
根据操作任务风险等级通知相关人员到岗到位	

发令人：__________ 接令人：__________ 发令时间：______年___月___日___时___分

二、操作前作业环境风险评估		
危害因素	预 控 措 施	
肢体部位或饰品衣物、用具、工具接触转动部位	（1）正确佩戴防护用品，衣服和袖口应扣好，不得戴围巾领带，长发必须盘在安全帽内； （2）不准将用具、工器具接触设备的转动部位； （3）不准在靠背轮上、安全罩上或运行中设备的轴承上行走与坐立	
孔洞、沟道无盖板、防护栏缺失损坏	（1）行走及操作时注意周边工作环境是否安全，现场孔洞、沟道盖板、平台栏杆是否完好； （2）不准擅自进入现场隔离区域； （3）禁止无安全防护设施的情况下进行高空位置操作	
进入噪声区域未正确使用防护用品	（1）进入噪声区域时正确佩戴合格的耳塞； （2）避免长时间在高噪声区停留	
操作中发生液氨跑、冒、滴、漏	（1）操作中发生液氨跑、冒、滴、漏，按照发电厂应急预案处理； （2）进入氨区前完全释放静电； （3）进入氨区必须交出火种，禁止使用非防爆型无线通信工具； （4）确定逃生路线	
进入氨区未正确使用防护用品	（1）操作时严格按照化学运行规程执行； （2）操作人员佩戴好防毒面具，穿好防护工作服、戴好橡胶手套	
三、操作人、监护人互查		确认划“√”
人员状态：工作人员健康状况良好，无酒后、疲劳作业等情况		
个人防护：安全帽、工作鞋、工作服以及与操作任务危害因素相符的耳塞、手套等劳动保护用品等		
四、检查确认工器具完好		
工器具	完 好 标 准	确认划“√”
阀门钩	阀门钩为铜质，外观完好无损坏和变形	
氨气浓度检测仪	校验合格证在有效期内，计量显示准确	
测温仪	校验合格证在有效期内，计量显示准确	
测振仪	校验合格证在有效期内，计量显示准确	
五、安全技术交底		
值班负责人按照“操作前作业环境风险评估”以及操作中“风险提示”等内容向操作人、监护人进行安全技术交底。 操作人： 监护人：		

确认上述二～五项内容：

管理人员鉴证：值班负责人______________ 部门______________ 厂级______________

六、操作		
操作开始时间：_______年____月____日____时____分		
操作任务：向 A 液氨储罐卸氨		
顺序	操 作 项 目	确认划“√”
1	辅控化学主管已到现场，已对司机及押车人员开展安全交底并签字	

续表

顺序	操 作 项 目	确认划“√”
2	**风险提示**：未按要求佩戴个人防护用品，发生泄漏时可能造成人身伤害	
	严格执行《氨站运行管理规定》，操作前要做好以下措施：监护人和操作人戴防毒面罩、手套，穿防护服，站于上风处	
3	检查液氨检验合格证，氨含量大于99.8%，残留物小于0.2%，检查危险品运输许可证及押运人员危险品操作证	
4	确认安全淋浴器正常，水源充足	
5	确认喷淋装置正常，且投入自动	
6	确认急救药品充足：2瓶500mL医用醋酸，放置在卸氨区上风口	
7	检查氮气瓶组压力正常	
8	确认液氨槽车已熄火并制动，槽车与放静电接地装置连接良好，装置无报警，并在两个后轮的前后分别放置车轮定位器，并要求司机上交车钥匙	
9	**风险提示**：卸氨压缩机旁路手动阀未关闭，气氨无法在储罐和槽车间循环，会导致无法正常卸氨	
	确认卸料压缩机正常备用，检查卸氨压缩机旁路手动阀已关闭	
10	确认液氨入口管道静电释放完毕	
11	检查液氨储罐就地及远方液位计正常，无偏差，上位机无高液位报警	
12	由运输液氨人员连接液氨卸载臂，并用氮气仔细检查连接处的密封性（压力比槽车高0.3MPa）	
13	确认往A液氨储罐卸氨	
14	开启A液氨储罐液氨入口气动门后手动门	
15	开启A液氨储罐液氨入口气动门前手动门	
16	开启A卸料压缩机出口至液氨储罐气动门前手动门	
17	开启A卸料压缩机出口至液氨储罐气动门后手动门	
18	开启A液氨储罐气相至脱硝卸料压缩机手动门	
19	开启卸氨装置至液氨储罐手动门	
20	开启卸氨充装装置接口手动门1（气相）	
21	开启卸氨充装装置接口手动门2（液相）	
22	开启A液氨储罐液氨入口气动门	
23	开启卸氨装置至液氨储罐气动门	
24	开启A卸料压缩机出口至液氨储罐气动门	
25	**风险提示**：液氨槽车手动阀门开启幅度过大会导致压力波动大，容易发生液氨泄漏	
	缓慢开启液氨槽车手动门，开始卸氨	
26	卸氨过程中注意观察要卸入液氨的氨储罐液位缓慢上升，其他液氨储罐液位无变化	
27	待槽车内的压力与A液氨储罐压差不大于0.1MPa，准备启动A压缩机进行卸料	
28	开启A卸料压缩机出口手动门	
29	开启卸氨装置至卸料压缩机手动门	
30	确认A卸料压缩机四通阀处于正位（垂直向下）	
31	启动A卸料压缩机	
32	**风险提示**：液氨储罐气相至槽车未联通，会导致压缩机启动后无法加压	
	开启 A 卸料压缩机入口手动门，压缩机抽吸储罐内的气相并使其压力降低，槽车内的压力升高，利用压差将液氨从槽车压入储罐	

续表

顺序	操 作 项 目	确认划"√"
33	**风险提示：**液氨储罐液位不宜过高，否则会导致气相空间被压缩而无法正常卸氨	
	监视液氨储罐液位（小于2.4m）、压力（1.0MPa±0.4MPa）和温度正常（＜40℃）	
34	观察液氨槽车液位指示无液氨或卸氨管路窥视窗无液氨流动	
35	关闭A卸料压缩机入口手动门	
36	停止A卸料压缩机	
37	关闭A卸料压缩机出口手动门	
38	关闭卸氨装置至液氨储罐气动门	
39	关闭A液氨储罐气氨出口气动门	
40	关闭A卸料压缩机出口至液氨储罐气动门	
41	关闭卸氨装置至卸料压缩机手动门	
42	关闭A液氨储罐液氨入口气动门前手动门	
43	关闭A液氨储罐液氨入口气动门后手动门	
44	关闭A卸料压缩机出口至液氨储罐气动门前手动门	
45	关闭A卸料压缩机出口至液氨储罐气动门后手动门	
46	关闭A液氨储罐气相至脱硝卸料压缩机手动门	
47	关闭卸氨充装装置接口手动门1	
48	关闭卸氨充装装置接口手动门2	
49	开启卸氨快速接头上的排放阀，将管道内残余液氨及氨气排放至稀释槽	
50	**风险提示：**快速接头未复位，会导致快速接头损坏	
	将卸氨快速接头复位，阀门复位	
51	待车辆静置10min后拆除放静电接地装置，并检测空气中氨浓度小于35ppm，方可启动槽车	
52	操作完毕，汇报值长	

操作人：___________ 监护人：___________ 值班负责人（值长）：___________

七、回检	确认划"√"
确认操作过程中无跳项、漏项	
核对阀门位置正确	
远传信号、指示正常，无报警	
向值班负责人（值长）回令，值班负责人（值长）确认操作完成	

操作结束时间：________年____月____日____时____分

操作人：_____________ 监护人：_____________

管理人员鉴证：值班负责人________________ 部门________________ 厂级________________

八、备注

热力机械操作票

单位：________ 班组：________ 编号：________

操作任务：**1号机凝结水精处理卸碱** 风险等级：________

一、发令、接令	确认划"√"
核实相关工作票已终结或押回，检查设备、系统运行方式、运行状态具备操作条件	
复诵操作指令确认无误	
根据操作任务风险等级通知相关人员到岗到位	

发令人：________ 接令人：________ 发令时间：________年____月____日____时____分

二、操作前作业环境风险评估		
危害因素	预 控 措 施	
肢体部位或饰品衣物、用具、工具接触转动部位	（1）正确佩戴防护用品，衣服和袖口应扣好，不得戴围巾领带，长发必须盘在安全帽内； （2）不准将用具、工器具接触设备的转动部位； （3）不准在靠背轮上、安全罩上或运行中设备的轴承上行走与坐立	
孔洞、沟道无盖板、防护栏缺失损坏	（1）行走及操作时注意周边工作环境是否安全，现场孔洞、沟道盖板、平台栏杆是否完好； （2）不准擅自进入现场隔离区域； （3）禁止无安全防护设施的情况下进行高空位置操作	
进入噪声区域未正确使用防护用品	（1）进入噪声区域时正确佩戴合格的耳塞； （2）避免长时间在高噪声区停留	
操作中发生液碱跑、冒、滴、漏	（1）操作中发生液碱跑、冒、滴、漏，按照发电厂应急预案处理； （2）确定逃生路线	
进入酸碱区域未正确使用防护用品	（1）操作时严格按照化学运行规程执行； （2）操作人员佩戴好防毒面具，穿好防护工作服、戴好橡胶手套	
三、操作人、监护人互查		确认划"√"
人员状态：工作人员健康状况良好，无酒后、疲劳作业等情况		
个人防护：安全帽、工作鞋、工作服以及与操作任务危害因素相符的耳塞、手套等劳动保护用品等		
四、检查确认工器具完好		
工器具	完 好 标 准	确认划"√"
阀门钩	阀门钩完好无损坏和变形	
有毒有害气体浓度检测仪	校验合格证在有效期内，计量显示准确	
五、安全技术交底		
值班负责人按照"操作前作业环境风险评估"以及操作中"风险提示"等内容向操作人、监护人进行安全技术交底。 操作人： 监护人：		

确认上述二～五项内容：

管理人员鉴证：值班负责人________ 部门________ 厂级________

六、操作		
操作开始时间：________年____月____日____时____分		
操作任务：1号机凝结水精处理卸碱		
顺序	操 作 项 目	确认划"√"
1	辅控化学士管到达现场，已对司机及押车人员开展安全交底并签字	
2	联系化验班对液碱取样化验，化验班告知碱化验合格（NaOH含量大于32.0%，外观无色透明）	
3	**风险提示：**未按要求佩戴个人防护用品，发生泄漏时可能造成人身伤害	
	检查确认运行卸碱人员已穿好防护服、耐酸碱鞋，戴好防护面罩和防护手套	

续表

顺序	操 作 项 目	确认划“√”
4	现场冲洗水、喷淋装置供水充足	
5	现场急救药品齐全（0.5%碳酸氢钠溶液500mL，2%稀硼酸500mL，1%醋酸500mL）	
6	确认碱储存罐有足够的空余容积	
7	确认车辆停放在指定卸车区域内，熄火，并使用车轮定位器固定车轮，将车钥匙收回	
8	开启1号机凝结水精处理卸碱泵进碱手动门	
9	检查1号机凝结水精处理卸碱缓冲罐入口手动门接口和槽车出口手动门间管道连接牢固严密	
10	开启1号机凝结水精处理卸碱缓冲罐入口手动门	
11	开启1号机凝结水精处理碱槽车出口手动门	
12	1号机凝结水精处理卸碱缓冲罐进碱至液位0.3m	
13	启动1号机凝结水精处理卸碱泵	
14	缓慢开启1号机凝结水精处理卸碱泵出口手动门	
15	确认1号机凝结水精处理碱储罐已进碱	
16	观察1号机凝结水精处理碱储罐液位不大于1.85m，否则停运卸碱	
17	关闭碱槽车出口手动门	
18	关闭1号机凝结水精处理卸碱缓冲罐进碱手动门	
19	待1号机凝结水精处理卸碱缓冲罐液位小于0.1m后，停运卸碱泵	
20	关闭1号机凝结水精处理卸碱泵进碱手动门	
21	关闭1号机凝结水精处理卸碱泵出口手动门	
22	拆除1号机凝结水精处理卸碱缓冲罐与槽车连接管道	
23	**风险提示**：洒落地面的废碱应冲洗干净，防止导致环境污染	
	将卸碱管路地面冲洗干净	
24	操作完成，汇报值长	

操作人：________　　监护人：________　　值班负责人（值长）：________

七、回检	确认划“√”
确认操作过程中无跳项、漏项	
核对阀门位置正确	
远传信号、指示正常，无报警	
向值班负责人（值长）回令，值班负责人（值长）确认操作完成	

操作结束时间：______年___月___日___时___分

操作人：________　　监护人：________

管理人员鉴证：值班负责人________　部门________　厂级________

八、备注

热力机械操作票

单位：________ 班组：________ 编号：________

操作任务：**向A氢储罐卸氢** 风险等级：________

一、发令、接令	确认划“√”
核实相关工作票已终结或押回，检查设备、系统运行方式、运行状态具备操作条件	
复诵操作指令确认无误	
根据操作任务风险等级通知相关人员到岗到位	

发令人：________ 接令人：________ 发令时间：________年____月____日____时____分

二、操作前作业环境风险评估	
危害因素	预 控 措 施
肢体部位或饰品衣物、用具、工具接触转动部位	（1）正确佩戴防护用品，衣服和袖口应扣好，不得戴围巾领带，长发必须盘在安全帽内； （2）不准将用具、工器具接触设备的转动部位； （3）不准在靠背轮上、安全罩上或运行中设备的轴承上行走与坐立
孔洞、沟道无盖板、防护栏缺失损坏	（1）行走及操作时注意周边工作环境是否安全，现场孔洞、沟道盖板、平台栏杆是否完好； （2）不准擅自进入现场隔离区域； （3）禁止无安全防护设施的情况下进行高空位置操作
进入噪声区域未正确使用防护用品	（1）进入噪声区域时正确佩戴合格的耳塞； （2）避免长时间在高噪声区停留
操作中发生氢气跑、冒、漏	（1）操作中发生氢气跑、冒、漏，按照发电厂应急预案处理； （2）进入氢站前完全释放静电； （3）进入氢站必须交出火种，禁止使用非防爆型无线通信工具； （4）确定逃生路线
进入氢站未正确使用防护用品	（1）操作时严格按照化学运行规程执行； （2）操作人员穿好防静电工作服和工作鞋

三、操作人、监护人互查	确认划“√”
人员状态：工作人员健康状况良好，无酒后、疲劳作业等情况	
个人防护：安全帽、工作鞋、工作服以及与操作任务危害因素相符的耳塞、手套等劳动保护用品等	

四、检查确认工器具完好		
工器具	完 好 标 准	确认划“√”
阀门钩	阀门钩为铜质，外观完好无损坏、无变形	
便携式氢气检漏仪	校验合格证在有效期内，计量显示准确	
氢气综合分析仪	校验合格证在有效期内，计量显示准确	

五、安全技术交底
值班负责人按照“操作前作业环境风险评估”以及操作中“风险提示”等内容向操作人、监护人进行安全技术交底。 操作人： 监护人：

确认上述二～五项内容：

管理人员鉴证：值班负责人________ 部门________ 厂级________

六、操作		
操作开始时间：____年___月___日___时___分		
操作任务：向A氢储罐卸氢		
顺序	操 作 项 目	确认划“√”
1	辅控化学主管已到现场，已对司机及押车人员开展安全交底并签字	

续表

顺序	操 作 项 目	确认划“√”
2	严格执行《氢站安全管理规定》，所有阀门操作应匀速缓慢，使用铜质工器具，严禁使用未涂黄油的铁制扳手	
3	检查氢气检验合格证，氢纯度不小于 99.99%，露点小于－50℃;检查危险品运输许可证及押运人员危险品操作证	
4	确认灭火器正常备用	
5	确认便携式氢气检漏仪、氢气综合分析仪正常，接至氢站氢汇流排氢露点仪进氢排污手动门接口	
6	卸氢操作人员已穿戴好棉质工作服，通信正常	
7	车辆应停放在指定卸车区域内，熄火，并使用车轮定位器固定车轮，将车钥匙收回，槽车与放静电接地装置连接良好，确认接地装置无报警；车前后约一车身长位置放置安全标示；交代安全措施，检查相关进入氢站人员，交出手机、火种、禁止穿带铁钉的鞋	
8	确认氢气接卸管道与槽车管路连接牢固	
9	开启氢站卸氢软管排空手动门	
10	**风险提示**：槽车供氢手动门开启速度应缓慢，防止冲刷发热爆炸	
	监护氢气槽车运输人员缓慢开启槽车供氢手动门	
11	开关氢站卸氢软管排空手动门两次后，关闭氢站卸氢软管排空手动门	
12	开启氢站充氢汇流排排空气动门	
13	缓慢开启来氢手动门	
14	将汇流排用氢气置换空气，关闭氢站充氢汇流排排空气动门	
15	调整来氢管道减压阀，调节出口压力到 0.5MPa	
16	开启氢站充氢汇流排氢气纯度仪、露点仪的入口电磁阀	
17	调整氢站充氢汇流排进氢减压阀（逆时针关闭，顺时针开启）	
18	开启氢站氢汇流排氢露点仪进氢排污手动门	
19	测量氢气纯度和露点合格，氢气纯度不大于 99.95%，露点小于－50℃（若不合格，重复开关氢站充氢汇流排排空气动门再测量）	
20	开启氢站 A 氢储罐进出氢手动门	
21	开启充氢汇流排至 A 氢储罐充氢气动门	
22	调整来氢减压阀，控制出口压力到 5.0MPa	
23	观察 A 氢储罐压力升至 5.0MPa	
24	关闭充氢汇流排至 A 氢储罐充氢气动门	
25	关闭氢站 A 氢储罐进出氢手动门	
26	开启氢站 B 氢储罐进出氢手动门	
27	开启充氢汇流排至 B 氢储罐充氢气动门	
28	待 B 氢储罐压力升至 5.0MPa 时停止充氢	
29	监护氢气运输厂家人员关闭氢气槽车卸氢门	
30	关闭氢站供氢手动门	
31	关闭来氢管道减压阀	
32	关闭充氢汇流排至 B 氢储罐充氢气动门	
33	关闭氢站 B 氢储罐进出氢手动门	
34	使用氢气检漏仪检测氢储罐、氢汇流排无氢气泄漏，氢气在线检测仪无报警信号	
35	拆除槽车至汇流排压力软管，拧紧卸氢软管接口堵头	

续表

顺序	操　作　项　目	确认划“√”
36	操作完毕，汇报值长	

操作人：____________　　　监护人：____________　　　值班负责人（值长）：____________

七、回检	确认划“√”
确认操作过程中无跳项、漏项	
核对阀门位置正确	
远传信号、指示正常，无报警	
向值班负责人（值长）回令，值班负责人（值长）确认操作完成	

操作结束时间：________年____月____日____时____分

操作人：______________　　　　　　　监护人：______________

管理人员鉴证：值班负责人________________　部门________________　厂级________________

八、备注

2 锅 炉 运 行

热力机械操作票

单位：________ 班组：________ 编号：________

操作任务：**1号炉汽包双色水位计冲洗** 风险等级：________

一、发令、接令	确认划“√”
核实相关工作票已终结或押回，检查设备、系统运行方式、运行状态具备操作条件	
复诵操作指令确认无误	
根据操作任务风险等级通知相关人员到岗到位	

发令人：________ 接令人：________ 发令时间：________年____月____日____时____分

二、操作前作业环境风险评估		
危害因素	预 控 措 施	
肢体部位或饰品衣物、用具、工具接触转动部位	（1）正确佩戴防护用品，衣服和袖口应扣好，不得戴围巾领带，长发必须盘在安全帽内； （2）不准将用具、工器具接触设备的转动部位； （3）不准在靠背轮上、安全罩上或运行中设备的轴承上行走与坐立	
孔洞、沟道无盖板、防护栏缺失损坏	（1）行走及操作时注意周边工作环境是否安全，现场孔洞、沟道盖板、平台栏杆是否完好； （2）不准擅自进入现场隔离区域； （3）禁止无安全防护设施的情况下进行高空位置操作	
进入噪声区域未正确使用防护用品	（1）进入噪声区域时正确佩戴合格的耳塞； （2）避免长时间在高噪声区停留	
操作前未正确佩戴劳动防护用品	（1）冲洗水位计时戴防烫手套和穿专用防烫工作服； （2）确定逃生路线	
三、操作人、监护人互查		确认划“√”
人员状态：工作人员健康状况良好，无酒后、疲劳作业等情况		
个人防护：安全帽、工作鞋、工作服以及与操作任务危害因素相符的耳塞、手套等劳动保护用品等		
四、检查确认工器具完好		
工器具	完 好 标 准	确认划“√”
阀门钩	阀门钩完好无损坏和变形	
五、安全技术交底		
值班负责人按照“操作前作业环境风险评估”以及操作中“风险提示”等内容向操作人、监护人进行安全技术交底。 操作人： 监护人：		

确认上述二～五项内容：

管理人员鉴证：值班负责人________ 部门________ 厂级________

六、操作		
操作开始时间：________年____月____日____时____分		
操作任务：1号炉汽包双色水位计冲洗		
顺序	操 作 项 目	确认划“√”
1	**风险提示：**操作时，站在水位计侧面，提前规划好紧急撤离路线，防止水位计玻璃破裂，高温高压汽水泄漏烫伤或射伤工作人员	
	缓慢交替关闭1号炉双色水位计水侧、汽侧二次门	
2	交替关闭1号炉双色水位计水侧、汽侧一次门	
3	缓慢全开1号炉双色水位计排污一次门	
4	缓慢全开1号炉双色水位计排污二次门	

续表

顺序	操 作 项 目	确认划“√”
5	缓慢开启1号炉双色水位计汽侧一次门1/5圈	
6	**风险提示：** 视排污出汽量及冲刷汽流声音控制好水位计冲洗气量，并稳定流量冲洗，以确保设备和人身安全，发现异常应立即关闭汽侧二次门停止操作	
	缓慢开启1号炉双色水位计汽侧二次门若干圈（视排污出汽情况而定），对双色水位计冲洗3min	
7	冲洗结束后，关闭1号炉双色水位计汽侧二次门	
8	关闭1号炉双色水位计汽侧一次门	
9	待双色水位计无汽水排出口后，关闭1号炉双色水位计排污二次门	
10	关闭1号炉双色水位计排污一次门	
11	缓慢交替微开1号炉双色水位计水侧、汽侧一次门1/5圈	
12	缓慢交替开启1号炉双色水位计水侧、汽侧二次门直至双色水位计出现水位并稳定后缓慢交替全开一次门	
13	视水位情况缓慢交替全开1号炉双色水位计水侧、汽侧二次门，投入水位计	
14	操作完毕，汇报值长	

操作人：__________ 监护人：__________ 值班负责人（值长）：__________

七、回检	确认划“√”
确认操作过程中无跳项、漏项	
核对阀门位置正确	
远传信号、指示正常，无报警	
向值班负责人（值长）回令，值班负责人（值长）确认操作完成	

操作结束时间：________年____月____日____时____分

操作人：____________ 监护人：____________

管理人员鉴证：值班负责人________________ 部门________________ 厂级_______________

八、备注

热力机械操作票

单位：________________ 班组：________________ 编号：____________

操作任务：**1号炉1A制粉系统启动** 风险等级：________

一、发令、接令	确认划"√"
核实相关工作票已终结或押回，检查设备、系统运行方式、运行状态具备操作条件	
复诵操作指令确认无误	
根据操作任务风险等级通知相关人员到岗到位	

发令人：__________ 接令人：__________ 发令时间：________年____月____日____时____分

二、操作前作业环境风险评估		
危害因素	预 控 措 施	
肢体部位或饰品衣物、用具、工具接触转动部位	（1）正确佩戴防护用品，衣服和袖口应扣好，不得戴围巾领带，长发必须盘在安全帽内； （2）不准将用具、工器具接触设备的转动部位； （3）不准在靠背轮上、安全罩上或运行中设备的轴承上行走与坐立	
孔洞、沟道无盖板、防护栏缺失损坏	（1）行走及操作时注意周边工作环境是否安全，现场孔洞、沟道盖板、平台栏杆是否完好； （2）不准擅自进入现场隔离区域； （3）禁止无安全防护设施的情况下进行高空位置操作	
进入噪声区域未正确使用防护用品	（1）进入噪声区域时正确佩戴合格的耳塞； （2）避免长时间在高噪声区停留	
三、操作人、监护人互查		确认划"√"
人员状态：工作人员健康状况良好，无酒后、疲劳作业等情况		
个人防护：安全帽、工作鞋、工作服以及与操作任务危害因素相符的耳塞、手套等劳动保护用品等		
四、检查确认工器具完好		
工器具	完 好 标 准	确认划"√"
阀门钩	阀门钩完好无损坏和变形	
测温仪	校验合格证在有效期内，计量显示准确	
测振仪	校验合格证在有效期内，计量显示准确	
五、安全技术交底		
值班负责人按照"操作前作业环境风险评估"以及操作中"风险提示"等内容向操作人、监护人进行安全技术交底。 操作人： 监护人：		

确认上述二～五项内容：

管理人员鉴证：值班负责人________________ 部门________________ 厂级________________

六、操作		
操作开始时间：________年____月____日____时____分		
操作任务：1号炉1A制粉系统启动		
顺序	操 作 项 目	确认划"√"
1	检查1号炉一次风机运行正常，一次风压大于8kPa	
2	检查1号炉密封风机一台运行， 台备用，密封风压正常	
3	检查1号炉1A磨煤机油站____润滑油泵运行，____润滑油泵备用，联锁备用投入。润滑油系统运行正常，油压0.2～0.35MPa，供油温度30～55℃，油流量大于250L/min，滤网差压小于0.2MPa，无漏油，润滑油冷却水投入正常，闭冷水供水温度不大于32℃	
4	确认1号炉磨煤机防爆蒸汽不小于0.5MPa，温度180℃左右；确认防爆蒸汽母管已充分疏水	

续表

顺序	操 作 项 目	确认划“√”
5	就地检查1号炉1A给煤机控制柜无报警信号，给煤机设备完整，皮带上无异物，齿轮减速箱油位正常	
6	检查确认1号炉原煤仓煤位7～12m，煤仓温度小于50℃	
7	开启1A磨煤机石子煤斗入口气动门，关闭石子煤斗出口气动门	
8	检查1A磨煤机动态分离器控制柜电源正常，无报警信号	
9	确认1号炉制粉系统防爆蒸汽处于热备用状态，磨防爆蒸汽电动门已送电，开关状态正确，防爆蒸汽压力正常	
10	**风险提示：**为防止制粉系统爆炸，启动前投入消防蒸汽时间大于5min排除可燃性气体	
	开启1号炉防爆蒸汽疏水器旁路手动门疏水5min后，开启A磨煤机防爆蒸汽电动门，检查磨煤机出口温度上涨，确认防爆蒸汽投入5min后关闭	
11	开启1号炉1A磨密封风电动挡板门，开启1A给煤机密封风电动挡板门	
12	开启1号炉1A磨煤机出口气动插板门及出口煤粉管出口电动门，检查燃烧器冷却风门联锁关闭	
13	开启1号炉1A磨煤机冷、热一次风气动插板及电动调节挡板门，以不大于3℃/min的升温速率将出口温度逐渐提高至80℃，暖磨15min	
14	调整1号炉1A磨煤机一次风量在125.1t/h左右	
15	启动1号炉1A磨煤机动态分离器，将分离器电机频率调整至60%	
16	**风险提示：**启动制粉系统时，加强炉膛负压监视调整	
	确认条件满足后启动1号炉1A磨煤机，空载电流____A，监视启动电流10s内返回，否则立即停止运行	
17	开启1号炉1A给煤机出、入口电动煤闸门	
18	确认1号炉1A给煤机启动条件满足，启动1A给煤机，给煤量至最低给煤量25t/h	
19	检查1号炉1A给煤机清扫链电机运行正常	
20	1号炉1A给煤机启动后，磨煤机出口温度会下降，及时调整磨煤机入口冷一次风电动调节挡板门，控制磨出口温度80℃	
21	监视1号炉1A磨燃烧器对应的二次风电动挡板门动作正确	
22	检查1号炉1A磨煤机各火检着火正常，就地燃烧良好	
23	当1号炉1A给煤量大于40t/h时，检查风量大于125.1t/h，磨煤机出口温度80℃，将磨煤机冷、热风电动调节挡板门投自动，将给煤机投自动	
24	操作完毕，汇报值长	

操作人：__________ 监护人：__________ 值班负责人（值长）：__________

七、回检	确认划“√”
确认操作过程中无跳项、漏项	
核对阀门位置正确	
远传信号、指示正常，无报警	
向值班负责人（值长）回令，值班负责人（值长）确认操作完成	

操作结束时间：________年____月____日____时____分

操作人：____________ 监护人：____________

管理人员鉴证：值班负责人______________ 部门______________ 厂级______________

八、备注

热力机械操作票

单位：________________ 班组：________________ 编号：____________

操作任务：**1 号炉 1A 制粉系统停运** 风险等级：____________

一、发令、接令	确认划“√”
核实相关工作票已终结或押回，检查设备、系统运行方式、运行状态具备操作条件	
复诵操作指令确认无误	
根据操作任务风险等级通知相关人员到岗到位	

发令人：__________ 接令人：__________ 发令时间：________年____月____日____时____分

二、操作前作业环境风险评估		
危害因素	预 控 措 施	
肢体部位或饰品衣物、用具、工具接触转动部位	（1）正确佩戴防护用品，衣服和袖口应扣好，不得戴围巾领带，长发必须盘在安全帽内； （2）不准将用具、工器具接触设备的转动部位； （3）不准在靠背轮上、安全罩上或运行中设备的轴承上行走与坐立	
孔洞、沟道无盖板、防护栏缺失损坏	（1）行走及操作时注意周边工作环境是否安全，现场孔洞、沟道盖板、平台栏杆是否完好； （2）不准擅自进入现场隔离区域； （3）禁止无安全防护设施的情况下进行高空位置操作	
进入噪声区域未正确使用防护用品	（1）进入噪声区域时正确佩戴合格的耳塞； （2）避免长时间在高噪声区停留	
三、操作人、监护人互查		确认划“√”
人员状态：工作人员健康状况良好，无酒后、疲劳作业等情况		
个人防护：安全帽、工作鞋、工作服以及与操作任务危害因素相符的耳塞、手套等劳动保护用品等		
四、检查确认工器具完好		
工器具	完 好 标 准	确认划“√”
阀门钩	阀门钩完好无损坏和变形	
五、安全技术交底		
值班负责人按照“操作前作业环境风险评估”以及操作中“风险提示”等内容向操作人、监护人进行安全技术交底。 操作人： 监护人：		

确认上述二～五项内容：

管理人员鉴证：值班负责人________________ 部门________________ 厂级________________

六、操作		
操作开始时间：________年____月____日____时____分		
操作任务：1 号炉 1A 制粉系统停运		
顺序	操 作 项 目	确认划“√”
1	将 1 号炉 1A 给煤机切为手动，逐渐降低给煤机出力	
2	监视 1 号炉 1A 磨煤机出口温度、一次风量等跟踪正常（一次风量在 125t/h，出口温度 60～65℃）	
3	当 1 号炉 1A 给煤机出力降至 25t/h 时，关闭 A 给煤机入口电动煤闸门	
4	逐渐开大 1 号炉 1A 磨煤机入口冷一次风电动调节挡板门、关小热一次风电动调节挡板门，维持风量 125t/h	
5	1 号炉 1A 给煤机原煤走空后，停止 1A 给煤机，检查清扫链联停	
6	**风险提示：**为了防止磨煤机积粉自燃，停运前必须吹空余粉	

续表

顺序	操 作 项 目	确认划“√”
6	关小1号炉1A磨煤机热风调节挡板，冷风调节挡板开大至80%以上，以大于125t/h风量吹扫磨煤机10min	
7	吹扫期间，1号炉1A磨煤机电流降至空载电流____A，延时1min后停止1A磨煤机运行，检查动态分离器联锁停止	
8	吹扫结束后，逐渐关闭1号炉1A磨煤机冷一次风电动调节挡板门	
9	检查1号炉1A磨煤机入口热一次风气动插板门联关，对应层二次风挡板门关至10%	
10	开启1号炉1A磨煤机防爆蒸汽疏水器旁路手动门疏水5min后，开启1A磨煤机防爆蒸汽电动门，检查磨煤机出口温度上涨，确认防爆蒸汽投入5min后关闭	
11	将1号炉1A磨煤机冷一次风电动调节挡板门和冷一次风气动插板门关闭	
12	1号炉1A磨煤机出口门关闭后，安排巡检确认8个燃烧器冷却风逆止门开启，冷却风量充足	
13	调整停运层二次风门不低于10%	
14	对1号炉1A磨煤机排渣一次	
15	操作结束，汇报值长	

操作人：__________ 监护人：__________ 值班负责人（值长）：__________

七、回检	确认划“√”
确认操作过程中无跳项、漏项	
核对阀门位置正确	
远传信号、指示正常，无报警	
向值班负责人（值长）回令，值班负责人（值长）确认操作完成	

操作结束时间：________年____月____日____时____分

操作人：____________ 监护人：____________

管理人员鉴证：值班负责人________________ 部门________________ 厂级________________

八、备注

热力机械操作票

单位：________ 班组：________ 编号：________

操作任务：**1 号炉再热器工作压力下水压试验** 风险等级：________

一、发令、接令	确认划“√”
核实相关工作票已终结或押回，检查设备、系统运行方式、运行状态具备操作条件	
复诵操作指令确认无误	
根据操作任务风险等级通知相关人员到岗到位	

发令人：________ 接令人：________ 发令时间：____年__月__日__时__分

二、操作前作业环境风险评估		
危害因素	预 控 措 施	
肢体部位或饰品衣物、用具、工具接触转动部位	（1）正确佩戴防护用品，衣服和袖口应扣好，不得戴围巾领带，长发必须盘在安全帽内； （2）不准将用具、工器具接触设备的转动部位； （3）不准在靠背轮上、安全罩上或运行中设备的轴承上行走与坐立	
孔洞、沟道无盖板、防护栏缺失损坏	（1）行走及操作时注意周边工作环境是否安全，现场孔洞、沟道盖板、平台栏杆是否完好； （2）不准擅自进入现场隔离区域； （3）禁止无安全防护设施的情况下进行高空位置操作	
进入噪声区域未正确使用防护用品	（1）进入噪声区域时正确佩戴合格的耳塞； （2）避免长时间在高噪声区停留	
管道、阀门破裂；设备密封不严	（1）不要靠近运行带压设备、管道； （2）确定逃生路线	
三、操作人、监护人互查		确认划“√”
人员状态：工作人员健康状况良好，无酒后、疲劳作业等情况		
个人防护：安全帽、工作鞋、工作服以及与操作任务危害因素相符的耳塞、手套等劳动保护用品等		
四、检查确认工器具完好		
工器具	完 好 标 准	确认划“√”
阀门钩	阀门钩完好无损坏和变形	
测温仪	校验合格证在有效期内，计量显示准确	
五、安全技术交底		
值班负责人按照“操作前作业环境风险评估”以及操作中“风险提示”等内容向操作人、监护人进行安全技术交底。 操作人： 监护人：		

确认上述二～五项内容：

管理人员鉴证：值班负责人________ 部门________ 厂级________

六、操作		
操作开始时间：____年__月__日__时__分		
操作任务：1 号炉再热器工作压力下水压试验		
顺序	操 作 项 目	确认划“√”
1	检查 1 号炉受热面检修工作全部结束	
2	检查 1 号炉一再入口集箱两侧堵阀安装完毕	
3	检查 1 号炉二再出口集箱两侧堵阀安装完毕	
4	检查 1 号炉二再出口已安装压力表	
5	检查 1 号机盘车投入	

续表

顺序	操 作 项 目	确认划"√"
6	检查 1 号机高中压主汽门、调节门已关闭，联系机控做好防误开措施	
7	检查 1 号机高压旁路、低压旁路调节阀已关闭	
8	检查 1 号机 EH 油泵已停电	
9	检查 1 号机高压旁路、低压旁路减温水电动门关闭	
10	检查 1 号机主蒸汽至轴封电动门关闭	
11	检查 1 号机高压缸排汽止回门关闭	
12	检查 1 号机高压缸倒暖阀关闭	
13	检查 1 号机高压加热器抽汽止回门、电动门关闭	
14	检查 1 号机 1A、1B 汽动给水泵出口电动门关闭	
15	**风险提示**：确认一次系统与二次系统确已隔离，一次系统各疏水门开启；防止一次系统进水	
	检查 1 号机 1A、1B 汽动给水泵中间抽头电动门关闭，并断电	
16	检查 1 号机给水主阀、旁路阀及前后电动门关闭，并断电	
17	检查 1 号炉再热事故减温水电动门、调节门关闭，并断电	
18	开启 1 号炉事故减温水电动总门后疏水电动门	
19	检查 1 号炉过热减温水电动门、调节门关闭，并断电	
20	开启 1 号炉两侧过热一、二减疏水电动门	
21	关闭 1 号炉化学取样包括左再热蒸汽、右再热蒸汽取样门，通知化学打开各路取样排污门	
22	检查 1 号炉再热器各部空气门、疏水门保持开启	
23	检查 1 号炉启动循环泵过冷水电动门关闭，断电	
24	开启 1 号机主蒸汽管道、高压主蒸汽门前、高压主蒸汽门上下阀座、中压联合汽门阀座、高压导汽管、再热热段管道、高压缸排汽止回门前后、低旁阀前、轴封管道、各抽汽管道疏水	
25	1 号炉上水水质和水温要求如下： （1）氯含量小于 25ppm，固体粒子含量不超过 1ppm。 （2）pH 值为 9～10（加 10ppm 的氨和 200ppm 的联氨调节）。 （3）水压试验的水温应保持高于周围露点的温度以防止锅炉表面结露，进水温度 30～50℃	
26	开启 1 号机 1A 汽动给水泵中间抽头电动门给再热器上水（通过再热器微量喷水管道上水）	
27	通过调节再热器微量喷水减温调节门开度及汽动给水泵转速控制上水速率，再热器冲洗 30min 后关闭各疏水门	
28	**风险提示**：排空门有连续不含气体的水流流出时应及时关闭排空门，防止系统跑水	
	待 1 号炉再热器系统各空气门充分见水后，依次关闭	
29	**风险提示**：用给水泵小机转速或锅炉上水调门控制锅炉升压速率小于 0.3MPa，防止系统应力过大	
	通过调节再热器微量喷水减温调节门开度及汽动给水泵转速控制升压速率，再热器开始升压（严格控制升压速率在 0.3MPa/min），做好升压记录	
30	当 1 号炉再热器出口压力升至 5.41MPa 时，停止升压，由检修人员进行全面检查，升压过程中再热压力如异常升高，必须立即停泵	
31	观察 5min 内压力下降情况，5min 内压力下降小于 0.3MPa，水压试验后受热面没有残余变形，受热面焊口、法兰没有渗水、漏水现象，水压试验为合格	
32	**风险提示**：锅炉放水时，加强监视机组排水槽液位，防止跑水	
	再热器水压试验结束后，关闭汽动给水泵中间抽头电动门及微量减温水电动门，以 0.3MPa/min 的速率降低系统压力，当压力降至 0.2MPa 时，开启再热器系统各空气门、疏放水门进行系统放水	

续表

顺序	操　作　项　目	确认划“√”
33	操作完毕，汇报值长	

操作人：__________　　监护人：__________　　值班负责人（值长）：__________

七、回检	确认划“√”
确认操作过程中无跳项、漏项	
核对阀门位置正确	
远传信号、指示正常，无报警	
向值班负责人（值长）回令，值班负责人（值长）确认操作完成	

操作结束时间：_______年___月___日___时___分

操作人：____________　　监护人：____________

管理人员鉴证：值班负责人______________　部门______________　厂级______________

八、备注

热力机械操作票

单位：________ 班组：________ 编号：________

操作任务：**1号炉湿态转干态运行** 风险等级：________

一、发令、接令	确认划“√”
核实相关工作票已终结或押回，检查设备、系统运行方式、运行状态具备操作条件	
复诵操作指令确认无误	
根据操作任务风险等级通知相关人员到岗到位	

发令人：________ 接令人：________ 发令时间：______年___月___日___时___分

二、操作前作业环境风险评估		
危害因素	预 控 措 施	
无	无	
三、操作人、监护人互查		确认划“√”
人员状态：工作人员健康状况良好，无酒后、疲劳作业等情况		
个人防护：安全帽、工作鞋、工作服以及与操作任务危害因素相符的耳塞、手套等劳动保护用品等		
四、检查确认工器具完好		
工器具	完 好 标 准	确认划“√”
无	无	
五、安全技术交底		
值班负责人按照“操作前作业环境风险评估”以及操作中“风险提示”等内容向操作人、监护人进行安全技术交底。 操作人： 监护人：		

确认上述二～五项内容：

管理人员鉴证：值班负责人________ 部门________ 厂级________

六、操作		
操作开始时间：______年___月___日___时___分		
操作任务：1号炉湿态转干态运行		
顺序	操 作 项 目	确认划“√”
1	1号机组负荷达到260MW时锅炉给水流量850t/h±50t/h，361阀投自动	
2	继续增加燃料量、提升1号机组负荷，根据水-煤比情况适时投运第三套制粉系统	
3	开启1号机汽动给水泵中间抽头至再热器及吹灰减温水电动门，再热器减温水处于备用或者投入状态	
4	**风险提示**：锅炉干态转换过程当分离器过热度出现后，严格控制水煤比在6.5～7.5之间，过热度为5～15℃，且不宜反复；缓慢增加燃料量	
	缓慢增加燃料量，控制主蒸汽压力在9.7MPa左右，监视1号炉分离器出口过热度逐渐上升，储水罐水位逐渐降低	
5	随着1号炉储水罐水位的逐渐下降，逐渐关小360阀、开大主给水旁路调节门，维持给水流量稳定，监视361阀逐渐关小，BCP泵出口流量小于285t/h时，BCP泵最小流量阀应自动开启，否则应手动开启	
6	**风险提示**：锅炉BCP泵停运后，监视BCP泵电机腔室温度正常	
	1号炉储水罐水位下降至5m以下且BCP泵电流降至空载电流时，可提前停止BCP泵运行，检查其过冷水管路、最小流量管路关闭，投入BCP泵、361阀暖管管路	
7	检查1号炉分离器出口温度过热度5～15℃，干态信号正常	

续表

顺序	操　作　项　目	确认划“√”
8	操作完毕，汇报值长	

操作人：＿＿＿＿＿＿　　监护人：＿＿＿＿＿＿　　值班负责人（值长）：＿＿＿＿＿＿

七、回检	确认划“√”
确认操作过程中无跳项、漏项	
核对阀门位置正确	
远传信号、指示正常，无报警	
向值班负责人（值长）回令，值班负责人（值长）确认操作完成	

操作结束时间：＿＿＿＿年＿＿月＿＿日＿＿时＿＿分

操作人：＿＿＿＿＿＿　　监护人：＿＿＿＿＿＿

管理人员鉴证：值班负责人＿＿＿＿＿＿　部门＿＿＿＿＿＿　厂级＿＿＿＿＿＿

八、备注

热力机械操作票

单位：________________ 班组：________________ 编号：______________

操作任务：**1号炉一次系统工作压力下水压试验** 风险等级：________

一、发令、接令	确认划“√”
核实相关工作票已终结或押回，检查设备、系统运行方式、运行状态具备操作条件	
复诵操作指令确认无误	
根据操作任务风险等级通知相关人员到岗到位	

发令人：__________ 接令人：__________ 发令时间：_______年___月___日___时___分

二、操作前作业环境风险评估	
危害因素	预 控 措 施
肢体部位或饰品衣物、用具（包括防护用品）、工具接触转动部位	（1）正确佩戴防护用品，衣服和袖口应扣好，不得戴围巾领带，长发必须盘在安全帽内； （2）不准将用具、工器具接触设备的转动部位； （3）不准在靠背轮上、安全罩上或运行中设备的轴承上行走与坐立
孔洞、沟道无盖板、防护栏缺失损坏	（1）行走及操作时注意周边工作环境是否安全，现场孔洞、沟道盖板、平台栏杆是否完好； （2）不准擅自进入现场隔离区域； （3）禁止无安全防护设施的情况下进行高空位置操作
进入噪声区域时未正确使用防护用品	（1）进入噪声区域时正确佩戴合格的耳塞； （2）避免长时间在高噪声区停留

三、操作人、监护人互查	确认划“√”
人员状态：工作人员健康状况良好，无酒后、疲劳作业等情况	
个人防护：安全帽、工作鞋、工作服以及与操作任务危害因素相符的耳塞、手套等劳动保护用品等	

四、检查确认工器具完好		
工器具	完 好 标 准	确认划“√”
阀门钩	阀门钩完好无损坏和变形	

五、安全技术交底
值班负责人按照“操作前作业环境风险评估”以及操作中“风险提示”等内容向操作人、监护人进行安全技术交底。 操作人： 监护人：

确认上述二～五项内容：

管理人员鉴证：值班负责人________________ 部门________________ 厂级________________

六、操作		
操作开始时间：_______年___月___日___时___分		
操作任务：1号炉一次系统工作压力下水压试验		
顺序	操 作 项 目	确认划“√”
1	检查1号炉三级过热器出口集箱两侧堵阀安装完毕	
2	关闭1号炉三级过热器入口集箱至吹灰蒸汽手动门	
3	关闭1号炉贮水箱液位控制阀	
4	关闭1号炉贮水箱液位控制阀前电动门并停电	
5	关闭1号炉启动系统热备用电动门并停电	
6	检查1号机盘车在投入状态	
7	检查确认1号机EH油泵已停电	

续表

顺序	操 作 项 目	确认划“√”
8	检查1号机高中压主汽门、调节门关闭	
9	检查1号机高压旁路调节阀关闭，关闭气源	
10	检查1号机高压旁路减温水电动门关闭并停电	
11	检查1号机主蒸汽至轴封手动门关闭	
12	检查1号机高压缸倒暖阀关闭并停电	
13	关闭1号机1A、1B汽动给水泵中间抽头电动门并停电	
14	**风险提示**：确认一次系统与二次系统确已隔离，二次系统各疏水门开启。防止二次系统进水超压损坏	
	关闭1号机再热减温水电动总门及事故、微量减温水电动门、调节门并停电（开启再热减温水疏水电动门）	
15	关闭1号炉省煤器入口、启动分离器、左再热蒸汽、右再热蒸汽、主蒸汽至化学取样一、二次门，通知化学开启各排污门	
16	检查1号炉水冷壁、省煤器、过热器各部空气门、疏水门已开启	
17	检查确认1号炉再热器各部空气门、疏水门保持开启	
18	启动循环泵充水完毕，确认高低压充水系统完全隔离	
19	确认1号炉贮水箱已安装临时压力表，安排专人监视；与控制室通信畅通	
20	检查1号炉PCV前隔离阀已开启（压力取样门关闭），断开交流220V控制电源	
21	检查1号机汽轮机侧主蒸汽管道、高压主蒸汽门前、高压主蒸汽门上下阀座、中压联合汽门阀座、高压导汽管、再热热段管道、高压缸排汽止回门前后、低压旁路阀前、轴封管道、各抽汽管道疏水阀已开启	
22	1号炉上水水质和水温要求如下： （1）氯含量小于25ppm，固体粒子含量不超过1ppm。 （2）pH为9～10（加10ppm的氨和200ppm的联氨调节）。 （3）水压试验的水温应保持高于周围露点的温度以防止锅炉表面结露，进水温度30～50℃，锅炉升压之前，必须将各受热面冲洗至水质合格	
23	启动1号机汽动给水泵向锅炉上水	
24	1号炉上水流量维持150～200t/h，水冷壁、省煤器、过热器冲洗30min后关闭各疏水门	
25	**风险提示**：排空门有连续不含气体的水流流出时应及时关闭排空门，防止系统跑水污染环境	
	待一次系统各空气门充分见水后，依次关闭	
26	关闭1号机1A汽动给水泵出口电动门，开启1A汽动给水泵出口电动门旁路手动门	
	风险提示：用给水泵小机转速或锅炉上水调门控制锅炉升压速率小于0.3MPa，防止系统应力过大	
27	1号炉开始升压（严格控制升压速率在0.3MPa/min），做好升压记录	
28	1号机分离器出口压力升至10.0MPa时，停止升压，检修人员进行全面检查无误	
29	当检修人员撤出后1号锅炉分离器出口压力升至20.0MPa时，停止升压，检修人员进行全面检查	
30	以0.15MPa/min的速度继续升压至26.8MPa，停止升压保持20min，由检修人员对1号炉受热面进行全面检查	
31	观察5min内压力下降情况，5min内压力下降速度小于0.5MPa/min，水压试验后受热面没有残余变形，受热面焊口、法兰没有渗水、漏水现象，水压试验为合格	
32	**风险提示**：锅炉放水时，加强监视机组排水槽液位，防止跑水	
	1号炉水压试验结束后，缓慢降低给水泵小机转速以0.3MPa/min的速率降低给水泵出口压力，当分离器压力降至0.8MPa时，开启一次系统各空气门，开启各疏放水门进行系统放水	

续表

顺序	操 作 项 目	确认划“√”
33	操作完毕，汇报值长	

操作人：＿＿＿＿＿＿　　监护人：＿＿＿＿＿＿　　值班负责人（值长）：＿＿＿＿＿＿

七、回检	确认划“√”
确认操作过程中无跳项、漏项	
核对阀门位置正确	
远传信号、指示正常，无报警	
向值班负责人（值长）回令，值班负责人（值长）确认操作完成	

操作结束时间：＿＿＿＿年＿＿月＿＿日＿＿时＿＿分

操作人：＿＿＿＿＿＿　　监护人：＿＿＿＿＿＿

管理人员鉴证：值班负责人＿＿＿＿＿＿　部门＿＿＿＿＿＿　厂级＿＿＿＿＿＿

八、备注

热力机械操作票

单位：________ 班组：________ 编号：________

操作任务：**1号炉冷态冲洗** 风险等级：________

一、发令、接令	确认划"√"
核实相关工作票已终结或押回，检查设备、系统运行方式、运行状态具备操作条件	
复诵操作指令确认无误	
根据操作任务风险等级通知相关人员到岗到位	

发令人：________ 接令人：________ 发令时间：______年___月___日___时___分

二、操作前作业环境风险评估		
危害因素	预 控 措 施	
肢体部位或饰品衣物、用具、工具接触转动部位	（1）正确佩戴防护用品，衣服和袖口应扣好，不得戴围巾领带，长发必须盘在安全帽内； （2）不准将用具、工器具接触设备的转动部位； （3）不准在靠背轮上、安全罩上或运行中设备的轴承上行走与坐立	
孔洞、沟道无盖板、防护栏缺失损坏	（1）行走及操作时注意周边工作环境是否安全，现场孔洞、沟道盖板、平台栏杆是否完好； （2）不准擅自进入现场隔离区域； （3）禁止无安全防护设施的情况下进行高空位置操作	
进入噪声区域未正确使用防护用品	（1）进入噪声区域时正确佩戴合格的耳塞； （2）避免长时间在高噪声区停留	
管道、阀门破裂，设备密封不严	（1）禁止在运行带压设备、管道长时间停留； （2）确定逃生路线	
三、操作人、监护人互查		确认划"√"
人员状态：工作人员健康状况良好，无酒后、疲劳作业等情况		
个人防护：安全帽、工作鞋、工作服以及与操作任务危害因素相符的耳塞、手套等劳动保护用品等		
四、检查确认工器具完好		
工器具	完 好 标 准	确认划"√"
阀门钩	阀门钩完好无损坏和变形	
测温仪	校验合格证在有效期内，测温仪计量显示准确	
测振仪	校验合格证在有效期内，测振仪计量显示准确	
五、安全技术交底		
值班负责人按照"操作前作业环境风险评估"以及操作中"风险提示"等内容向操作人、监护人进行安全技术交底。 操作人： 监护人：		

确认上述二～五项内容：

管理人员鉴证：值班负责人________ 部门________ 厂级________

六、操作		
操作开始时间：______年___月___日___时___分		
操作任务：1号炉冷态冲洗		
顺序	操 作 项 目	确认划"√"
1	检查确认1号炉储水罐压力低于686kPa	
2	检查确认1号炉BCP泵处于备用状态	
3	检查确认1号炉上水完毕，储水罐水位正常	
4	检查确认1号炉大气扩容器361阀处于自动状态	

续表

顺序	操作项目	确认划“√”
5	检查确认1号炉大气扩容器360阀处于关闭状态	
6	检查确认1号炉疏水泵处于自动状态	
7	检查确认1号炉疏水泵后去凝汽器一路的电动闸阀关闭，去循环水一路的电动闸阀开启	
8	检查确认1号机凝结水和给水的加药系统投运	
9	检查确认1号炉给水旁路调节门开度大于20%，已冲转汽动给水泵转速大于2850rpm，给水泵小机转速控制方式由MEH切至CCS控制。开启1A汽动给水泵出口门，关闭1B汽动给水泵的出口门，调整凝汽器和除氧器水位，对1号炉进行800～1200t/h变流量开式冲洗	
10	1号炉冷态冲洗时，全开各取样点就地取样一次门，投入取样装置，全开各取样排污门，对取样管进行冲洗	
11	投入1号机高压加热器水侧主路运行，就地检查高压加热器水位正常	
12	注意监视1号炉大气扩容器361阀开度，维持储水罐水位稳定	
13	**风险提示：**调节辅助蒸汽至除氧器进汽阀控制除氧器水温不低于80℃，清洗水回收至凝结器时注意机组真空变化	
	1号炉冷态清洗过程中应保证除氧器水温在80℃以上	
14	1号炉冷态开式清洗过程中，疏水泵出口至凝汽器管路电动门关闭，疏水泵出口至凝汽器循环水回水管电动门开启，361阀后清洗水流经疏水扩容器、启动疏水箱后由此管路排出，直至储水罐下部出口铁含量小于200μg/L、pH值为9.2～9.6、浊度不大于3NTU、二氧化硅含量不大于30μg/L、钠离子含量不大于20μg/L时，回收进凝汽器，冷态开式清洗结束	
15	确认1号机凝结水压力2.0～3.5MPa且稳定，水温小于50℃，凝结水精处理投运正常	
16	启动1号炉BCP泵正常后，缓慢调整1号炉循环水流量为20%BMCR、上水总流量不低于25%BMCR进行冷态循环清洗	
17	当1号炉储水罐下部出口水质铁含量不大于50μg/L、氢电导（25℃）含量不大于0.5μS/cm、pH值为9.2～9.6、二氧化硅含量不大于30μg/L、钠离子含量不大于20μg/L、溶解氧含量不大于30μg/L，冷态循环清洗结束	
18	将1号机汽动给水泵密封水回水回收至凝汽器	
19	操作完毕，汇报值长	

操作人：__________　　监护人：__________　　值班负责人（值长）：__________

七、回检	确认划“√”
确认操作过程中无跳项、漏项	
核对阀门位置正确	
远传信号、指示正常，无报警	
向值班负责人（值长）回令，值班负责人（值长）确认操作完成	

操作结束时间：________年____月____日____时____分

操作人：____________　　监护人：____________

管理人员鉴证：值班负责人________________　部门________________　厂级________________

八、备注

热力机械操作票

单位：________ 班组：________ 编号：________

操作任务：**1 号炉 1A 启动疏水泵启动** 风险等级：________

一、发令、接令	确认划“√”
核实相关工作票已终结或押回，检查设备、系统运行方式、运行状态具备操作条件	
复诵操作指令确认无误	
根据操作任务风险等级通知相关人员到岗到位	

发令人：________ 接令人：________ 发令时间：____年__月__日__时__分

二、操作前作业环境风险评估	
危害因素	预 控 措 施
肢体部位或饰品衣物、用具、工具接触转动部位	（1）正确佩戴防护用品，衣服和袖口应扣好，不得戴围巾领带，长发必须盘在安全帽内； （2）不准将用具、工器具接触设备的转动部位； （3）不准在靠背轮上、安全罩上或运行中设备的轴承上行走与坐立
孔洞、沟道无盖板、防护栏缺失损坏	（1）行走及操作时注意周边工作环境是否安全，现场孔洞、沟道盖板、平台栏杆是否完好； （2）不准擅自进入现场隔离区域； （3）禁止无安全防护设施的情况下进行高空位置操作
进入噪声区域未正确使用防护用品	（1）进入噪声区域时正确佩戴合格的耳塞； （2）避免长时间在高噪声区停留
管道、阀门破裂；设备密封不严	（1）禁止在运行带压设备、管道长时间停留； （2）确定逃生路线

三、操作人、监护人互查	确认划“√”
人员状态：工作人员健康状况良好，无酒后、疲劳作业等情况	
个人防护：安全帽、工作鞋、工作服以及与操作任务危害因素相符的耳塞、手套等劳动保护用品等	

四、检查确认工器具完好		
工器具	完 好 标 准	确认划“√”
阀门钩	阀门钩完好无损坏和变形	
测温仪	校验合格证在有效期内，测温仪计量显示准确	
测振仪	校验合格证在有效期内，测振仪计量显示准确	

五、安全技术交底
值班负责人按照“操作前作业环境风险评估”以及操作中“风险提示”等内容向操作人、监护人进行安全技术交底。 操作人： 监护人：

确认上述二～五项内容：

管理人员鉴证：值班负责人________ 部门________ 厂级________

六、操作		
操作开始时间：____年__月__日__时__分		
操作任务：1 号炉 1A 启动疏水泵启动		
顺序	操 作 项 目	确认划“√”
1	1 号炉 1A 启动疏水泵热工保护和联锁传动单正确，且传动正常	
2	1 号炉 1A 启动疏水泵经过大修或首次启动，应盘动靠背轮 2～3 转，确认转动灵活无卡涩	
3	检查确认启动疏水箱水位大于 1200mm 以上	
4	检查确认 1 号炉 1A 启动疏水泵注水排空完毕	

续表

顺序	操 作 项 目	确认划“√”
5	检查确认1号炉1A启动疏水泵进口手动门开启	
6	检查确认1号炉1A启动疏水泵再循环手动门开启	
7	检查确认1号炉疏水系统至循环水回水管电动门开启	
8	检查确认1号炉疏水系统至凝汽器疏水扩容器电动门关闭	
9	检查1号炉1A启动疏水泵电机电源接线和外壳接地线良好，电气设备测绝缘合格后送电	
10	检查1号炉1A启动疏水泵事故按钮处于复位状态，准备启动1A启动疏水泵，现场人员站在1A启动疏水泵事故按钮附近	
11	**风险提示：**设备启动时所有人员应保持安全距离，站在转动机械的轴向位置，并有一人站在事故按钮位置	
	检查DCS“1A启动疏水泵启动允许”画面启动条件满足，启动1A启动疏水泵，检查电流返回正常，电流值：____A，检查1A启动疏水泵出口电动门联开	
12	检查1号炉启动疏水泵电流、压力显示正常，系统管道无泄漏	
13	调节1号炉疏水系统至凝汽器循环水回水管气动调节门，当启动疏水箱水位稳定后，投入疏水系统至凝汽器循环水回水管气动调节门自动	
14	检查1号炉备用疏水泵1B备用良好，投入疏水泵备用联锁	
15	待疏水水质合格（含铁小于500μg/L）后，开启以下阀门：疏水系统至凝汽器疏扩电动门，疏水系统至A凝汽器疏扩电动门，疏水系统至B凝汽器疏扩电动门	
16	**风险提示：**打开疏水至凝汽器电动门时操作应缓慢，发现真空下降应立即恢复原状	
	调节开大疏水系统至凝汽器疏水扩容器气动调节门，并逐渐关小疏水系统至凝汽器循环水回水管气动调节门至全关，当启动疏水箱水位稳定后，投入疏水系统至凝汽器疏水扩容器气动调节门自动	
17	操作完毕，汇报值长	

操作人：__________ 监护人：__________ 值班负责人（值长）：__________

七、回检	确认划“√”
确认操作过程中无跳项、漏项	
核对阀门位置正确	
远传信号、指示正常，无报警	
向值班负责人（值长）回令，值班负责人（值长）确认操作完成	

操作结束时间：________年____月____日____时____分

操作人：____________ 监护人：____________

管理人员鉴证：值班负责人______________ 部门______________ 厂级______________

八、备注

热力机械操作票

单位：______________ 班组：______________ 编号：______________

操作任务：**1号炉启动疏水系统暖管投运** 风险等级：__________

一、发令、接令	确认划“√”
核实相关工作票已终结或押回，检查设备、系统运行方式、运行状态具备操作条件	
复诵操作指令确认无误	
根据操作任务风险等级通知相关人员到岗到位	

发令人：__________ 接令人：__________ 发令时间：________年____月____日____时____分

二、操作前作业环境风险评估	
危害因素	预 控 措 施
肢体部位或饰品衣物、用具、工具接触转动部位	（1）正确佩戴防护用品，衣服和袖口应扣好，不得戴围巾领带，长发必须盘在安全帽内； （2）不准将用具、工器具接触设备的转动部位； （3）不准在靠背轮上、安全罩上或运行中设备的轴承上行走与坐立
孔洞、沟道无盖板、防护栏缺失损坏	（1）行走及操作时注意周边工作环境是否安全，现场孔洞、沟道盖板、平台栏杆是否完好； （2）不准擅自进入现场隔离区域； （3）禁止无安全防护设施的情况下进行高空位置操作
进入噪声区域未正确使用防护用品	（1）进入噪声区域时正确佩戴合格的耳塞； （2）避免长时间在高噪声区停留
管道、阀门破裂，设备密封不严	（1）禁止在运行带压设备、管道长时间停留； （2）确定逃生路线

三、操作人、监护人互查	确认划“√”
人员状态：工作人员健康状况良好，无酒后、疲劳作业等情况	
个人防护：安全帽、工作鞋、工作服以及与操作任务危害因素相符的耳塞、手套等劳动保护用品等	

四、检查确认工器具完好		
工器具	完 好 标 准	确认划“√”
阀门钩	阀门钩完好无损坏和变形	

五、安全技术交底
值班负责人按照“操作前作业环境风险评估”以及操作中“风险提示”等内容向操作人、监护人进行安全技术交底。 操作人： 监护人：

确认上述二～五项内容：

管理人员鉴证：值班负责人______________ 部门______________ 厂级______________

六、操作		
操作开始时间：________年____月____日____时____分		
操作任务：1号炉启动疏水系统暖管投运		
顺序	操 作 项 目	确认划“√”
1	检查1号炉启动疏水系统及暖管系统管路连接和保温完好	
2	确认1号机组负荷大于300MW，锅炉已转干态运行稳定	
3	检查确认1号炉BCP泵已停运	
4	确认1号机组以下阀门关闭：BCP泵进口电动门，BCP泵出口电动门，BCP泵进口门后排空手动门，BCP泵进口门后排空电动门，BCP泵泵体放水一、二次门，过冷水一、二次电动门，361调节阀前电动门，361调节阀A，361调节阀B，361调节阀C	

续表

顺序	操 作 项 目	确认划“√”
5	确认开启1号机以下手动门：361A调节阀暖管阀进水手动门，361B调节阀暖管阀进水手动门，361C调节阀暖管阀进水手动门，361A调节阀暖管阀出水手动门，361B调节阀暖管阀出水手动门，361C调节阀暖管阀出水手动门，BCP泵暖管止回门后手动门，储水罐至过热器二级减温水手动总门	
6	**风险提示：**暖管总管电动门不允许停到中间状态，必须全开到位，防止阀门受到冲刷后无法关严	
	微开1号炉省煤器出口至BCP泵和361阀暖管总管电动门进行暖管，检查管道无振动，逐渐开大直至全开省煤器出口至BCP泵和361阀暖管总管电动门	
7	微开1号炉361阀暖管手动总门进行暖管，检查管道无振动，逐渐开大361阀暖管手动总门至全开	
8	微开1号炉储水罐至过热器二级减温水电动总门，检查管道无振动，逐渐开大储水罐至过热器二级减温水电动总门至全开	
9	操作完毕，汇报值长	

操作人：__________　　监护人：__________　　值班负责人（值长）：__________

七、回检	确认划“√”
确认操作过程中无跳项、漏项	
核对阀门位置正确	
远传信号、指示正常，无报警	
向值班负责人（值长）回令，值班负责人（值长）确认操作完成	

操作结束时间：______年____月____日____时____分

操作人：__________　　监护人：__________

管理人员鉴证：值班负责人__________　部门__________　厂级__________

八、备注

热力机械操作票

单位：________ 班组：________ 编号：________

操作任务：**1 号炉 BCP 泵冷态启动** 风险等级：________

一、发令、接令	确认划“√”
核实相关工作票已终结或押回，检查设备、系统运行方式、运行状态具备操作条件	
复诵操作指令确认无误	
根据操作任务风险等级通知相关人员到岗到位	

发令人：________ 接令人：________ 发令时间：____年___月___日___时___分

二、操作前作业环境风险评估	
危害因素	预　控　措　施
肢体部位或饰品衣物、用具、工具接触转动部位	（1）正确佩戴防护用品，衣服和袖口应扣好，不得戴围巾领带，长发必须盘在安全帽内； （2）不准将用具、工器具接触设备的转动部位； （3）不准在靠背轮上、安全罩上或运行中设备的轴承上行走与坐立
孔洞、沟道无盖板、防护栏缺失损坏	（1）行走及操作时注意周边工作环境是否安全，现场孔洞、沟道盖板、平台栏杆是否完好； （2）不准擅自进入现场隔离区域； （3）禁止无安全防护设施的情况下进行高空位置操作
进入噪声区域未正确使用防护用品	（1）进入噪声区域时正确佩戴合格的耳塞； （2）避免长时间在高噪声区停留
管道、阀门破裂；设备密封不严	（1）禁止在运行带压设备、管道长时间停留； （2）确定逃生路线

三、操作人、监护人互查	确认划“√”
人员状态：工作人员健康状况良好，无酒后、疲劳作业等情况	
个人防护：安全帽、工作鞋、工作服以及与操作任务危害因素相符的耳塞、手套等劳动保护用品等	

四、检查确认工器具完好		
工器具	完　好　标　准	确认划“√”
阀门钩	阀门钩完好无损坏和变形	
测温仪	校验合格证在有效期内，计量显示准确	
测振仪	校验合格证在有效期内，计量显示准确	

五、安全技术交底
值班负责人按照“操作前作业环境风险评估”以及操作中“风险提示”等内容向操作人、监护人进行安全技术交底。 操作人：　　　　　　　　监护人：

确认上述二～五项内容：

管理人员鉴证：值班负责人________ 部门________ 厂级________

六、操作		
操作开始时间：____年___月___日___时___分		
操作任务：1 号炉 BCP 泵冷态启动		
顺序	操　作　项　目	确认划“√”
1	确认 1 号炉 BCP 泵热工保护和联锁传动单传动正常	

续表

顺序	操 作 项 目	确认划“√”
2	确认《1号炉BCP泵注水操作票》执行完毕	
3	检查1号炉BCP泵疏水一、二次门关闭	
4	确认1号炉BCP泵冷却水系统已投入运行	
5	检查1号炉BCP泵电机注水一次门关闭	
6	检查1号炉BCP泵电机注水二次门关闭	
7	确认1号炉冷态开式冲洗已结束，储水罐下部出口铁含量小于500μg/L、二氧化硅含量小于200μg/L	
8	确认1号炉分离器水位大于11.5m，开启1号炉BCP泵再循环电动门对管路注水	
9	开启1号炉BCP泵入口排气电动门，见连续水流后关闭	
10	开启1号炉BCP泵入口电动门	
11	依次开启1号炉BCP泵过冷管疏水一、二次电动门，冲洗5min后，依次关闭BCP泵过冷管疏水二、一次电动门	
12	依次开启1号炉BCP泵过冷管一、二次电动门	
13	依次开启1号炉BCP泵进口电动门前疏水一、二次电动门，冲洗5min后，依次关闭BCP泵进口电动门前疏水二、一次电动门	
14	依次开启1号炉BCP泵出口电动门前疏水一、二次电动门，冲洗5min后，依次关闭BCP泵出口电动门前疏水二、一次电动门	
15	依次开启1号炉BCP泵出口电动门后疏水一、二次电动门和360阀至3%，冲洗5min后依次关闭360阀和BCP泵出口电动门后疏水二、一次电动门	
16	关闭1号炉BCP泵暖管暖阀电动总门	
17	对1号炉BCP泵电机测绝缘合格后送电；1000V绝缘电阻表测电机对地电阻大于200MΩ	
18	点击1号炉BCP泵启动允许，确认条件满足	
19	**风险提示：**启动前注意充分暖泵（给水温度大于泵体壁温时，投入过冷水也能进行暖泵）。机组停运过程中及早投入暖泵回路，需启动前4～5h。防止温差过大损坏设备	
	检查1号炉BCP泵入口水温与泵壳金属温度差值小于56℃	
20	**风险提示：**BCP泵启动后监视BCP泵电机腔室温度正常，差压正常，防止电机绝缘损坏	
	对1号炉BCP泵点动排气，第一次启动BCP泵运行5s后停运，通过BCP泵出口压力表和入口压力表判断转向	
21	25min后第二次启动1号炉BCP泵运行5s后停运	
22	25min后第三次启动1号炉BCP泵运行5s后停运	
23	25min后，再次启动1号炉BCP泵，1s后电流返回且小于66.7A	
24	检查1号炉BCP泵出口电动门联锁开启正常	
25	开启360阀，依据分离器水位和给水要求调整360阀开度	
26	操作完毕，汇报值长	

操作人：__________ 监护人：__________ 值班负责人（值长）：__________

七、回检	确认划“√”
确认操作过程中无跳项、漏项	
核对阀门位置正确	
远传信号、指示正常，无报警	
向值班负责人（值长）回令，值班负责人（值长）确认操作完成	

操作结束时间：________年____月____日____时____分

操作人：_____________ 监护人：_____________

管理人员鉴证：值班负责人________________ 部门________________ 厂级________________

八、备注

热力机械操作票

单位：________________ 班组：________________ 编号：____________

操作任务：**1 号炉 BCP 泵停运** 风险等级：________

一、发令、接令	确认划“√”
核实相关工作票已终结或押回，检查设备、系统运行方式、运行状态具备操作条件	
复诵操作指令确认无误	
根据操作任务风险等级通知相关人员到岗到位	

发令人：__________ 接令人：__________ 发令时间：_______年___月___日___时___分

二、操作前作业环境风险评估		
危害因素	预 控 措 施	
肢体部位或饰品衣物、用具、工具接触转动部位	（1）正确佩戴防护用品，衣服和袖口应扣好，不得戴围巾领带，长发必须盘在安全帽内； （2）不准将用具、工器具接触设备的转动部位； （3）不准在靠背轮上、安全罩上或运行中设备的轴承上行走与坐立	
孔洞、沟道无盖板、防护栏缺失损坏	（1）行走及操作时注意周边工作环境是否安全，现场孔洞、沟道盖板、平台栏杆是否完好； （2）不准擅自进入现场隔离区域； （3）禁止无安全防护设施的情况下进行高空位置操作	
进入噪声区域未正确使用防护用品	（1）进入噪声区域时正确佩戴合格的耳塞； （2）避免长时间在高噪声区停留	
三、操作人、监护人互查		确认划“√”
人员状态：工作人员健康状况良好，无酒后、疲劳作业等情况		
个人防护：安全帽、工作鞋、工作服以及与操作任务危害因素相符的耳塞、手套等劳动保护用品等		
四、检查确认工器具完好		
工器具	完 好 标 准	确认划“√”
阀门钩	阀门钩完好无损坏和变形	
五、安全技术交底		
值班负责人按照“操作前作业环境风险评估”以及操作中“风险提示”等内容向操作人、监护人进行安全技术交底。 操作人： 监护人：		

确认上述二～五项内容：

管理人员鉴证：值班负责人______________ 部门______________ 厂级______________

六、操作		
操作开始时间：_______年___月___日___时___分		
操作任务：1 号炉 BCP 泵停运		
顺序	操 作 项 目	确认划“√”
1	检查 1 号机组负荷在 260～289MW 之间，锅炉燃烧稳定，给水流量 800t/h 左右，361 阀投自动，储水罐水位平稳缓慢下降	
2	逐渐关小 1 号炉 BCP 泵出口调节阀直至全关	
3	1 号炉 BCP 泵出口流量小于 285t/h 时，检查 BCP 泵再循环阀自动开启，否则手动开启	
4	检查 1 号炉 361 阀自动关闭，储水罐水位小于 5m 且缓慢下降	
5	在 DCS 画面停止 1 号炉 BCP 泵，出口电动门自动关闭	
6	检查 1 号炉给水流量 800t/h 左右无明显波动，储水罐水位无大幅波动；	
7	检查 1 号炉 BCP 泵过冷水电动一、二次门联锁关闭	

续表

顺序	操　作　项　目	确认划“√”
8	检查1号炉BCP泵电机腔室温度正常，冷却水正常	
9	操作完毕，汇报值长	

操作人：__________　　监护人：__________　　值班负责人（值长）：__________

七、回检	确认划“√”
确认操作过程中无跳项、漏项	
核对阀门位置正确	
远传信号、指示正常，无报警	
向值班负责人（值长）回令，值班负责人（值长）确认操作完成	

操作结束时间：________年____月____日____时____分

操作人：____________　　监护人：____________

管理人员鉴证：值班负责人______________　部门______________　厂级______________

八、备注

热力机械操作票

单位：________________ 班组：________________ 编号：____________

操作任务：**1号炉BCP泵电机注水** 风险等级：________

一、发令、接令	确认划“√”
核实相关工作票已终结或押回，检查设备、系统运行方式、运行状态具备操作条件	
复诵操作指令确认无误	
根据操作任务风险等级通知相关人员到岗到位	

发令人：__________ 接令人：__________ 发令时间：_______年___月___日___时___分

二、操作前作业环境风险评估	
危害因素	预 控 措 施
肢体部位或饰品衣物、用具、工具接触转动部位	（1）正确佩戴防护用品，衣服和袖口应扣好，不得戴围巾领带，长发必须盘在安全帽内； （2）不准将用具、工器具接触设备的转动部位； （3）不准在靠背轮上、安全罩上或运行中设备的轴承上行走与坐立
孔洞、沟道无盖板、防护栏缺失损坏	（1）行走及操作时注意周边工作环境是否安全，现场孔洞、沟道盖板、平台栏杆是否完好； （2）不准擅自进入现场隔离区域； （3）禁止无安全防护设施的情况下进行高空位置操作
进入噪声区域未正确使用防护用品	（1）进入噪声区域时正确佩戴合格的耳塞； （2）避免长时间在高噪声区停留

三、操作人、监护人互查		确认划“√”
人员状态：工作人员健康状况良好，无酒后、疲劳作业等情况		
个人防护：安全帽、工作鞋、工作服以及与操作任务危害因素相符的耳塞、手套等劳动保护用品等		
四、检查确认工器具完好		
工器具	完 好 标 准	确认划“√”
阀门钩	阀门钩完好无损坏和变形	
五、安全技术交底		
值班负责人按照“操作前作业环境风险评估”以及操作中“风险提示”等内容向操作人、监护人进行安全技术交底。 操作人： 监护人：		

确认上述二～五项内容：

管理人员鉴证：值班负责人________________ 部门________________ 厂级________________

六、操作		
操作开始时间：_______年___月___日___时___分		
操作任务：1号炉BCP泵电机注水		
顺序	操 作 项 目	确认划“√”
1	确认1号炉未上水	
2	检查1号炉BCP泵进口电动门已关闭	
3	检查1号炉BCP泵出口电动门已关闭	
4	检查1号炉BCP泵再循环电动门已关闭	
5	检查1号炉BCP泵过冷电动一次门、过冷电动二次门关闭	
6	检查1号炉省煤器出口至1号炉BCP泵和1号炉361阀暖管总管电动门已关闭	
7	检查1号炉BCP泵注水冷却器闭式水阀门开启，注水冷却器可靠投入	

续表

顺序	操作项目	确认划“√”
8	检查关闭 1 号炉 BCP 泵电机注水双联阀 1、双联阀 2 后，开启 1 号炉 BCP 泵注水总管排污手动一次门、二次门	
9	检查 1 号炉 BCP 泵注水过滤器出、入口手动门和旁路手动门关闭	
10	确认除盐水水质合格	
11	检查关闭 1 号炉 BCP 泵高压给水注水手动门后，开启 1 号炉 BCP 泵低压除盐水注水手动门	
12	开启 1 号炉 BCP 泵注水过滤器入口手动门	
13	开启 1 号炉 BCP 泵注水过滤器排污手动一、二次门	
14	检查 1 号炉 BCP 泵注水过滤器疏水无气泡、目测无杂质后，关闭过滤器排污手动一、二次门	
15	开启 1 号炉 BCP 泵注水过滤器出口手动门	
16	检查开启 1 号炉 BCP 泵注水压力表一次门	
17	开启 1 号炉 BCP 泵注水冷却器出口手动门	
18	全开 1 号炉 BCP 泵注水冷却器出口手动调节门，开启注水滤网旁路门冲洗，对管路进行大流量冲洗。待冲洗放水目视清澈后，联系化学化验水质，直至合格（合格标准：颗粒度不大于 50μm，pH 在 8～9，电导率 10μS/cm）	
19	关闭 1 号炉 BCP 泵注水过滤器旁路手动门	
20	**风险提示：**严格控制注水流量不大于 2L/min，防止流量过大水中携带气泡，无法正常冷却 BCP 泵电机	
	调整 1 号炉 BCP 泵注水冷却器出口手动调节门开度，用计量杯计量 1min 内水的流量不大于 2L	
21	确认注水压力大于 0.5MPa、温度小于 49℃	
22	检查关闭 1 号炉 BCP 泵注水总管排污一、二次手动门后，开启 1 号炉 BCP 泵注水双联阀一、双联阀二	
23	**风险提示：**开启 BCP 泵注水双联阀前，确认关闭 BCP 泵注水总管排污一、二次手动门，防止不合格的炉水进入 BCP 泵损坏电机	
	当 1 号炉 BCP 泵泵壳放水管路疏水无气泡、目测率小于无杂质后，联系化学化验水质；合格标准：颗粒度不大于 50μm，pH 在 8～9，电导率小于 10μS/cm	
24	联系检修拧开 1 号炉 BCP 泵上端引出水管路堵丝，待空气放尽后拧上	
25	水质合格后，关闭 1 号炉 BCP 泵体放水一、二次手动门	
26	继续注水直至 1 号炉 BCP 泵入口排气电动门见连续水流	
27	关闭 1 号炉 BCP 泵注水双联阀一、双联阀二	
28	关闭 1 号炉 BCP 泵低压除盐水注水手动门	
29	检查关闭 1 号炉 BCP 泵注水双联阀一、双联阀二后，开启 BCP 泵注水总管排污一、二次手动门	
30	**风险提示：**冲洗高压水管道前确认 1 号炉 BCP 泵注水双联阀关闭，防止不合格的水进入电机，导致电机损坏	
	开启 1 号炉 BCP 泵高压给水注水手动门，注意调节水量，控制冷却器出口温度小于 49℃	
31	对高压注水水源管道进行冲洗，待注水管道放水门排出的水质合格后，关闭注水管道放水门	
32	关闭 1 号炉 BCP 泵高压注水手动门，将高压紧急注水管道保持备用（当 BCP 泵运行中电机冷却水系统泄漏或密封损坏时，投入高压注水，防止热炉水进入电机腔室。但此时也应注意调节好高压注水流量，防止注水温度过高，控制注水温度在 49℃以下）	
33	操作完毕，汇报值长	

操作人：__________　　监护人：__________　　值班负责人（值长）：__________

七、回检	确认划“√”
确认操作过程中无跳项、漏项	
核对阀门位置正确	
远传信号、指示正常，无报警	
向值班负责人（值长）回令，值班负责人（值长）确认操作完成	

操作结束时间：________年____月____日____时____分

操作人：_____________　　　　　　　　　　监护人：_____________

管理人员鉴证：值班负责人_________________ 部门_________________ 厂级________________

八、备注

热力机械操作票

单位：________________ 班组：________________ 编号：____________

操作任务：**1号炉带压放水** 风险等级：________

一、发令、接令	确认划“√”
核实相关工作票已终结或押回，检查设备、系统运行方式、运行状态具备操作条件	
复诵操作指令确认无误	
根据操作任务风险等级通知相关人员到岗到位	

发令人：__________ 接令人：__________ 发令时间：________年____月____日____时____分

二、操作前作业环境风险评估	
危害因素	预 控 措 施
肢体部位或饰品衣物、用具、工具接触转动部位	（1）正确佩戴防护用品，衣服和袖口应扣好，不得戴围巾领带，长发必须盘在安全帽内； （2）不准将用具、工器具接触设备的转动部位； （3）不准在靠背轮上、安全罩上或运行中设备的轴承上行走与坐立
孔洞、沟道无盖板、防护栏缺失损坏	（1）行走及操作时注意周边工作环境是否安全，现场孔洞、沟道盖板、平台栏杆是否完好； （2）不准擅自进入现场隔离区域； （3）禁止无安全防护设施的情况下进行高空位置操作
进入噪声区域未正确使用防护用品	（1）进入噪声区域时正确佩戴合格的耳塞； （2）避免长时间在高噪声区停留
管道、阀门破裂；设备密封不严	（1）不要靠近带压放水设备、管道； （2）确定逃生路线

三、操作人、监护人互查	确认划“√”
人员状态：工作人员健康状况良好，无酒后、疲劳作业等情况	
个人防护：安全帽、工作鞋、工作服以及与操作任务危害因素相符的耳塞、手套等劳动保护用品等	

四、检查确认工器具完好		
工器具	完 好 标 准	确认划“√”
阀门钩	阀门钩完好无损坏和变形	

五、安全技术交底
值班负责人按照“操作前作业环境风险评估”以及操作中“风险提示”等内容向操作人、监护人进行安全技术交底。 操作人： 监护人：

确认上述二～五项内容：

管理人员鉴证：值班负责人________________ 部门________________ 厂级________________

六、操作		
操作开始时间：________年____月____日____时____分		
操作任务：1号炉带压放水		
顺序	操 作 项 目	确认划“√”
1	**风险提示：**汽水分离器压力不得低于1.6MPa，防止锅炉带压放水不彻底	
	确认1号炉已停运，汽水分离器压力已下降至1.6MPa	
2	通知设备维护部锅炉专业打开1号炉17m检修孔，共同确认水冷壁是否有泄漏情况	
3	确认1号炉全部送、引风机已停运，所有送、引风机挡板已关闭，封闭炉膛	
4	确认1号炉所有给水泵已停运	
5	检查确认1号炉主给水电动门关闭	

续表

顺序	操 作 项 目	确认划“√”
6	检查确认 1 号炉给水旁路调节门及调节门前后电动门关闭	
7	检查确认 1 号炉汽轮机旁路减压阀及减压阀前电动门关闭	
8	检查确认 1 号炉过热器减温水电动总门关闭	
9	检查确认 1 号炉过热器一级减温水 A、B 侧电动截止阀关闭	
10	检查确认 1 号炉过热器二级减温水 A、B 侧电动截止阀关闭	
11	检查确认 1 号炉再热器减温水电动总门关闭	
12	检查确认 1 号炉再热器减温水 A、B 侧电动截止阀关闭	
13	关闭 1 号炉各取样门	
14	开启 1 号炉主给水电动门前疏水电动一、二次门	
15	开启 1 号炉下降管分配集箱疏水电动一、二次门	
16	开启 1 号炉螺旋水冷壁出口混合集箱疏水电动一、二次门	
17	开启 1 号炉水平烟道底部水冷壁出口混合集箱疏水电动一、二次门	
18	开启 1 号炉 361 调节阀入口疏水电动一、二次门	
19	开启 1 号炉 BCP 泵入口疏水电动一、二次门	
20	开启 1 号炉 BCP 泵出口电动门前疏水电动一、二次门	
21	开启 1 号炉 BCP 泵出口电动门后疏水电动一、二次门	
22	开启 1 号炉顶棚过热器出口集箱疏水电动一、二次门	
23	开启 1 号炉 A 侧包墙出口混合集箱疏水电动一、二次门	
24	开启 1 号炉 B 侧包墙出口混合集箱疏水电动一、二次门	
25	开启 1 号炉屏式过热器入口集箱疏水电动一、二次门	
26	开启 1 号炉屏式过热器出口集箱疏水电动一、二次门	
27	开启 1 号炉高温过热器入口集箱疏水电动一、二次门	
28	开启 1 号炉高温过热器出口集箱疏水电动一、二次门	
29	开启 1 号炉 A 侧一级减温水疏水电动一、二次门	
30	开启 1 号炉 B 侧一级减温水疏水电动一、二次门	
31	开启 1 号炉 A 侧二级减温水疏水电动一、二次门	
32	开启 1 号炉 B 侧二级减温水疏水电动一、二次门	
33	开启 1 号炉低温再热器出口集箱疏水电动一、二次门	
34	开启 1 号炉高温再热器入口集箱疏水电动一、二次门	
35	开启 1 号炉高温再热器出口集箱疏水电动一、二次门	
36	开启 1 号炉再热器减温水母管疏水电动一、二次门	
37	4h（分离器出口压力降至 0.4MPa）后，将以下阀门开启	
38	开启 1 号炉水冷壁下降管分配集箱至无压放水管路疏水手动门	
39	开启 1 号炉省煤器出口集箱排气手动门	
40	开启 1 号炉省煤器出口集箱排气电动门	
41	开启 1 号炉螺旋水冷壁 A 侧出口混合集箱排气手动门	
42	开启 1 号炉螺旋水冷壁 A 侧出口混合集箱排气电动门	
43	开启 1 号炉螺旋水冷壁 B 侧出口混合集箱排气手动门	
44	开启 1 号炉螺旋水冷壁 B 侧出口混合集箱排气电动门	

续表

顺序	操 作 项 目	确认划“√”
45	开启1号炉水冷壁出口混合集箱排气手动门	
46	开启1号炉水冷壁出口混合集箱排气电动门	
47	开启1号炉汽水分离器出口排气手动门	
48	开启1号炉汽水分离器出口排气电动门	
49	开启1号炉低温过热器出口集箱排气手动门	
50	开启1号炉低温过热器出口集箱排气电动门	
51	开启1号炉屏式过热器出口连接管排气手动门	
52	开启1号炉屏式过热器出口连接管排气电动门	
53	开启1号炉高温过热器出口集箱排气手动门	
54	开启1号炉高温过热器出口集箱排气电动门	
55	开启1号炉A侧一级减温水排气手动门	
56	开启1号炉A侧一级减温水排气电动门	
57	开启1号炉B侧一级减温水排气手动门	
58	开启1号炉B侧一级减温水排气电动门	
59	开启1号炉A侧二级减温水排气手动门	
60	开启1号炉A侧二级减温水排气电动门	
61	开启1号炉B侧二级减温水排气手动门	
62	开启1号炉B侧二级减温水排气电动门	
63	开启1号炉低温再热器出口集箱排气手动门	
64	开启1号炉低温再热器出口集箱排气电动门	
65	开启1号炉高温再热器出口集箱排空手动门	
66	开启1号炉高温再热器出口集箱排空电动门	
67	1号炉内存水放尽6h（系统压力至0）后、水冷壁下降管分配集箱至无压放水管路疏水无水，锅炉内空气相对湿度小于70%或等于环境相对湿度，关闭所有排气、疏水、放水门	
68	操作完毕，汇报值长	

操作人：__________　　监护人：__________　　值班负责人（值长）：__________

七、回检	确认划“√”
确认操作过程中无跳项、漏项	
核对阀门位置正确	
远传信号、指示正常，无报警	
向值班负责人（值长）回令，值班负责人（值长）确认操作完成	

操作结束时间：______年___月___日___时___分

操作人：__________　　监护人：__________

管理人员鉴证：值班负责人__________　部门__________　厂级__________

八、备注

热力机械操作票

单位：＿＿＿＿＿＿＿＿ 班组：＿＿＿＿＿＿＿＿ 编号：＿＿＿＿＿＿

操作任务：**1号炉上水** 风险等级：＿＿＿＿＿

一、发令、接令	确认划“√”
核实相关工作票已终结或押回，检查设备、系统运行方式、运行状态具备操作条件	
复诵操作指令确认无误	
根据操作任务风险等级通知相关人员到岗到位	

发令人：＿＿＿＿＿ 接令人：＿＿＿＿＿ 发令时间：＿＿＿＿年＿＿月＿＿日＿＿时＿＿分

二、操作前作业环境风险评估	
危害因素	预 控 措 施
肢体部位或饰品衣物、用具、工具接触转动部位	（1）正确佩戴防护用品，衣服和袖口应扣好，不得戴围巾领带，长发必须盘在安全帽内； （2）不准将用具、工器具接触设备的转动部位； （3）不准在靠背轮上、安全罩上或运行中设备的轴承上行走与坐立
孔洞、沟道无盖板、防护栏缺失损坏	（1）行走及操作时注意周边工作环境是否安全，现场孔洞、沟道盖板、平台栏杆是否完好； （2）不准擅自进入现场隔离区域； （3）禁止无安全防护设施的情况下进行高空位置操作
进入噪声区域未正确使用防护用品	（1）进入噪声区域时正确佩戴合格的耳塞； （2）避免长时间在高噪声区停留
管道、阀门破裂；设备密封不严	（1）禁止在运行带压设备、管道长时间停留； （2）确定逃生路线

三、操作人、监护人互查	确认划“√”
人员状态：工作人员健康状况良好，无酒后、疲劳作业等情况	
个人防护：安全帽、工作鞋、工作服以及与操作任务危害因素相符的耳塞、手套等劳动保护用品等	

四、检查确认工器具完好		
工器具	完 好 标 准	确认划“√”
阀门钩	阀门钩完好无损坏和变形	

五、安全技术交底
值班负责人按照“操作前作业环境风险评估”以及操作中“风险提示”等内容向操作人、监护人进行安全技术交底。 操作人： 监护人：

确认上述二～五项内容：

管理人员鉴证：值班负责人＿＿＿＿＿＿＿＿ 部门＿＿＿＿＿＿＿＿ 厂级＿＿＿＿＿＿＿＿

六、操作		
操作开始时间：＿＿＿＿年＿＿月＿＿日＿＿时＿＿分		
操作任务：1号炉上水		
顺序	操 作 项 目	确认划“√”
1	1号炉上水方式为用前置泵通过给水旁路上水	
2	检查1号机汽水系统各人孔门关闭严密，管道保温、支吊架完整，压力和温度表计等测点齐全完好	
3	1号炉上水前抄录锅炉本体各部位膨胀指示值	

续表

顺序	操　作　项　目	确认划"√"
4	检查《1号炉BCP泵注水操作票》执行完毕，确认BCP泵注水冲洗合格，双联阀关闭严密	
5	检查1号炉启动疏水扩容器、启动疏水箱、启动疏水泵均在备用状态，开启361调节阀入口电动门，检查361A、361B、361C阀在备用状态良好，投入361阀自动	
6	检查确认1号机以下阀门状态： （1）主给水电动门关闭； （2）主给水旁路电动调节门及前、后电动门关闭； （3）过热器A、B侧一级减温水调节阀及前、后电动门关闭； （4）过热器A、B侧二级减温水调节阀及前、后电动门关闭； （5）再热器减温水电动总门、再热器A、B侧减温水调节阀及后电动门关闭； （6）过热器减温水电动总门，再热器减温水电动总门，1A、1B汽动给水泵中间抽头电动门关闭； （7）BCP泵入口电动门关闭； （8）BCP泵再循环电动门关闭； （9）BCP泵过冷水管路一、二次门关闭； （10）BCP泵出口电动门及360阀关闭； （11）确认锅炉所有疏水门均处于开启状态，排气门开启	
7	检查1号机前置泵运行正常，开启已运行前置泵的给水泵出口电动门，给水泵入口加药门开启，化学连续加药	
8	确认1号机高压加热器主路关闭，高压加热器走旁路	
9	**风险提示**：上水前确保除氧器水质合格，上水温度与储水罐和汽水分离器壁温差不大于28℃。防止温差过大损坏设备	
	联系化学化验1号机给水水质，确认前置泵入口给水水质合格，上水要求：硬度约为0μmol/L、铁含量不大于50μg/L、氢电导率不大于0.5μS/cm、溶解氧不大于30μg/L、二氧化硅含量不大于20μg/L、pH为9.2～9.6，除氧器水温为20～70℃	
10	开启1号机高压加热量水口给水管道放水一、二次门排水30min后关闭	
11	开启1号机高压加热量旁路管道放水一、二次门排水30min后关闭	
12	开启1号炉省煤器入口疏水一、二次门排水30min后关闭	
13	**风险提示**：严格控制上水流量200 t/h（夏季）、 100t/h（冬季），防止上水流量过大造成热偏差导致锅炉设备膨胀不均匀损坏	
	开启1号机给水管道旁路调整门前、后电动门，确认给水流量、分离器水位显示正常后，调整旁路调整门控制上水流量200 t/h（夏季）/ 100t/h（冬季）	
14	下列排空门见连续水流后关闭： （1）省煤器出口集箱排气一、二次门； （2）螺旋水冷壁A侧出口混合集箱排气一、二次门； （3）螺旋水冷壁B侧出口混合集箱排气一、二次门； （4）水冷壁出口混合集箱排气一、二次门	
15	1号炉储水罐见水冲洗10min后，依次关闭以下阀门： （1）水冷壁下降管分配集箱疏水一、二次门； （2）螺旋水冷壁出口混合集箱疏水一、二次门； （3）水平烟道底部水冷壁出口混合集箱疏水一、二次门； （4）BCP泵入口疏水一、二次门	
16	1号炉储水罐见水时，锅炉上水完成	
17	全面检查系统无泄漏	
18	操作完毕，汇报值长	

操作人：__________　　监护人：__________　　值班负责人（值长）：__________

七、回检	确认划“√”
确认操作过程中无跳项、漏项	
核对阀门位置正确	
远传信号、指示正常，无报警	
向值班负责人（值长）回令，值班负责人（值长）确认操作完成	

操作结束时间：________年____月____日____时____分

操作人：____________　　　　监护人：____________

管理人员鉴证：值班负责人________________ 部门________________ 厂级_______________

八、备注

热力机械操作票

单位：________________ 班组：________________ 编号：____________

操作任务：**1号炉干除渣系统启动** 风险等级：__________

一、发令、接令	确认划“√”
核实相关工作票已终结或押回，检查设备、系统运行方式、运行状态具备操作条件	
复诵操作指令确认无误	
根据操作任务风险等级通知相关人员到岗到位	

发令人：__________ 接令人：__________ 发令时间：________年____月____日____时____分

二、操作前作业环境风险评估	
危害因素	预　控　措　施
肢体部位或饰品衣物、用具、工具接触转动部位	（1）正确佩戴防护用品，衣服和袖口应扣好，不得戴围巾领带，长发必须盘在安全帽内； （2）不准将用具、工器具接触设备的转动部位； （3）不准在靠背轮上、安全罩上或运行中设备的轴承上行走与坐立
孔洞、沟道无盖板、防护栏缺失损坏	（1）行走及操作时注意周边工作环境是否安全，现场孔洞、沟道盖板、平台栏杆是否完好； （2）不准擅自进入现场隔离区域； （3）禁止无安全防护设施的情况下进行高空位置操作
进入噪声区域未正确使用防护用品	（1）进入噪声区域时正确佩戴合格的耳塞； （2）避免长时间在高噪声区停留

三、操作人、监护人互查	确认划“√”
人员状态：工作人员健康状况良好，无酒后、疲劳作业等情况	
个人防护：安全帽、工作鞋、工作服以及与操作任务危害因素相符的耳塞、手套等劳动保护用品等	

四、检查确认工器具完好		
工器具	完　好　标　准	确认划“√”
阀门钩	阀门钩完好无损坏和变形	
测温仪	校验合格证在有效期内，计量显示准确	
测振仪	校验合格证在有效期内，计量显示准确	

五、安全技术交底
值班负责人按照“操作前作业环境风险评估”以及操作中“风险提示”等内容向操作人、监护人进行安全技术交底。 操作人：　　　　　　　　监护人：

确认上述二～五项内容：

管理人员鉴证：值班负责人________________ 部门________________ 厂级________________

六、操作		
操作开始时间：________年____月____日____时____分		
操作任务：1号炉干除渣系统启动		
顺序	操　作　项　目	确认划“√”
1	确认设备连接完整，所有配套的热工仪表、开关、控制线路完好	
2	确认工业水系统运行正常	

续表

顺序	操 作 项 目	确认划“√”
3	确认压缩空气系统正常，仪用压缩空气压力为 0.6～0.7MPa	
4	检查 1 号炉渣仓料位小于 10m	
5	确认 1 号炉除渣系统一二级输送链电动机、一二级清扫链电动机、碎渣机电动机、斗提机电动机、各减速箱、液压关断门、液压泵站连接螺栓完好	
6	确认各转动部件转向正确，转动灵活、无卡涩，电动机轴承油位在 1/2～2/3，减速箱油位在 1/2～2/3，防护罩牢固	
7	确认一二级输渣机张紧装置油箱、液压油箱油位在 2/3 以上，各液压缸密封处、管道及各控制阀无漏油	
8	确认 1 号炉除渣系统液压关断门处于关闭状态	
9	确认一二级输送链无脱辊现象，一二级清扫链的链条放在托轮槽内，无跑偏	
10	检查 1 号炉除渣系统液压油泵电机、一级输渣机电机、一级清扫链电机、二级输渣机电机、二级清扫链电机、碎渣机、斗式提升机电机电源接线和外壳接地线良好，测绝缘合格后送电	
11	启动 1 号炉除渣系统一、二级输渣张紧装置液压泵，检查清扫链张紧压力 2～3MPa，输送链张紧压力 3～4.5MPa，一二级输送链和清扫链张紧正常	
12	启动 1 号炉渣仓库顶布袋除尘器运行	
13	启动 1 号炉斗式提升机运行，检查转向正确，声音正常，无断链告警，检查入口气动插板自动开启	
14	检查 1 号炉碎渣机内无杂物，事故排渣门关闭，启动碎渣机，检查碎渣机运行正常，转向为“正转”，空载电流 20A，无堵转报警，无料位高报警	
15	启动 1 号炉二级清扫链运行，检查电流约 2.5A，设置清扫链运行参数如下：运行____min，停止____min	
16	设置 1 号炉二级输送链电机频率 10～30Hz，启动二级输送链运行，检查二级输送链运行正常	
17	检查 1 号炉二级输送链、清扫链运行方向正确，无卡涩、跑偏、打滑现象	
18	启动 1 号炉一级清扫链运行，检查电流约 5.1A，设置清扫链运行参数如下：运行____min，停止____min	
19	设置 1 号炉一级输送链电机频率 10～30Hz，启动一级输送链运行，检查一级输送链运行正常	
20	检查 1 号炉一级输送链、清扫链运行方向正确，无卡涩、跑偏、打滑现象	
21	启动 1 号炉干除渣系统液压油泵，检查液压油泵出口压力 8～9MPa，最高不超过 12MPa	
22	**风险提示**：为避免钢带堆渣，必须按要求顺序开启渣井关断门	
	检查 1 号炉干除渣系统一二级输送链上渣量正常，若渣量过大应及时提高一、二级输送链的频率，必要时启动 A（B）翻渣机并检查一、二级输送链斜坡处无积渣，根据一、二级清扫链内渣量及时修改清扫链运行/停运时间	
23	检查 1 号炉干除渣系统碎渣机运行电流无大幅波动，碎渣机排渣通畅，若碎渣机电流波动较大应及时打开碎渣机检查孔检查碎渣机内有无堵渣或残留大渣，联系检修及时清理，必要时关闭液压关断门并启动备用斗提机运行	
24	检查 1 号炉干除渣系统一、二级输送链头部温度小于 80℃，若输送链温度大于 100℃应及时打开头部冷却风门，并监视注意炉膛负压变化	
25	待 1 号炉干除渣系统液压关断门全开后，停止液压油泵运行	
26	操作完毕，汇报值长	

操作人：__________ 监护人：__________ 值班负责人（值长）：__________

七、回检	确认划“√”
确认操作过程中无跳项、漏项	
核对阀门位置正确	
远传信号、指示正常，无报警	
向值班负责人（值长）回令，值班负责人（值长）确认操作完成	

操作结束时间：________年____月____日____时____分

操作人：_____________　　　　　　　　　　监护人：_____________

管理人员鉴证：值班负责人_________________ 部门_________________ 厂级________________

八、备注

热力机械操作票

单位：________ 班组：________ 编号：________

操作任务：**1 号炉 1A 引风机并列** 风险等级：________

一、发令、接令	确认划“√”
核实相关工作票已终结或押回，检查设备、系统运行方式、运行状态具备操作条件	
复诵操作指令确认无误	
根据操作任务风险等级通知相关人员到岗到位	

发令人：________ 接令人：________ 发令时间：______年___月___日___时___分

二、操作前作业环境风险评估		
危害因素	预 控 措 施	
肢体部位或饰品衣物、用具、工具接触转动部位	（1）正确佩戴防护用品，衣服和袖口应扣好，不得戴围巾领带，长发必须盘在安全帽内； （2）不准将用具、工器具接触设备的转动部位； （3）不准在靠背轮上、安全罩上或运行中设备的轴承上行走与坐立	
孔洞、沟道无盖板、防护栏缺失损坏	（1）行走及操作时注意周边工作环境是否安全，现场孔洞、沟道盖板、平台栏杆是否完好； （2）不准擅自进入现场隔离区域； （3）禁止无安全防护设施的情况下进行高空位置操作	
进入噪声区域未正确使用防护用品	（1）进入噪声区域时正确佩戴合格的耳塞； （2）避免长时间在高噪声区停留	
三、操作人、监护人互查		确认划“√”
人员状态：工作人员健康状况良好，无酒后、疲劳作业等情况		
个人防护：安全帽、工作鞋、工作服以及与操作任务危害因素相符的耳塞、手套等劳动保护用品等		
四、检查确认工器具完好		
工器具	完 好 标 准	确认划“√”
阀门钩	阀门钩完好无损坏和变形	
测温仪	校验合格证在有效期内，计量显示准确	
测振仪	校验合格证在有效期内，计量显示准确	
五、安全技术交底		
值班负责人按照“操作前作业环境风险评估”以及操作中“风险提示”等内容向操作人、监护人进行安全技术交底。 操作人： 监护人：		

确认上述二～五项内容：

管理人员鉴证：值班负责人________ 部门________ 厂级________

六、操作		
操作开始时间：______年___月___日___时___分		
操作任务：1 号炉 1A 引风机并列		
顺序	操 作 项 目	确认划“√”
1	检查 1 号机组负荷小于 450MW	
2	偏置氧量手操器，将总风量控制在 1900t/h 以下	
3	检查 1 号炉 1A 引风机汽轮机转速 3000rpm 以上，遥控投入	
4	**风险提示：**严禁在另一台引风机自动调节正常情况下，解除炉膛负压自动，防止炉膛负压波动，损坏设备	
	将 1 号炉 1B 引风机汽轮机转速自动切除，采用静叶自动进行炉膛负压调节	

续表

顺序	操　作　项　目	确认划“√”
5	增加1号炉1B引风机汽轮机转速至5000rpm以上	
6	将1号炉1A引风机汽轮机转速加至5000rpm以上，使两台引风机转速一致	
7	缓慢增加1号炉1A引风机静叶开度。监视引风机失速差压及风量值	
8	当1号炉1A引风机失速差压及风量值正常后，引风机已并入系统	
9	调整炉膛负压稳定，将1号炉1A引风机静叶自动投入	
10	将1号炉两台引风机转速调至正常后，投入转速自动	
11	检查并恢复“引跳送”保护	
12	操作完毕，汇报值长	

操作人：__________　监护人：__________　值班负责人（值长）：__________

七、回检	确认划“√”
确认操作过程中无跳项、漏项	
核对阀门位置正确	
远传信号、指示正常，无报警	
向值班负责人（值长）回令，值班负责人（值长）确认操作完成	

操作结束时间：________年____月____日____时____分

操作人：__________　监护人：__________

管理人员鉴证：值班负责人____________　部门____________　厂级____________

八、备注

热力机械操作票

单位：________________ 班组：________________ 编号：____________

操作任务：**1号炉1A引风机解列** 风险等级：________

一、发令、接令	确认划“√”
核实相关工作票已终结或押回，检查设备、系统运行方式、运行状态具备操作条件	
复诵操作指令确认无误	
根据操作任务风险等级通知相关人员到岗到位	

发令人：__________ 接令人：__________ 发令时间：_______年___月___日___时___分

二、操作前作业环境风险评估		
危害因素	预 控 措 施	
肢体部位或饰品衣物、用具、工具接触转动部位	（1）正确佩戴防护用品，衣服和袖口应扣好，不得戴围巾领带，长发必须盘在安全帽内； （2）不准将用具、工器具接触设备的转动部位； （3）不准在靠背轮上、安全罩上或运行中设备的轴承上行走与坐立	
孔洞、沟道无盖板、防护栏缺失损坏	（1）行走及操作时注意周边工作环境是否安全，现场孔洞、沟道盖板、平台栏杆是否完好； （2）不准擅自进入现场隔离区域； （3）禁止无安全防护设施的情况下进行高空位置操作	
进入噪声区域未正确使用防护用品	（1）进入噪声区域时正确佩戴合格的耳塞； （2）避免长时间在高噪声区停留	
三、操作人、监护人互查		确认划“√”
人员状态：工作人员健康状况良好，无酒后、疲劳作业等情况		
个人防护：安全帽、工作鞋、工作服以及与操作任务危害因素相符的耳塞、手套等劳动保护用品等		
四、检查确认工器具完好		
工器具	完 好 标 准	确认划“√”
无	无	
五、安全技术交底		
值班负责人按照“操作前作业环境风险评估”以及操作中“风险提示”等内容向操作人、监护人进行安全技术交底。 操作人： 监护人：		

确认上述二～五项内容：

管理人员鉴证：值班负责人________________ 部门________________ 厂级________________

六、操作		
操作开始时间：_______年___月___日___时___分		
操作任务：1号炉1A引风机解列		
顺序	操 作 项 目	确认划“√”
1	检查1号机组负荷小于450MW	
2	偏置氧量手操器，将1号炉总风量控制在1900t/h以下	
3	联系热工退出1号炉“引跳送”保护	
4	将1号炉两台引风机汽轮机转速自动切除，采用静叶自动进行炉膛负压调节	
5	增加1号炉两台引风机汽轮机转速至5000rpm以上，保持两台引风机转速一致	
6	**风险提示：**严禁在另一台引风机自动调节正常情况下，解除炉膛负压自动。防止炉膛负压大幅度波动	
	解除1号炉1A引风机静叶自动，缓慢关闭其静叶。监视另一台引风机静叶自动调节正常	

续表

顺序	操　作　项　目	确认划"√"
7	当1号炉1A引风机静叶关闭到"0"，引风机退出系统	
8	将1号炉1A引风机转速下降到3000rpm，根据检修要求停运引风机	
9	检查1号炉1B引风机转速5000rpm，静叶自动调节正常	
10	操作完毕，汇报值长并做好记录	

操作人：__________　　监护人：__________　　值班负责人（值长）：__________

七、回检	确认划"√"
确认操作过程中无跳项、漏项	
核对阀门位置正确	
远传信号、指示正常，无报警	
向值班负责人（值长）回令，值班负责人（值长）确认操作完成	

操作结束时间：________年____月____日____时____分

操作人：__________　　监护人：__________

管理人员鉴证：值班负责人__________　部门__________　厂级__________

八、备注

热力机械操作票

单位：________________ 班组：________________ 编号：____________

操作任务：1号炉1A引风机启动操作票（引风机汽轮机冷态或温态时） 风险等级：__________

一、发令、接令	确认划“√”
核实相关工作票已终结或押回，检查设备、系统运行方式、运行状态具备操作条件	
复诵操作指令确认无误	
根据操作任务风险等级通知相关人员到岗到位	

发令人：__________ 接令人：__________ 发令时间：______年____月____日____时____分

二、操作前作业环境风险评估	
危害因素	预　控　措　施
肢体部位或饰品衣物、用具、工具接触转动部位	（1）正确佩戴防护用品，衣服和袖口应扣好，不得戴围巾领带，长发必须盘在安全帽内； （2）不准将用具、工器具接触设备的转动部位； （3）不准在靠背轮上、安全罩上或运行中设备的轴承上行走与坐立
孔洞、沟道无盖板、防护栏缺失损坏	（1）行走及操作时注意周边工作环境是否安全，现场孔洞、沟道盖板、平台栏杆是否完好； （2）不准擅自进入现场隔离区域； （3）禁止无安全防护设施的情况下进行高空位置操作
进入噪声区域未正确使用防护用品	（1）进入噪声区域时正确佩戴合格的耳塞； （2）避免长时间在高噪声区停留
管道、阀门破裂，设备密封不严	（1）禁止在运行带压高温设备、管道长时间停留； （2）确定逃生路线

三、操作人、监护人互查	确认划“√”
人员状态：工作人员健康状况良好，无酒后、疲劳作业等情况	
个人防护：安全帽、工作鞋、工作服以及与操作任务危害因素相符的耳塞、手套等劳动保护用品等	

四、检查确认工器具完好		
工器具	完　好　标　准	确认划“√”
阀门钩	阀门钩完好无损坏和变形	
测温仪	校验合格证在有效期内，计量显示准确	
测振仪	校验合格证在有效期内，计量显示准确	

五、安全技术交底
值班负责人按照“操作前作业环境风险评估”以及操作中“风险提示”等内容向操作人、监护人进行安全技术交底。 操作人：　　　　　　　　监护人：

确认上述二～五项内容：

管理人员鉴证：值班负责人________________ 部门________________ 厂级________________

六、操作		
操作开始时间：______年____月____日____时____分		
操作任务：1号炉1A引风机启动操作票（引风机汽轮机冷态或温态时）		
顺序	操　作　项　目	确认划“√”
1	检查1号炉1A引风机各人孔门关闭严密，风机的地脚螺丝牢固，压力和温度表计、振动测点齐全完好，靠背轮连接正常，防护罩已装好。	
2	检查1号炉1A引风机油站运行正常。	
3	检查1号炉1A引风机所有联锁试验已经试验完毕，验收合格。	

续表

顺序	操　作　项　目	确认划"√"
4	检查1号炉1A引风机相关各辅助系统联锁试验已经完毕，验收合格。	
5	检查确认1号炉以下阀门状态正确，在远方控制方式，符合1A引风机启动条件： （1）1A空气预热器入口烟气挡板开启； （2）1B空气预热器入口烟气挡板开启； （3）电除尘入口联络挡板门开启； （4）引风机入口电动挡板门关闭； （5）引风机静叶开度小于5%； （6）引风机出口电动挡板门开启； （7）引风机启动入口门全开； （8）引风机旁路电动挡板门全关； （9）引风机旁路电动调节挡板门全关； （10）二次风挡板在吹扫位45%～65%	
6	检查1号炉1A、1B空气预热器运行正常	
7	检查1号炉风烟系统两侧空气通道建立	
8	检查1号炉1A引风机A、B轴承冷却风机电机绝缘合格，开关已送电，具备启动条件	
9	启动1号炉1A引风机轴承冷却风机，正常后将另一台轴承冷却风机投备用	
10	检查1号炉1A引风机汽轮机油系统运行正常。润滑油压力为0.2～0.26MPa，润油温大于35℃（正常运行时油温为35～45℃）；交、直流润滑油泵"联锁"投入	
11	启动1号炉1A引风机汽轮机齿轮箱油泵	
12	1号炉1A引风机大修后或首次运行应盘动靠背轮2～3转，确认转动灵活无卡涩现象	
13	启动1号炉1A引风机汽轮机盘车，倾听汽缸内、轴封段声音正常。盘车电流为2.7～2.9A，盘车转速在11.47rpm左右	
14	检查1号炉1A引风机凝汽器海水已通，二次滤网在自动状态，真空泵冷却水已投入	
15	检查1号炉1A引风机汽轮机凝汽器液位维持在800～1000mm内，一台凝结水泵运行，备用凝结水泵"联锁"投入，两台凝结水泵抽空气门开度约为2圈	
16	暖1号炉1A引风机汽轮机汽源及轴封供汽管路、均压箱，投运一台轴封加热器风机运行，一台轴封加热器风机联锁备用。检查1A引风机汽轮机凝汽器真空破坏阀开启，四抽及辅助蒸汽供汽沿程管路疏水门全部开启，待轴封母管压力15kPa，温度150～180℃。检查轴封处无吸气、冒汽现象，投入轴封压力自动调节，设定压力15kPa	
17	启动1号炉1A引风机汽轮机一台真空泵运行，关闭真空破坏阀并注水，真空在－90kPa以上，投入备用真空泵联锁	
18	检查1号炉1A引风机汽轮机EH油系统一台EH油泵运行，另一台EH油泵投入联锁备用，母管油压13～15MPa	
19	检查确认1号炉1A引风机汽轮机冲转条件满足： （1）连续盘车不少于1h，且仍处于盘车状态； （2）引风机汽轮机真空压力大于90kPa； （3）冲转蒸汽参数； 冷态启动（停机时间不小于72h）：低压进汽压力不小于0.55MPa，低压进汽温度为过热度不小于30℃。 温态启动（停机时间12～72h）：低压进汽压力不小于0.55MPa，低压进汽温度小于300℃且过热度不小于30℃； （4）引风机汽轮机轴向位移小于规定值（＋0.3～－0.5mm）； （5）引风机汽轮机偏心小于50μm； （6）引风机汽轮机油系统运行正常，冷油器出口油温维持大于35℃，润滑油压0.2～0.26 MPa，EH油压为13～15MPa； （7）引风机汽轮机单元组各轴承温度、振动正常	
20	在1号炉1A引风机汽轮机FMEH画面，点击"挂闸"按钮，点击"确定"，检查引风机汽轮机挂闸正常。检查确认引风机汽轮机阀体疏水与缸体疏水手动门开启。开启切换阀至5%，暖主汽门前管路，观察主汽门前压力、温度上升情况及管路振动情况，逐渐开大切换阀至50%以上，切换阀后压力控制在0.7～0.9MPa	

续表

顺序	操 作 项 目	确认划“√”
21	按“开低压主汽门”按钮，检查确认主汽门全开，切换阀投入“自动控制”，压力设定在0.7～0.9MPa	
22	按“控制方式”按钮，选择“自动”	
23	“目标转速”设置700rpm转速；“速率”设定200rpm（冷态启动）或300rpm（温态启动）；按“进行”按钮，低压调节阀逐渐开启，按机组给定的升速率增加转速，当转速大于盘车转速（约20rpm）时，盘车装置应自动甩开，否则应立即打闸停机，转速升至约120rpm，盘车电机自动停止。转速升至660rpm，偏心率表计退出运行，监视转速、温度、振动、轴向位移等参数正常	
24	升速至700rpm，确认1号炉1A引风机联跳送风保护解除，手动打闸进行摩擦检查，主要检查动静部分是否有摩擦，振动是否过大及轴向位移等，在此转速下停留时间不超过5min	
25	重新挂闸，“目标”设置1200rpm转速，“速率”设定200rpm升速率（冷态启动）、300rpm升速率（温态启动），点击“进行”按钮，转速升至目标转速值。在此转速下进行中速暖机 20min（温态启动时暖机10min）	
26	“目标”设定2000rpm转速，“速率”设定200rpm升速率（冷态启动）、300rpm升速率（温态启动）；点击“进行”按钮，转速升至目标转速值。在此转速下进行中速暖机 40min（温态启动时暖机20min），关闭四抽及辅助蒸汽沿程供汽管路疏水门	
27	**风险提示**：若引风机入口风门卡涩，立即停止升速，及时联系检修处理	
	1号炉1A引风机汽轮机转速1406rpm，引风机运行反馈显示变成红色运行状态，联锁开引风机入口电动挡板门，逐渐关闭启动入口门，观察炉膛负压正常	
28	1号炉1A引风机静叶开度调到大于5%的位置，注意调整炉膛负压－100Pa左右	
29	暖机结束后，检查汽轮机振动、轴向位移、排汽温度、轴承温度等参数正常后继续升速	
30	“目标”选择3000rpm转速；“速率”设置200rpm（冷态启动）或300rpm（温态启动）；按“进行”按钮，转速升至目标转速值。冲转过程中要注意监视汽轮机转速、振动、轴承温度、排汽温度、轴向位移等。在通过临界转速2500～2800rpm时，1、2号轴振小于125μm，3、4号轴振小于10mm/s，否则应打闸	
31	转速为2700rpm，检查齿轮油泵联锁停止	
32	转速为3000rpm，关闭四抽及辅助蒸汽沿程供蒸汽管路疏水门。当满足锅炉自动控制条件时，将引风机遥控投入，再将FMEH CCS控制方式投入	
33	启动过程中如发生异常情况，应立即停止引风机运行。在未查明原因之前，不得再次启动	
34	有送风机运行后，将风量调高，使引风机的静叶开度保持在20%以上，并保持炉膛负压为－100Pa左右	
35	操作完毕，汇报值长，并做好记录	

操作人：__________ 监护人：__________ 值班负责人（值长）：__________

七、回检	确认划“√”
确认操作过程中无跳项、漏项	
核对阀门位置正确	
远传信号、指示正常，无报警	
向值班负责人（值长）回令，值班负责人（值长）确认操作完成	

操作结束时间：________年____月____日____时____分

操作人：__________ 监护人：__________

管理人员鉴证：值班负责人______________ 部门______________ 厂级______________

八、备注

热力机械操作票

单位：________________ 班组：________________ 编号：____________

操作任务：**1号炉1A引风机启动（引风机汽轮机热态）** 风险等级：________

一、发令、接令	确认划"√"
核实相关工作票已终结或押回，检查设备、系统运行方式、运行状态具备操作条件	
复诵操作指令确认无误	
根据操作任务风险等级通知相关人员到岗到位	

发令人：__________ 接令人：__________ 发令时间：________年____月____日____时____分

二、操作前作业环境风险评估		
危害因素	预 控 措 施	
肢体部位或饰品衣物、用具、工具接触转动部位	（1）正确佩戴防护用品，衣服和袖口应扣好，不得戴围巾领带，长发必须盘在安全帽内； （2）不准将用具、工器具接触设备的转动部位； （3）不准在靠背轮上、安全罩上或运行中设备的轴承上行走与坐立	
孔洞、沟道无盖板、防护栏缺失损坏	（1）行走及操作时注意周边工作环境是否安全，现场孔洞、沟道盖板、平台栏杆是否完好； （2）不准擅自进入现场隔离区域； （3）禁止无安全防护设施的情况下进行高空位置操作	
进入噪声区域未正确使用防护用品	（1）进入噪声区域时正确佩戴合格的耳塞； （2）避免长时间在高噪声区停留	
管道、阀门破裂，设备密封不严	（1）禁止在运行带压高温设备、管道长时间停留； （2）确定逃生路线	
三、操作人、监护人互查		确认划"√"
人员状态：工作人员健康状况良好，无酒后、疲劳作业等情况		
个人防护：安全帽、工作鞋、工作服以及与操作任务危害因素相符的耳塞、手套等劳动保护用品等		
四、检查确认工器具完好		
工器具	完 好 标 准	确认划"√"
阀门钩	阀门钩完好无损坏和变形	
测温仪	校验合格证在有效期内，计量显示准确	
测振仪	校验合格证在有效期内，计量显示准确	
五、安全技术交底		
值班负责人按照"操作前作业环境风险评估"以及操作中"风险提示"等内容向操作人、监护人进行安全技术交底。 操作人： 监护人：		

确认上述二～五项内容：

管理人员鉴证：值班负责人______________ 部门______________ 厂级______________

六、操作		
操作开始时间：________年____月____日____时____分		
操作任务：1号炉1A引风机启动（引风机汽轮机热态）		
顺序	操 作 项 目	确认划"√"
1	检查1号炉1A引风机各人孔门关闭严密，风机的地脚螺栓牢固，压力和温度表计、振动测点齐全完好，靠背轮连接正常，防护罩已装好	
2	检查1号炉1A引风机油站运行正常	
3	检查1号炉1A引风机所有联锁试验已经试验完毕，验收合格	

续表

顺序	操 作 项 目	确认划“√”
4	检查1号炉1A引风机相关各辅助系统联锁试验已经完毕，验收合格	
5	检查确认以下阀门状态正确，在远方控制方式，符合引风机启动条件： （1）1A空气预热器入口烟气挡板开启； （2）1B空气预热器入口烟气挡板开启； （3）电除尘入口联络挡板门开启； （4）引风机入口电动挡板门关闭； （5）引风机静叶开度小于5%； （6）引风机出口电动挡板门开启； （7）引风机启动入口门全开； （8）引风机旁路电动挡板门全关； （9）引风机旁路电动调节挡板门全关； （10）二次风挡板在吹扫位45%～65%	
6	检查1号炉1A、1B空气预热器运行正常	
7	检查1号炉风烟系统两侧空气通道建立	
8	检查1号炉1A引风机A、B轴承冷却风机电机绝缘合格，开关已送电，具备启动条件	
9	启动1号炉1A引风机轴承冷却风机，正常后将另一台轴承冷却风机投备用	
10	检查1号炉1A引风机汽轮机油系统运行正常。润滑油压力为0.2～0.26MPa，润油温大于35℃（正常运行时油温为35～45℃）；交、直流润滑油泵“联锁”投入	
11	启动1号炉1A引风机汽轮机齿轮箱油泵	
12	1号炉1A引风机大修后或首次运行应盘动靠背轮2～3转，确认转动灵活无卡涩现象	
13	启动1号炉1A引风机汽轮机盘车，倾听汽缸内、轴封段声音正常。盘车电流为2.7～2.9A，盘车转速在11.47rpm左右	
14	检查1号炉1A引风机凝汽器海水已通，二次滤网在自动状态，真空泵冷却水已投入	
15	检查1号炉1A引风机汽轮机凝汽器液位维持在800～1000mm内，一台凝结水泵运行，备用凝结水泵“联锁”投入，两台凝结水泵抽空气门开度约为2圈	
16	暖1号炉1A引风机汽轮机汽源及轴封供汽管路、均压箱，投运一台轴封加热器风机运行，一台轴封加热器风机联锁备用。检查1A引风机汽轮机凝汽器真空破坏阀开启，四抽及辅助蒸汽供汽沿程管路疏水门全部开启，待轴封母管压力15kPa，温度150～180℃。检查轴封处无吸气、冒汽现象，投入轴封压力自动调节，设定压力15kPa	
17	启动1号炉1A引风机汽轮机一台真空泵运行，关闭真空破坏阀并注水，真空在90kPa以上，投入备用真空泵联锁	
18	检查1号炉1A引风机汽轮机EH油系统一台EH油泵运行，另一台EH油泵投入联锁备用，母管油压为13～15MPa	
19	检查确认1号炉1A引风机汽轮机冲转条件满足： （1）连续盘车不少于1h，且仍处于盘车状态； （2）引风机汽轮机真空压力大于90kPa； （3）冲转蒸汽参数： 热态启动（停机时间＜12h）：低压进汽压力不小于0.55MPa，低压进汽温度大于300℃； （4）引风机汽轮机轴向位移小于规定值（＋0.3～－0.5mm）； （5）引风机汽轮机偏心小于50μm； （6）引风机汽轮机油系统运行正常，冷油器出口油温维持大于35℃，润滑油压为0.2～0.26MPa，EH油压为13～15MPa； （7）引风机汽轮机单元组各轴承温度、振动正常	
20	在1号炉1A引风机汽轮机FMEH画面，点击“挂闸”按钮，点击“确定”，检查引风机汽轮机挂闸正常。检查确认引风机汽轮机阀体疏水与缸体疏水手动门开启。开启切换阀至5%，暖主汽门前管路，观察主汽门前压力、温度上升情况及管路振动情况，逐渐开大切换阀至50%以上，切换阀后压力控制在0.7～0.9MPa	
21	按“开低压主汽门”按钮，检查确认主汽门全开，切换阀投入“自动控制”，压力设定在0.7～0.9MPa	

续表

顺序	操　作　项　目	确认划“√”
22	按“控制方式”按钮，选择“自动”	
23	“目标转速”设置700rpm转速；“速率”设定400rpm；按“进行”按钮，低压调节阀逐渐开启，按机组给定的升速率增加转速，当转速大于盘车转速（约20rpm）时，盘车装置应自动甩开，否则应立即打闸停机，转速升至约120rpm，盘车电机自动停止。转速升至660rpm，偏心率表计退出运行，监视转速、温度、振动、轴向位移等参数正常	
24	升速至700rpm，在此转速下，对1号机组进行全面检查，主要检查动静部分是否有摩擦，振动是否过大及轴向位移等，但停留时间不超过2min	
25	设定“转速目标”3000rpm，“速率”设定400rpm，点击“进行”按钮，转速按给定升速率升至目标转速。冲转过程中要注意监视引风机小机转速、振动、轴承温度、排汽温度、轴向位移等。在通过临界转速2500～2800rpm时，1、2号轴振小于125μm，3、4号轴振小于10mm/s，否则应打闸	
26	**风险提示：**若引风机入口风门卡涩，立即停止升速，及时联系检修处理。防止炉膛负压大幅波动	
	1号炉1A引风机汽轮机转速1406rpm，引风机运行反馈显示变成红色运行状态，联锁开引风机入口电动挡板门，逐渐关闭启动入口门，观察炉膛负压正常	
27	1号炉1A引风机静叶开度调到大于5%的位置，注意调整炉膛负压－100Pa左右	
28	1号炉1A引风机汽轮机转速达到2700rpm，检查齿轮油泵联锁停止	
29	1号炉1A引风机汽轮机转速达到3000rpm，关闭四抽及辅助蒸汽沿程供汽管路疏水门。当满足锅炉自动控制条件时，将引风机遥控投入，再将FMEH CCS控制方式投入	
30	启动过程中如发生异常情况，应立即停止1号炉1A引风机运行。在未查明原因之前，不得再次启动	
31	有送风机运行后，将风量调高，使1号炉1A引风机的静叶开度保持在20%以上，并保持炉膛负压－100Pa左右	
32	待四次抽汽压力达0.7MPa时，将辅助蒸汽供汽切换阀后压力定值逐渐下设至0.6MPa（每次下调0.05MPa，观察1min再继续下设），注意观察切换阀逐渐平缓关闭，引风机汽轮机调门调节跟踪良好，引风机汽轮机汽源切为四次抽汽带，辅助蒸汽汽源路作为备用	
33	操作完毕，汇报值长	

操作人：__________　　监护人：__________　　值班负责人（值长）：__________

七、回检	确认划“√”
确认操作过程中无跳项、漏项	
核对阀门位置正确	
远传信号、指示正常，无报警	
向值班负责人（值长）回令，值班负责人（值长）确认操作完成	

操作结束时间：________年____月____日____时____分

操作人：____________　　监护人：____________

管理人员鉴证：值班负责人______________　部门______________　厂级______________

八、备注

热力机械操作票

单位：________________ 班组：________________ 编号：____________

操作任务：**1号炉1A引风机A轴冷风机切换至B轴冷风机运行** 风险等级：__________

一、发令、接令	确认划"√"
核实相关工作票已终结或押回，检查设备、系统运行方式、运行状态具备操作条件	
复诵操作指令确认无误	
根据操作任务风险等级通知相关人员到岗到位	

发令人：__________ 接令人：__________ 发令时间：________年___月___日___时___分

二、操作前作业环境风险评估	
危害因素	预 控 措 施
肢体部位或饰品衣物、用具、工具接触转动部位	（1）正确佩戴防护用品，衣服和袖口应扣好，不得戴围巾领带，长发必须盘在安全帽内； （2）不准将用具、工器具接触设备的转动部位； （3）不准在靠背轮上、安全罩上或运行中设备的轴承上行走与坐立
孔洞、沟道无盖板、防护栏缺失损坏	（1）行走及操作时注意周边工作环境是否安全，现场孔洞、沟道盖板、平台栏杆是否完好； （2）不准擅自进入现场隔离区域； （3）禁止无安全防护设施的情况下进行高空位置操作
进入噪声区域未正确使用防护用品	（1）进入噪声区域时正确佩戴合格的耳塞； （2）避免长时间在高噪声区停留
管道、阀门破裂，设备密封不严	（1）禁止在运行带压设备、管道长时间停留； （2）确定逃生路线

三、操作人、监护人互查	确认划"√"
人员状态：工作人员健康状况良好，无酒后、疲劳作业等情况	
个人防护：安全帽、工作鞋、工作服以及与操作任务危害因素相符的耳塞、手套等劳动保护用品等	

四、检查确认工器具完好		
工器具	完 好 标 准	确认划"√"
阀门钩	阀门钩完好无损坏和变形	
测温仪	校验合格证在有效期内，计量显示准确	
测振仪	校验合格证在有效期内，计量显示准确	

五、安全技术交底
值班负责人按照"操作前作业环境风险评估"以及操作中"风险提示"等内容向操作人、监护人进行安全技术交底。 操作人： 监护人：

确认上述二～五项内容：

管理人员鉴证：值班负责人________________ 部门________________ 厂级________________

六、操作		
操作开始时间：_______年___月___日___时___分		
操作任务：1号炉1A引风机A轴冷风机切换至B轴冷风机运行		
顺序	操 作 项 目	确认划"√"
1	检查1号炉1A引风机B轴承冷却风机在热备用状态，风机不倒转，入口滤网清洁	
2	检查1号炉1A引风机A轴承冷却风机运行正常，引风机轴承温度稳定且小于75℃	
3	启动1号炉1A引风机B轴承冷却风机	
4	检查1号炉1A引风机B轴承冷却风机声音、振动正常	

续表

顺序	操　作　项　目	确认划“√”
5	确认1号炉1A引风机轴承冷却风机“联锁”投入，停运A轴承冷却风机，出口切换挡板切换正常，监视引风机轴承温度变化情况	
6	检查1号炉1A引风机A轴承冷却风机已停运，不倒转	
7	操作完毕，汇报值长	

操作人：__________　　监护人：__________　　值班负责人（值长）：__________

七、回检	确认划“√”
确认操作过程中无跳项、漏项	
核对阀门位置正确	
远传信号、指示正常，无报警	
向值班负责人（值长）回令，值班负责人（值长）确认操作完成	

操作结束时间：________年____月____日____时____分

操作人：____________　　监护人：____________

管理人员鉴证：值班负责人______________　部门______________　厂级______________

八、备注

热力机械操作票

单位：________________ 班组：________________ 编号：____________

操作任务：**1 号炉 1A 送风机并列** 风险等级：________

一、发令、接令	确认划“√”
核实相关工作票已终结或押回，检查设备、系统运行方式、运行状态具备操作条件	
复诵操作指令确认无误	
根据操作任务风险等级通知相关人员到岗到位	

发令人：__________ 接令人：__________ 发令时间：________年____月____日____时____分

二、操作前作业环境风险评估		
危害因素	预 控 措 施	
肢体部位或饰品衣物、用具、工具接触转动部位	（1）正确佩戴防护用品，衣服和袖口应扣好，不得戴围巾领带，长发必须盘在安全帽内； （2）不准将用具、工器具接触设备的转动部位； （3）不准在靠背轮上、安全罩上或运行中设备的轴承上行走与坐立	
孔洞、沟道无盖板、防护栏缺失损坏	（1）行走及操作时注意周边工作环境是否安全，现场孔洞、沟道盖板、平台栏杆是否完好； （2）不准擅自进入现场隔离区域； （3）禁止无安全防护设施的情况下进行高空位置操作	
进入噪声区域未正确使用防护用品	（1）进入噪声区域时正确佩戴合格的耳塞； （2）避免长时间在高噪声区停留	
三、操作人、监护人互查		确认划“√”
人员状态：工作人员健康状况良好，无酒后、疲劳作业等情况		
个人防护：安全帽、工作鞋、工作服以及与操作任务危害因素相符的耳塞、手套等劳动保护用品等		
四、检查确认工器具完好		
工器具	完 好 标 准	确认划“√”
阀门钩	阀门钩完好无损坏和变形	
测温仪	校验合格证在有效期内，计量显示准确	
测振仪	校验合格证在有效期内，计量显示准确	
五、安全技术交底		
值班负责人按照“操作前作业环境风险评估”以及操作中“风险提示”等内容向操作人、监护人进行安全技术交底。 操作人： 监护人：		

确认上述二～五项内容：

管理人员鉴证：值班负责人________________ 部门________________ 厂级________________

六、操作		
操作开始时间：________年____月____日____时____分		
操作任务：1 号炉 1A 送风机并列		
顺序	操 作 项 目	确认划“√”
1	检查 1 号机组负荷 450MW 左右	
2	检查热工已退出 1 号炉引风机跳闸条件：送风机跳闸	
3	检查 1 号炉 1A 送风机出口联络门开启状态	
4	检查 1 号炉 1A 送风机各人孔门关闭严密，风机的地脚螺栓牢固，压力和温度表计、振动测点齐全完好，靠背轮连接正常，防护罩已装好	

续表

顺序	操　作　项　目	确认划"√"
5	检查1号炉1A送风机润滑油站运行正常、油质NAS 7级，油站冷却水投入，油位高于最低油位（MIN）线，油箱油温大于15℃，润滑油母管压力为0.3～2.1MPa，滤网压差小于450kPa，润滑油流量在10～14L/min，备用油泵联锁投入	
6	检查1号炉1A送风机液压油站运行正常、油质NAS 7级，油站冷却水投入，油位高于最低油位（MIN）线，油箱油温大于15℃，液压油母管压力为1.5～7MPa，滤网压差小于450kPa，备用油泵联锁投入	
7	检查确认1号炉以下阀门状态正确，在远方控制方式，符合1A送风机启动条件： （1）1A送风机出口电动挡板门关闭； （2）1B送风机出口电动挡板门开启； （3）1A送风机出口联络挡板门开启； （4）1A空气预热器出口热二次风电动挡板开启； （5）1B空气预热器出口热二次风电动挡板开启； （6）1A送风机动叶开度小于5%； （7）1B送风机动叶全开或在运行状态	
8	检查1号炉____引风机运行正常（至少有一台引风机在运行），炉膛压力正常，空气通道建立	
9	检查1号炉1A送风机电机电源接线和外壳接地线良好，电气设备测绝缘合格后送电	
10	检查1号炉1A送风机事故按钮处于复位状态，准备启动1A送风机，现场人员站在1A送风机事故按钮附近	
11	检查1号炉DCS"送风机启动允许"画面启动条件满足，启动1A送风机，检查空载电流约82A，检查轴承振动小于4.5mm/s，轴承温度小于85℃，电动机轴承温度小于85℃。检查送风机出口电动挡板门联开	
12	**风险提示**：送风机动叶操作应缓慢，发现风量指令和反馈偏差大于5%时，暂停操作，及时调整炉膛负压，防止发生抢风现象。	
	缓慢开启1A送风机动叶，检查1B送风机动叶自动调节正常	
13	当两台送风机动叶开度一致时，投入1A送风机动叶自动	
14	联系热工恢复1号炉引风机跳闸条件：送风机跳闸	
15	启动完毕，汇报值长	

操作人：__________　　监护人：__________　　值班负责人（值长）：__________

七、回检	确认划"√"
确认操作过程中无跳项、漏项	
核对阀门位置正确	
远传信号、指示正常，无报警	
向值班负责人（值长）回令，值班负责人（值长）确认操作完成	

操作结束时间：________年____月____日____时____分

操作人：____________　　监护人：____________

管理人员鉴证：值班负责人______________　部门______________　厂级______________

八、备注

热力机械操作票

单位：________ 班组：________ 编号：________

操作任务：**1号炉1A送风机解列** 风险等级：________

一、发令、接令	确认划“√”
核实相关工作票已终结或押回，检查设备、系统运行方式、运行状态具备操作条件	
复诵操作指令确认无误	
根据操作任务风险等级通知相关人员到岗到位	

发令人：________ 接令人：________ 发令时间：____年__月__日__时__分

二、操作前作业环境风险评估	
危害因素	预控措施
肢体部位或饰品衣物、用具、工具接触转动部位	（1）正确佩戴防护用品，衣服和袖口应扣好、不得戴围巾领带、长发必须盘在安全帽内； （2）不准将用具、工器具接触设备的转动部位； （3）不准在靠背轮上、安全罩上或运行中设备的轴承上行走与坐立
孔洞、沟道无盖板、防护栏缺失损坏	（1）行走及操作时注意周边工作环境是否安全，现场孔洞、沟道盖板、平台栏杆是否完好； （2）不准擅自进入现场隔离区域； （3）禁止无安全防护设施的情况下进行高空位置操作
进入噪声区域未正确使用防护用品	（1）进入噪声区域时正确佩戴合格的耳塞； （2）避免长时间在高噪声区停留
风道、挡板破裂，设备密封不严	（1）禁止在运行带压设备、管道长时间停留； （2）确定逃生路线

三、操作人、监护人互查	确认划“√”
人员状态：工作人员健康状况良好，无酒后、疲劳作业等情况	
个人防护：安全帽、工作鞋、工作服以及与操作任务危害因素相符的耳塞、手套等劳动保护用品等	

四、检查确认工器具完好		
工器具	完好标准	确认划“√”
阀门钩	阀门钩完好无损坏和变形	

五、安全技术交底

值班负责人按照“操作前作业环境风险评估”以及操作中“风险提示”等内容向操作人、监护人进行安全技术交底。
操作人： 监护人：

确认上述二～五项内容：

管理人员鉴证：值班负责人________ 部门________ 厂级________

六、操作

操作开始时间：____年__月__日__时__分

操作任务：1号炉1A送风机解列

顺序	操作项目	确认划“√”
1	检查1号机组负荷450MW左右	
2	联系热工强制1号炉引风机跳闸条件：送风机跳闸	
3	联系热工强制1号炉1A送风机出口电动挡板门允许关条件：送风机停止	
4	联系热工强制1号炉1A送风机跳闸条件：送风机出口电动挡板门关闭	
5	检查1号炉1A送风机出口联络门开启状态	
6	解除1号炉1A送风机动叶自动，1B送风机动叶自动投入状态	

续表

顺序	操 作 项 目	确认划“√”
7	缓慢关闭1号炉1A送风机动叶，检查1B送风机动叶调节正常	
8	待1号炉1A送风机动叶关至“0”，机组运行稳定，关闭其出口门	
9	**风险提示**：送风机在出口门关闭情况下运行不允许超过60s，防止损坏风机叶片	
	待1号炉1A送风机出口门关闭到位后，60s内停止1A送风机	
10	联系热工恢复1号炉1A送风机出口电动挡板门允许关条件：送风机停止	
11	联系热工恢复1号炉1A送风机跳闸条件：送风机出口电动挡板门关闭	
12	1号机组正常运行过程中，1A送风机停运后，为防止1A送风机出口电动挡板门误开应将出口电动挡板门停电	
13	**风险提示**：停运液压油泵前，确认伺服马达停电，防止液压缸损坏	
	将1号炉1A送风机动叶伺服马达停电，停运1A送风机液压油泵运行	
14	**风险提示**：确认送风机停转后有可靠的防转动措施才能停运润滑油泵，防止无润滑油情况下风机转动，导致送风机轴承损坏	
	停运1号炉1A送风机润滑油泵	
15	操作完毕，汇报值长	

操作人：__________　　监护人：__________　　值班负责人（值长）：__________

七、回检	确认划“√”
确认操作过程中无跳项、漏项	
核对阀门位置正确	
远传信号、指示正常，无报警	
向值班负责人（值长）回令，值班负责人（值长）确认操作完成	

操作结束时间：________年____月____日____时____分

操作人：____________　　监护人：____________

管理人员鉴证：值班负责人______________　部门______________　厂级______________

八、备注

热力机械操作票

单位：________ 班组：________ 编号：________

操作任务：**1 号炉 1A 送风机启动** 风险等级：________

一、发令、接令	确认划“√”
核实相关工作票已终结或押回，检查设备、系统运行方式、运行状态具备操作条件	
复诵操作指令确认无误	
根据操作任务风险等级通知相关人员到岗到位	

发令人：________ 接令人：________ 发令时间：____年___月___日___时___分

二、操作前作业环境风险评估		
危害因素	预 控 措 施	
肢体部位或饰品衣物、用具、工具接触转动部位	（1）正确佩戴防护用品，衣服和袖口应扣好，不得戴围巾领带，长发必须盘在安全帽内； （2）不准将用具、工器具接触设备的转动部位； （3）不准在靠背轮上、安全罩上或运行中设备的轴承上行走与坐立	
孔洞、沟道无盖板、防护栏缺失损坏	（1）行走及操作时注意周边工作环境是否安全，现场孔洞、沟道盖板、平台栏杆是否完好； （2）不准擅自进入现场隔离区域； （3）禁止无安全防护设施的情况下进行高空位置操作	
进入噪声区域未正确使用防护用品	（1）进入噪声区域时正确佩戴合格的耳塞； （2）避免长时间在高噪声区停留	
风道、挡板破裂，设备密封不严	（1）禁止在运行带压设备、管道长时间停留； （2）确定逃生路线	
三、操作人、监护人互查		确认划“√”
人员状态：工作人员健康状况良好，无酒后、疲劳作业等情况		
个人防护：安全帽、工作鞋、工作服以及与操作任务危害因素相符的耳塞、手套等劳动保护用品等		
四、检查确认工器具完好		
工器具	完 好 标 准	确认划“√”
阀门钩	阀门钩完好无损坏和变形	
测温仪	校验合格证在有效期内，计量显示准确	
测振仪	校验合格证在有效期内，计量显示准确	
五、安全技术交底		
值班负责人按照“操作前作业环境风险评估”以及操作中“风险提示”等内容向操作人、监护人进行安全技术交底。 操作人： 监护人：		

确认上述二～五项内容：

管理人员鉴证：值班负责人________ 部门________ 厂级________

六、操作		
操作开始时间：____年___月___日___时___分		
操作任务：1 号炉 1A 送风机启动		
顺序	操 作 项 目	确认划“√”
1	检查 1 号炉 1A 送风机各人孔门关闭严密，风机的地脚螺栓牢固，压力和温度表计、振动测点齐全完好，靠背轮连接正常，防护罩已装好	
2	检查 1 号炉 1A 送风机润滑油站运行正常、油质 NAS 7 级，油站冷却水投入，油位高于最低油位（MIN）线，油箱油温大于 15℃，润滑油母管压力 0.3～2.1MPa，滤网压差小于 450kPa，润滑油流量为 10～14L/min，备用油泵联锁投入	

续表

顺序	操 作 项 目	确认划“√”
3	检查1号炉1A送风机液压油站运行正常、油质NAS 7级，油站冷却水投入，油位高于最低油位（MIN）线，油箱油温大于15℃，液压油母管压力1.5～7MPa，滤网压差小于450kPa，备用油泵联锁投入	
4	检查1号炉1A送风机出口电动挡板门、动叶及联络挡板活动试验正常，就地指示和DCS上相符	
5	检查1号炉二次风箱及各燃烧器风门挡板活动正常，就地指标与DCS相对应	
6	检查确认1号炉1A送风机以下阀门状态正确，在远方控制方式，符合送风机启动条件： （1）1A送风机出口电动挡板门关闭； （2）1B送风机出口电动挡板门开启； （3）1A送风机出口联络挡板门开启； （4）1A空气预热器出口热二次风电动挡板开启； （5）1B空气预热器出口热二次风电动挡板开启； （6）1A送风机动叶开度小于5%； （7）1B送风机动叶全开或在运行状态	
7	检查1号炉____引风机运行正常（至少有一台引风机在运行），炉膛压力正常，空气通道建立	
8	1号炉1A送风机经过大修或首次启动，应盘动靠背轮2～3转，确认转动灵活无卡涩	
9	检查1号炉1A送风机电机电源接线和外壳接地线良好，电气设备测绝缘合格后送电	
10	**风险提示：**点动启动电机，确认不反转，防止电机在反转情况下运行过电流烧毁电机	
	检查1号炉1A送风机转向正确	
11	检查1号炉1A送风机事故按钮处于复位状态，准备启动送风机，现场人员站在1号炉1A送风机事故按钮附近	
12	检查DCS“送风机启动允许”画面启动条件满足，启动1号炉1A送风机，检查空载电流约821A，检查轴承振动小于4.5mm/s，轴承温度小于85℃，电机轴承温度小于85℃。检查送风机出口电动挡板门联开	
13	操作完毕，汇报值长	

操作人：__________ 监护人：__________ 值班负责人（值长）：__________

七、回检	确认划“√”
确认操作过程中无跳项、漏项	
核对阀门位置正确	
远传信号、指示正常，无报警	
向值班负责人（值长）回令，值班负责人（值长）确认操作完成	

操作结束时间：________年____月____日____时____分

操作人：____________ 监护人：____________

管理人员鉴证：值班负责人______________ 部门______________ 厂级______________

八、备注

热力机械操作票

单位：________________ 班组：________________ 编号：____________

操作任务：**1 号炉 1A 送风机 A 润滑油泵切换至 B 润滑油泵运行** 风险等级：__________

一、发令、接令	确认划“√”
核实相关工作票已终结或押回，检查设备、系统运行方式、运行状态具备操作条件	
复诵操作指令确认无误	
根据操作任务风险等级通知相关人员到岗到位	

发令人：__________ 接令人：__________ 发令时间：________年____月____日____时____分

二、操作前作业环境风险评估	
危害因素	预 控 措 施
肢体部位或饰品衣物、用具、工具接触转动部位	（1）正确佩戴防护用品，衣服和袖口应扣好，不得戴围巾领带，长发必须盘在安全帽内； （2）不准将用具、工器具接触设备的转动部位； （3）不准在靠背轮上、安全罩上或运行中设备的轴承上行走与坐立
孔洞、沟道无盖板、防护栏缺失损坏	（1）行走及操作时注意周边工作环境是否安全，现场孔洞、沟道盖板、平台栏杆是否完好； （2）不准擅自进入现场隔离区域； （3）禁止无安全防护设施的情况下进行高空位置操作
进入噪声区域未正确使用防护用品	（1）进入噪声区域时正确佩戴合格的耳塞； （2）避免长时间在高噪声区停留
操作中发生跑、冒、滴、漏及溢油	（1）操作中发生跑、冒、滴、漏及溢油，要及时清除处理； （2）确定逃生路线

三、操作人、监护人互查	确认划“√”
人员状态：工作人员健康状况良好，无酒后、疲劳作业等情况	
个人防护：安全帽、工作鞋、工作服以及与操作任务危害因素相符的耳塞、手套等劳动保护用品等	

四、检查确认工器具完好		
工器具	完 好 标 准	确认划“√”
阀门钩	阀门钩完好无损坏和变形	
测温仪	校验合格证在有效期内，计量显示准确	
测振仪	校验合格证在有效期内，计量显示准确	

五、安全技术交底
值班负责人按照“操作前作业环境风险评估”以及操作中“风险提示”等内容向操作人、监护人进行安全技术交底。 操作人： 监护人：

确认上述二～五项内容：

管理人员鉴证：值班负责人______________ 部门______________ 厂级______________

六、操作		
操作开始时间：________年____月____日____时____分		
操作任务：1 号炉 1A 送风机 A 润滑油泵切换至 B 润滑油泵运行		
顺序	操 作 项 目	确认划“√”
1	检查 1 号炉 1A 送风机润滑油流量 10～14L/min，润滑油母管油压为 0.3～2.1MPa，就地流量计读数应在红色标记位附近	
2	检查 1 号炉 1A 送风机 B 润滑油泵在热备用状态，油泵不倒转	
3	在 CRT 上启动 1 号炉 1A 送风机 B 润滑油泵运行	

续表

顺序	操　作　项　目	确认划“√”
4	就地检查1号炉1A送风机B润滑油泵确已启动，油泵出口压力明显上升，润滑油流量明显上升	
5	检查“联锁”投入，停运1号炉1A送风机原运行A润滑油泵	
6	检查润滑油流量在10～14L/min之间，润滑母管油压力在0.3～2.1MPa之间，就地流量计读数应在红色标记位附近	
7	就地检查1号炉1A送风机A润滑油泵确已停运，无倒转	
8	操作完毕，汇报值长	

操作人：＿＿＿＿＿＿　　监护人：＿＿＿＿＿＿　　值班负责人（值长）：＿＿＿＿＿＿

七、回检	确认划“√”
确认操作过程中无跳项、漏项	
核对阀门位置正确	
远传信号、指示正常，无报警	
向值班负责人（值长）回令，值班负责人（值长）确认操作完成	

操作结束时间：＿＿＿＿年＿＿月＿＿日＿＿时＿＿分

操作人：＿＿＿＿＿＿　　监护人：＿＿＿＿＿＿

管理人员鉴证：值班负责人＿＿＿＿＿＿　部门＿＿＿＿＿＿　厂级＿＿＿＿＿＿

八、备注

热力机械操作票

单位：________ 班组：________ 编号：________

操作任务：**1 号炉 1A 送风机 A 液压油泵切换至 B 液压油泵运行** 风险等级：________

一、发令、接令	确认划“√”
核实相关工作票已终结或押回，检查设备、系统运行方式、运行状态具备操作条件	
复诵操作指令确认无误	
根据操作任务风险等级通知相关人员到岗到位	

发令人：________ 接令人：________ 发令时间：______年___月___日___时___分

二、操作前作业环境风险评估	
危害因素	预 控 措 施
肢体部位或饰品衣物、用具、工具接触转动部位	（1）正确佩戴防护用品，衣服和袖口应扣好，不得戴围巾领带，长发必须盘在安全帽内； （2）不准将用具、工器具接触设备的转动部位； （3）不准在靠背轮上、安全罩上或运行中设备的轴承上行走与坐立
孔洞、沟道无盖板、防护栏缺失损坏	（1）行走及操作时注意周边工作环境是否安全，现场孔洞、沟道盖板、平台栏杆是否完好； （2）不准擅自进入现场隔离区域； （3）禁止无安全防护设施的情况下进行高空位置操作
进入噪声区域未正确使用防护用品	（1）进入噪声区域时正确佩戴合格的耳塞； （2）避免长时间在高噪声区停留
操作中发生跑、冒、滴、漏及溢油	（1）操作中发生跑、冒、滴、漏及溢油，要及时清除处理； （2）确定逃生路线

三、操作人、监护人互查	确认划“√”
人员状态：工作人员健康状况良好，无酒后、疲劳作业等情况	
个人防护：安全帽、工作鞋、工作服以及与操作任务危害因素相符的耳塞、手套等劳动保护用品等	

四、检查确认工器具完好		
工器具	完 好 标 准	确认划“√”
阀门钩	阀门钩完好无损坏和变形	
测温仪	校验合格证在有效期内，计量显示准确	
测振仪	校验合格证在有效期内，计量显示准确	

五、安全技术交底
值班负责人按照“操作前作业环境风险评估”以及操作中“风险提示”等内容向操作人、监护人进行安全技术交底。 操作人： 监护人：

确认上述二～五项内容：

管理人员鉴证：值班负责人________ 部门________ 厂级________

六、操作		
操作开始时间：______年___月___日___时___分		
操作任务：1 号炉 1A 送风机 A 液压油泵切换至 B 液压油泵运行		
顺序	操 作 项 目	确认划“√”
1	检查 1 号炉 1A 送风机液压油压力为 1.5～7MPa	
2	检查 1 号炉 1A 送风机 B 液压油泵处于热备用状态，油泵不倒转	
3	在 DCS 上启动 1 号炉 1A 送风机 B 液压油泵运行	
4	就地检查 1 号炉 1A 送风机 B 液压油泵确已启动，油泵出口压力明显上升	

续表

顺序	操 作 项 目	确认划“√”
5	检查“联锁”投入，停运1号炉1A送风机A液压油泵	
6	检查1号炉1A送风机液压油压力在1.5～7MPa之间，检查A液压油泵确已停运，无倒转	
7	操作完毕，汇报值长	

操作人：__________ 监护人：__________ 值班负责人（值长）：__________

七、回检	确认划“√”
确认操作过程中无跳项、漏项	
核对阀门位置正确	
远传信号、指示正常，无报警	
向值班负责人（值长）回令，值班负责人（值长）确认操作完成	

操作结束时间：________年____月____日____时____分

操作人：____________ 监护人：____________

管理人员鉴证：值班负责人________________ 部门________________ 厂级________________

八、备注

热力机械操作票

单位：________________ 班组：________________ 编号：____________

操作任务：**1 号炉 1A 空气预热器启动** 风险等级：__________

一、发令、接令	确认划“√”
核实相关工作票已终结或押回，检查设备、系统运行方式、运行状态具备操作条件	
复诵操作指令确认无误	
根据操作任务风险等级通知相关人员到岗到位	

发令人：__________ 接令人：__________ 发令时间：______年___月___日___时___分

二、操作前作业环境风险评估		
危害因素	预 控 措 施	
肢体部位或饰品衣物、用具、工具接触转动部位	（1）正确佩戴防护用品，衣服和袖口应扣好，不得戴围巾领带，长发必须盘在安全帽内； （2）不准将用具、工器具接触设备的转动部位； （3）不准在靠背轮上、安全罩上或运行中设备的轴承上行走与坐立	
孔洞、沟道无盖板、防护栏缺失损坏	（1）行走及操作时注意周边工作环境是否安全，现场孔洞、沟道盖板、平台栏杆是否完好； （2）不准擅自进入现场隔离区域； （3）禁止无安全防护设施的情况下进行高空位置操作	
进入噪声区域未正确使用防护用品	（1）进入噪声区域时正确佩戴合格的耳塞； （2）避免长时间在高噪声区停留	
三、操作人、监护人互查		确认划“√”
人员状态：工作人员健康状况良好，无酒后、疲劳作业等情况		
个人防护：安全帽、工作鞋、工作服以及与操作任务危害因素相符的耳塞、手套等劳动保护用品等		
四、检查确认工器具完好		
工器具	完 好 标 准	确认划“√”
阀门钩	阀门钩完好无损坏和变形	
测温仪	校验合格证在有效期内，计量显示准确	
测振仪	校验合格证在有效期内，计量显示准确	
五、安全技术交底		
值班负责人按照“操作前作业环境风险评估”以及操作中“风险提示”等内容向操作人、监护人进行安全技术交底。 操作人： 监护人：		

确认上述二～五项内容：

管理人员鉴证：值班负责人________________ 部门________________ 厂级________________

六、操作		
操作开始时间：_______年____月____日____时____分		
操作任务：1 号炉 1A 空气预热器启动		
顺序	操 作 项 目	确认划“√”
1	检查 1 号炉 1A 空气预热器各人孔门关闭严密，压力和温度表计、测点齐全完好，各部分的保温完好	
2	检查 1 号炉 1A 空气预热器火灾报警控制柜已送电，“空气预热器火检电源正常”绿灯亮	
3	在火灾报警控制柜上按“指示灯测试”，检查“火灾探头故障”“换热元件火警灯亮，松开测试按钮后熄灭	
4	检查 1 号炉仪用压缩空气系统正常，压力为 0.6～0.7MPa	

续表

顺序	操 作 项 目	确认划“√”
5	检查1号炉1A空气预热器吹灰器完好并在退出位置	
6	检查1号炉1A空气预热器高压冲洗水系统完好可用	
7	检查1号炉1A空气预热器就地控制柜电源已送上，电源指示灯亮，变频故障及变频运行指示灯熄灭	
8	检查1号炉1A空气预热器控制方式转换旋钮切至“远程”控制，“高速/低速”选择旋钮切换至“高速”位置	
9	检查1号炉1A空气预热器导向轴承箱和支撑轴承箱油位在最低/最高油位线之间，油温小于55℃	
10	检查1号炉1A空气预热器减速器的油质良好，底部放油门关闭	
11	通知热工检查1号炉1A空预器的保护和控制系统正常	
12	检查1号炉1A空气预热器以下阀门状态正常： （1）检查空气预热器出口热一次风电动挡板门关闭； （2）检查空气预热器出口热二次风电动挡板门关闭； （3）检查空气预热器入口烟气电动挡板门关闭； （4）空气预热器顶部轴承循环冷却水供水手动门开启； （5）空气预热器顶部轴承循环冷却水回水手动门开启； （6）空气预热器空气侧消防水手动总门关闭； （7）空气预热器烟气侧消防水手动总门关闭； （8）空气预热器高压进水过滤器进口手动门关闭； （9）空气预热器高压进水过滤器出口压力表一次门开启	
13	1号炉1A空气预热器大修后或首次投运应用盘车手轮对空气预热器盘转，检查无异常后卸下盘车手柄，检查所有防护罩可靠固定	
14	检查1号炉1A空气预热器主、辅电机的电源连接良好，变频器完好，测绝缘合格，电机电源开关已送电	
15	启动1号炉1A空气预热器高压水喷嘴密封风机，检查运行正常	
16	启动1号炉1A空气预热器（主/辅）电机，电流____A左右，其波动幅度不大于±0.5A，检查1A空气预热器内部无明显摩擦声	
17	操作完毕，汇报值长	

操作人：__________　　监护人：__________　　值班负责人（值长）：__________

七、回检	确认划“√”
确认操作过程中无跳项、漏项	
核对阀门位置正确	
远传信号、指示正常，无报警	
向值班负责人（值长）回令，值班负责人（值长）确认操作完成	

操作结束时间：________年____月____日____时____分

操作人：____________　　监护人：____________

管理人员鉴证：值班负责人______________　部门______________　厂级______________

八、备注

热力机械操作票

单位：________________ 班组：________________ 编号：____________

操作任务：**1号炉1A空气预热器停运** 风险等级：__________

一、发令、接令	确认划“√”
核实相关工作票已终结或押回，检查设备、系统运行方式、运行状态具备操作条件	
复诵操作指令确认无误	
根据操作任务风险等级通知相关人员到岗到位	

发令人：__________ 接令人：__________ 发令时间：________年____月____日____时____分

二、操作前作业环境风险评估	
危害因素	预 控 措 施
肢体部位或饰品衣物、用具、工具接触转动部位	（1）正确佩戴防护用品，衣服和袖口应扣好，不得戴围巾领带，长发必须盘在安全帽内； （2）不准将用具、工器具接触设备的转动部位； （3）不准在靠背轮上、安全罩上或运行中设备的轴承上行走与坐立
孔洞、沟道无盖板、防护栏缺失损坏	（1）行走及操作时注意周边工作环境是否安全，现场孔洞、沟道盖板、平台栏杆是否完好； （2）不准擅自进入现场隔离区域； （3）禁止无安全防护设施的情况下进行高空位置操作
进入噪声区域未正确使用防护用品	（1）进入噪声区域时正确佩戴合格的耳塞； （2）避免长时间在高噪声区停留

三、操作人、监护人互查	确认划“√”
人员状态：工作人员健康状况良好，无酒后、疲劳作业等情况	
个人防护：安全帽、工作鞋、工作服以及与操作任务危害因素相符的耳塞、手套等劳动保护用品等	

四、检查确认工器具完好		
工器具	完 好 标 准	确认划“√”
阀门钩	阀门钩完好无损坏和变形	

五、安全技术交底
值班负责人按照“操作前作业环境风险评估”以及操作中“风险提示”等内容向操作人、监护人进行安全技术交底。 操作人： 监护人：

确认上述二～五项内容：

管理人员鉴证：值班负责人________________ 部门________________ 厂级________________

六、操作		
操作开始时间：________年____月____日____时____分		
操作任务：1号炉1A空气预热器停运		
顺序	操 作 项 目	确认划“√”
1	检查1号炉1A一次风机已停运	
2	检查1号炉1A送风机已停运	
3	检查1号炉1A引风机已停运	
4	检查1号炉1A空气预热器入口烟气温度低于125℃	
5	检查1号炉1A空气预热器吹灰枪在退出位置	
6	解除1号炉1A空气预热器辅助电机联锁，停运主电机	
7	联锁关闭1号炉1A空气预热器入口烟气电动挡板门	

续表

顺序	操　作　项　目	确认划"√"
8	联锁关闭 1 号炉 1A 空气预热器出口热一次风电动挡板门	
9	联锁关闭 1 号炉 1A 空气预热器出口热二次风电动挡板门	
10	停止 1 号炉 1A 空气预热器高压水喷嘴密封风机	
11	操作完毕，汇报值长	

操作人：＿＿＿＿＿＿　　监护人：＿＿＿＿＿＿　　值班负责人（值长）：＿＿＿＿＿＿

七、回检	确认划"√"
确认操作过程中无跳项、漏项	
核对阀门位置正确	
远传信号、指示正常，无报警	
向值班负责人（值长）回令，值班负责人（值长）确认操作完成	

操作结束时间：＿＿＿＿年＿＿月＿＿日＿＿时＿＿分

操作人：＿＿＿＿＿＿　　监护人：＿＿＿＿＿＿

管理人员鉴证：值班负责人＿＿＿＿＿＿　部门＿＿＿＿＿＿　厂级＿＿＿＿＿＿

八、备注

热力机械操作票

单位：________________ 班组：________________ 编号：____________

操作任务：**1号炉1A一次风机并列** 风险等级：__________

一、发令、接令	确认划“√”
核实相关工作票已终结或押回，检查设备、系统运行方式、运行状态具备操作条件	
复诵操作指令确认无误	
根据操作任务风险等级通知相关人员到岗到位	

发令人：__________ 接令人：__________ 发令时间：_______年___月___日___时___分

二、操作前作业环境风险评估	
危害因素	预 控 措 施
肢体部位或饰品衣物、用具、工具接触转动部位	（1）正确佩戴防护用品，衣服和袖口应扣好，不得戴围巾领带，长发必须盘在安全帽内； （2）不准将用具、工器具接触设备的转动部位； （3）不准在靠背轮上、安全罩上或运行中设备的轴承上行走与坐立
孔洞、沟道无盖板、防护栏缺失损坏	（1）行走及操作时注意周边工作环境是否安全，现场孔洞、沟道盖板、平台栏杆是否完好； （2）不准擅自进入现场隔离区域； （3）禁止无安全防护设施的情况下进行高空位置操作
进入噪声区域未正确使用防护用品	（1）进入噪声区域时正确佩戴合格的耳塞； （2）避免长时间在高噪声区停留

三、操作人、监护人互查	确认划“√”
人员状态：工作人员健康状况良好，无酒后、疲劳作业等情况	
个人防护：安全帽、工作鞋、工作服以及与操作任务危害因素相符的耳塞、手套等劳动保护用品等	

四、检查确认工器具完好		
工器具	完 好 标 准	确认划“√”
阀门钩	阀门钩完好无损坏和变形	
测温仪	校验合格证在有效期内，计量显示准确	
测振仪	校验合格证在有效期内，计量显示准确	

五、安全技术交底
值班负责人按照“操作前作业环境风险评估”以及操作中“风险提示”等内容向操作人、监护人进行安全技术交底。 操作人： 监护人：

确认上述二～五项内容：

管理人员鉴证：值班负责人________________ 部门________________ 厂级________________

六、操作		
操作开始时间：_______年___月___日___时___分		
操作任务：1号炉1A一次风机并列		
顺序	操 作 项 目	确认划“√”
1	检查1号机组负荷450MW以下，1A磨运行且投入8只微油枪助燃	
2	强制1号炉1A一次风机启动允许条件：空气预热器出口热一次风电动挡板全开、一次风机至磨煤机冷风母管电动挡板全开	
3	强制1号炉1A一次风机跳闸条件：一次风机通道关闭	
4	检查1号炉1A一次风机各人孔门关闭严密，风机的地脚螺栓牢固，压力和温度表计、振动测点齐全完好，靠背轮连接正常，防护罩已装好	

续表

顺序	操 作 项 目	确认划“√”
5	检查1号炉1A一次风机润滑油站运行正常、油质NAS不大于7级，油站冷却水投入，油位高于最低油位（MIN）线，油箱油温大于15℃，润滑油母管压力为0.3～2.1MPa；滤网压差小于450kPa；润滑油流量在14～18L/min；备用油泵联锁投入	
6	检查1号炉1A一次风机液压油站运行正常、油质NAS不大于7级，油站冷却水投入，油位高于最低油位（MIN）线，油箱油温大于15℃，液压油母管压力为1.5～7MPa；滤网压差小于450kPa；备用油泵联锁投入	
7	检查确认以下阀门状态正确，在远方控制方式，符合1号炉1A一次风机启动条件： （1）一次风机出口电动挡板门关闭； （2）同侧空气预热器出口热一次风挡板门开启； （3）一次风机至磨煤机冷风母管挡板门开启； （4）一次风机动叶开度小于5%； （5）对侧一次风机出口挡板门关闭或一次风机运行状态	
8	检查1号炉1A一次风机电动机电源接线和外壳接地线良好，电气设备测绝缘合格后送电	
9	检查1号炉1A一次风机事故按钮处于复位状态，准备启动1A一次风机，人站在1A一次风机事故按钮附近	
10	**风险提示：**一次风机倒转时禁止启动，防止损坏电机	
	检查1号炉DCS“一次风机启动允许”条件满足，启动1A一次风机，检查轴承振动小于4.5mm/s及轴承温度小于85℃，电机轴承温度小于85℃；检查一次风机出口电动挡板门联开	
11	**风险提示：**一次风机并列时监视一次风压变化，及时调整炉膛负压	
	缓慢调节1号炉1A一次风机动叶开度，待一次风机出口压力与冷一次风母管压力差小于2kPa	
12	就地缓慢开启1号炉1A一次风机至磨煤机冷风母管电动挡板	
13	就地缓慢开启1号炉1A空气预热器出口热一次风电动挡板	
14	开启备用磨冷风隔离挡板，并适当开启调节挡板，便于风机并列	
15	缓慢开大1号炉1A一次风机动叶开度，1号炉1B一次风机动叶自动关小，直至两侧一次风机动叶开度一致	
16	当两台一次风机动叶开度一致时，投入一次风机动叶自动	
17	恢复1号炉1A一次风机启动允许条件：空气预热器出口热一次风电动挡板全开；一次风机至磨煤机冷风母管电动挡板全开	
18	恢复1号炉1A一次风机跳闸条件：一次风机通道关闭	
19	操作完毕，汇报值长	

操作人：________ 监护人：________ 值班负责人（值长）：________

七、回检	确认划“√”
确认操作过程中无跳项、漏项	
核对阀门位置正确	
远传信号、指示正常，无报警	
向值班负责人（值长）回令，值班负责人（值长）确认操作完成	

操作结束时间：____年___月___日___时___分

操作人：________ 监护人：________

管理人员鉴证：值班负责人________ 部门________ 厂级________

八、备注

热力机械操作票

单位：________ 班组：________ 编号：________

操作任务：**1 号炉 1A 一次风机解列** 风险等级：________

一、发令、接令	确认划“√”
核实相关工作票已终结或押回，检查设备、系统运行方式、运行状态具备操作条件	
复诵操作指令确认无误	
根据操作任务风险等级通知相关人员到岗到位	

发令人：________ 接令人：________ 发令时间：____年___月___日___时___分

二、操作前作业环境风险评估		
危害因素	预 控 措 施	
肢体部位或饰品衣物、用具、工具接触转动部位	（1）正确佩戴防护用品，衣服和袖口扣好，不得戴围巾领带，长发必须盘在安全帽内； （2）不准将用具、工器具接触设备的转动部位； （3）不准在靠背轮上、安全罩上或运行中设备的轴承上行走或坐立	
孔洞、沟道无盖板、防护栏缺失损坏	（1）行走及操作时注意周边现场孔洞、沟道盖板、平台栏杆是否完好； （2）不准擅自进入现场隔离区域； （3）禁止无安全防护设施的情况下进行高空位置操作	
进入噪声区域未正确使用防护用品	（1）进入噪声区域时正确佩戴合格的耳塞； （2）避免长时间在高噪声区停留	
三、操作人、监护人互查		确认划“√”
人员状态：工作人员健康状况良好，无酒后、疲劳作业等情况		
个人防护：安全帽、工作鞋、工作服以及与操作任务危害因素相符的耳塞、手套等劳动保护用品等		
四、检查确认工器具完好		
工器具	完 好 标 准	确认划“√”
阀门钩	阀门钩完好无损坏和变形	
五、安全技术交底		
值班负责人按照“操作前作业环境风险评估”以及操作中“风险提示”等内容向操作人、监护人进行安全技术交底。 操作人： 监护人：		

确认上述二～五项内容：

管理人员鉴证：值班负责人________ 部门________ 厂级________

六、操作		
操作开始时间：____年___月___日___时___分		
操作任务：1 号炉 1A 一次风机解列		
顺序	操 作 项 目	确认划“√”
1	检查 1 号机组负荷 450MW 以下，1A 磨运行且投入 8 只微油枪助燃	
2	强制 1 号炉一次风机跳闸条件“一次风机通道关闭”	
3	**风险提示：**一次风机在叶片关闭时运行不得超过 2h，防止风机叶片损坏	
	将 1 号炉两台一次风机动叶切至手动，缓慢降低 1A 一次风机动叶开度，开大 1B 一次风机动叶开度，保持冷、热一次风母管压力正常	
4	确认 1 号炉 1A 一次风机动叶开度到 0	
5	**风险提示：**一次风机解列时，必须现场手动缓慢操作冷、热一次风电动挡板，防止一次风压波动太大导致锅炉灭火	

续表

顺序	操　作　项　目	确认划“√”
5	将 1 号炉 1A 空气预热器出口热一次风电动挡板切“就地”全关	
6	将 1 号炉 1A 一次风机至磨煤机冷风母管电动挡板切至“就地”全关	
7	停运 1 号炉 1A 一次风机	
8	调整 1 号炉热一次风母管压力至正常（运行一次风机动叶开度约 85%）	
9	操作完毕，汇报值长	

操作人：__________　　监护人：__________　　值班负责人（值长）：__________

七、回检	确认划“√”
确认操作过程中无跳项、漏项	
核对阀门位置正确	
远传信号、指示正常，无报警	
向值班负责人（值长）回令，值班负责人（值长）确认操作完成	

操作结束时间：________年____月____日____时____分

操作人：____________　　监护人：____________

管理人员鉴证：值班负责人______________　部门______________　厂级______________

八、备注

热力机械操作票

单位：________ 班组：________ 编号：________

操作任务：**1 号炉 1A 一次风机启动** 风险等级：________

一、发令、接令	确认划“√”
核实相关工作票已终结或押回，检查设备、系统运行方式、运行状态具备操作条件	
复诵操作指令确认无误	
根据操作任务风险等级通知相关人员到岗到位	

发令人：________ 接令人：________ 发令时间：____年___月___日___时___分

二、操作前作业环境风险评估	
危害因素	预 控 措 施
肢体部位或饰品衣物、用具、工具接触转动部位	（1）衣服和袖口扣好，不得戴围巾领带，长发必须盘在安全帽内； （2）不准将用具、工器具接触设备的转动部位； （3）不准在靠背轮上、安全罩上或运行中设备的轴承上行走或坐立
孔洞、沟道无盖板、防护栏缺失损坏	（1）行走及操作时注意周边现场孔洞、沟道盖板、平台栏杆是否完好； （2）不准擅自进入现场隔离区域； （3）禁止无安全防护设施的情况下进行高空位置操作
进入噪声区域未正确使用防护用品	（1）进入噪声区域时正确佩戴合格的耳塞； （2）避免长时间在高噪声区停留

三、操作人、监护人互查		确认划“√”
人员状态：工作人员健康状况良好，无酒后、疲劳作业等情况		
个人防护：安全帽、工作鞋、工作服以及与操作任务危害因素相符的耳塞、手套等劳动保护用品等		
四、检查确认工器具完好		
工器具	完 好 标 准	确认划“√”
阀门钩	阀门钩完好无损坏和变形	
测温仪	校验合格证在有效期内，计量显示准确	
测振仪	校验合格证在有效期内，计量显示准确	
五、安全技术交底		
值班负责人按照“操作前作业环境风险评估”以及操作中“风险提示”等内容向操作人、监护人进行安全技术交底。 操作人： 监护人：		

确认上述二～五项内容：

管理人员鉴证：值班负责人________ 部门________ 厂级________

六、操作		
操作开始时间：____年___月___日___时___分		
操作任务：1 号炉 1A 一次风机启动		
顺序	操 作 项 目	确认划“√”
1	检查 1 号炉 1A 一次风机各人孔门关闭严密，风机地脚螺栓牢固，压力和温度表计、振动测点齐全完好，靠背轮连接正常，防护罩已装好	
2	检查 1 号炉 1A、1B 密封风机及密封风系统相关检修工作结束，安全措施已拆除，密封风机具备启动条件	
3	检查 1 号炉 1A、1B 密封风机出入口风门挡板活动试验正常，就地指示和 DCS 上相对应	
4	检查 1 号炉所有磨煤机冷、热一次风气动插板门、电动调节挡板、磨煤机出口气动快关门活动试验正常，各磨煤机风量测点已投入，就地指示和 DCS 上相对应	

续表

顺序	操　作　项　目	确认划“√”
5	检查1号炉1A一次风机润滑油站运行正常、油质NAS不小于7级，油站冷却水投入，油位高于最低油位（MIN）线，油箱油温大于15℃，润滑油母管压力0.3～2.1MPa；滤网压差小于450kPa；润滑油流量在14～18L/min；备用油泵联锁投入	
6	检查1号炉1A一次风机液压油站运行正常、油质NAS不小于7级，油站冷却水投入，油位高于最低油位(MIN)线，油箱油温大于15℃，液压油母管压力1.5～7MPa；滤网压差小于450kPa；备用油泵联锁投入	
7	**风险提示：**必须确保一次风机通道建立，防止无通道启动一次风机造成风机损坏	
	检查确认1号炉三套制粉系统没有存粉的情况下，打开三台磨煤机的冷、热一次风气动插板门、磨煤机入口混合风门、磨煤机出口气动插板门、磨煤机出口粉管电动门，打通一次风通道	
8	**风险提示：**送上1号炉1A一次风机动叶电源前，确认液压油站运行，防止损坏液压缸	
	确认1号炉1A一次风机液压油站运行正常后，送上1A一次风机动叶电源，控制方式切至远方，将动叶关闭	
9	确认1号锅炉MFT已复归	
10	检查确认以下阀门状态正确，在远方控制方式，符合1号炉1A一次风机启动条件： （1）1A一次风机出口电动挡板门关闭； （2）同侧空预器出口热一次风挡板门开启； （3）1A一次风机至磨煤机冷风母管挡板门开启； （4）1A一次风机动叶开度小于5%； （5）对侧一次风机出口挡板门关闭或一次风机运行状态	
11	大修后应盘动1号炉1A一次风机靠背轮2～3转，确认转动灵活无卡涩现象	
12	检查1号炉1A一次风机电机电源接线和外壳接地线良好，电气设备测绝缘合格后送电	
13	检查1号炉1A一次风机事故按钮处于复位状态，准备启动1A一次风机，人站在一次风机事故按钮附近	
14	**风险提示：**禁止电机在反转情况下启动，防止过电流烧毁电机	
	检查1号炉DCS“一次风机启动允许”条件满足，启动1A一次风机，检查轴承振动小于4.5mm/s及轴承温度小于85℃，电机轴承温度小于85℃；检查一次风机出口电动挡板门联开	
15	确认1号炉1B一次风机未反转	
16	根据风机出力情况及时调整炉膛负压	
17	操作完毕，汇报值长	

操作人：__________　　监护人：__________　　值班负责人（值长）：__________

七、回检	确认划“√”
确认操作过程中无跳项、漏项	
核对阀门位置正确	
远传信号、指示正常，无报警	
向值班负责人（值长）回令，值班负责人（值长）确认操作完成	

操作结束时间：______年___月___日___时___分

操作人：__________　　监护人：__________

管理人员鉴证：值班负责人__________　部门__________　厂级__________

八、备注

热力机械操作票

单位：________ 班组：________ 编号：________

操作任务：**1号炉1A一次风机润滑油站启动** 风险等级：________

一、发令、接令	确认划"√"
核实相关工作票已终结或押回，检查设备、系统运行方式、运行状态具备操作条件	
复诵操作指令确认无误	
根据操作任务风险等级通知相关人员到岗到位	

发令人：________ 接令人：________ 发令时间：____年___月___日___时___分

二、操作前作业环境风险评估		
危害因素	预 控 措 施	
肢体部位或饰品衣物、用具、工具接触转动部位	（1）衣服和袖口扣好，不得戴围巾领带，长发必须盘在安全帽内； （2）不准将用具、工器具接触设备的转动部位； （3）不准在靠背轮上、安全罩上或运行中设备的轴承上行走或坐立	
孔洞、沟道无盖板、防护栏缺失损坏	（1）行走及操作时注意周边现场孔洞、沟道盖板、平台栏杆是否完好； （2）不准擅自进入现场隔离区域； （3）禁止无安全防护设施的情况下进行高空位置操作	
进入噪声区域未正确使用防护用品	（1）进入噪声区域时正确佩戴合格的耳塞； （2）避免长时间在高噪声区停留	
三、操作人、监护人互查		确认划"√"
人员状态：工作人员健康状况良好，无酒后、疲劳作业等情况		
个人防护：安全帽、工作鞋、工作服以及与操作任务危害因素相符的耳塞、手套等劳动保护用品等		
四、检查确认工器具完好		
工器具	完 好 标 准	确认划"√"
阀门钩	阀门钩完好无损坏和变形	
测温仪	校验合格证在有效期内，计量显示准确	
测振仪	校验合格证在有效期内，计量显示准确	
五、安全技术交底		
值班负责人按照"操作前作业环境风险评估"以及操作中"风险提示"等内容向操作人、监护人进行安全技术交底。 操作人： 监护人：		

确认上述二～五项内容：

管理人员鉴证：值班负责人________ 部门________ 厂级________

六、操作		
操作开始时间：____年___月___日___时___分		
操作任务：1号炉1A一次风机润滑油站启动		
顺序	操 作 项 目	确认划"√"
1	检查1号炉1A一次风机润滑油油站油质合格，清洁度等级NAS不大于7级	
2	检查1号炉1A一次风机润滑油油站油箱油位在油位窥视窗的启动前油位标记线附近且高于最低油位线（MIN），油箱排污门关闭严密，无泄漏	
3	检查1号炉1A一次风机润滑油站以下热控仪表、测点齐全完好，具备启动条件： （1）润滑油泵出口压力表一次门开启； （2）润滑供油压力变送器一次门开启	

续表

顺序	操　作　项　目	确认划“√”
4	检查 1 号炉 1A 一次风机润滑油站 A 润滑油泵事故按钮保护罩完好，事故按钮已复位	
5	检查 1 号炉 1A 一次风机润滑油站 B 润滑油泵事故按钮保护罩完好，事故按钮已复位	
6	检查 1 号炉 1A 一次风机润滑油站油箱 A 电加热事故按钮保护罩完好，事故按钮已复位	
7	检查 1 号炉 1A 一次风机润滑油站油箱 B 电加热事故按钮保护罩完好，事故按钮已复位	
8	检查 1 号炉 1A 一次风机润滑油滤网：A 侧滤网运行，B 侧滤网备用	
9	开启 1 号炉 1A 一次风机润滑油 A、B 冷却器冷却水进水手动门	
10	开启 1 号炉 1A 一次风机润滑油 A、B 冷却器冷却水回水手动门	
11	开启 1 号炉 1A 一次风机液压油站立柱处润滑油站冷却水进回水手动总门	
12	检查 1 号炉 1A 一次风机润滑油站冷却水回水温度为____℃	
13	检查 1 号炉 1A 一次风机润滑油箱油温传感器，若油温小于 23℃，投入油箱电加热装置，并投入“联锁”，控制油温 23～35℃	
14	检查 1 号炉闭式水供水温度不大于 38℃	
15	检查 1 号炉 1A 一次风机润滑油站油泵电机电源接线和接地线良好，油泵电机测绝缘合格	
16	在 DCS 上启动 1 号炉 1A 一次风机 A 润滑油泵运行	
17	检查 1 号炉 1A 一次风机润滑油站润滑油流量在 14～18L/min 之间，润滑油母管油压在 0.3～2.1MPa 之间，就地流量计读数应在红色标记位附近	
18	检查 1 号炉 1A 一次风机润滑油站油箱油位略微下降约 1cm 后稳定在运行油位标记线附近，润滑油系统无漏油	
19	检查 1 号炉 1A 一次风机润滑油站润滑油系统无漏油，投入备用油泵联锁	
20	检查 1 号炉 1A 一次风机润滑油站滤网差压开关红色发讯按钮未在弹出“发讯”位置，DCS 相应运行滤网无差压大报警	
21	操作完毕，汇报值长	

操作人：__________　　监护人：__________　　值班负责人（值长）：__________

七、回检	确认划“√”
确认操作过程中无跳项、漏项	
核对阀门位置正确	
远传信号、指示正常，无报警	
向值班负责人（值长）回令，值班负责人（值长）确认操作完成	

操作结束时间：________年____月____日____时____分

操作人：____________　　监护人：____________

管理人员鉴证：值班负责人______________　部门______________　厂级______________

八、备注

热力机械操作票

单位：________________ 班组：________________ 编号：____________

操作任务：**1 号炉 1A 一次风机液压油站启动** 风险等级：__________

一、发令、接令	确认划“√”
核实相关工作票已终结或押回，检查设备、系统运行方式、运行状态具备操作条件	
复诵操作指令确认无误	
根据操作任务风险等级通知相关人员到岗到位	

发令人：__________ 接令人：__________ 发令时间：_______年___月___日___时___分

二、操作前作业环境风险评估	
危害因素	预 控 措 施
肢体部位或饰品衣物、用具、工具接触转动部位	（1）衣服和袖口扣好，不得戴围巾领带，长发必须盘在安全帽内； （2）不准将用具、工器具接触设备的转动部位； （3）不准在靠背轮上、安全罩上或运行中设备的轴承上行走或坐立
孔洞、沟道无盖板、防护栏缺失损坏	（1）行走及操作时注意周边现场孔洞、沟道盖板、平台栏杆是否完好； （2）不准擅自进入现场隔离区域； （3）禁止无安全防护设施的情况下进行高空位置操作
进入噪声区域未正确使用防护用品	（1）进入噪声区域时正确佩戴合格的耳塞； （2）避免长时间在高噪声区停留

三、操作人、监护人互查		确认划“√”
人员状态：工作人员健康状况良好，无酒后、疲劳作业等情况		
个人防护：安全帽、工作鞋、工作服以及与操作任务危害因素相符的耳塞、手套等劳动保护用品等		
四、检查确认工器具完好		
工器具	完 好 标 准	确认划“√”
阀门钩	阀门钩完好无损坏和变形	
测温仪	校验合格证在有效期内，计量显示准确	
测振仪	校验合格证在有效期内，计量显示准确	
五、安全技术交底		
值班负责人按照“操作前作业环境风险评估”以及操作中“风险提示”等内容向操作人、监护人进行安全技术交底。 操作人： 监护人：		

确认上述二～五项内容：

管理人员鉴证：值班负责人________________ 部门________________ 厂级________________

六、操作		
操作开始时间：_______年___月___日___时___分		
操作任务：1 号炉 1A 一次风机液压油站启动		
顺序	操 作 项 目	确认划“√”
1	检查 1 号炉 1A 一次风机液压油油站油质合格，清洁度等级 NAS 不大于 7 级	
2	检查 1 号炉 1A 一次风机液压油站油箱油位在油位窥视窗的启动前油位标记线附近且高于最低油位线（MIN），油箱排污门关闭严密，无泄漏	
3	检查 1 号炉 1A 一次风机液压油站以下热控仪表、测点齐全完好，具备启动条件： （1）液压油泵出口压力表一次门开启； （2）润滑供油压力变送器一次门开启	

续表

顺序	操 作 项 目	确认划“√”
4	检查1号炉1A一次风机液压油站A液压油泵事故按钮保护罩完好，事故按钮已复位	
5	检查1号炉1A一次风机液压油站B液压油泵事故按钮保护罩完好，事故按钮已复位	
6	检查1号炉1A一次风机液压油站油箱A电加热事故按钮保护罩完好，事故按钮已复位	
7	检查1号炉1A一次风机液压油站油箱B电加热事故按钮保护罩完好，事故按钮已复位	
8	检查1号炉1A一次风机液压油滤网：A侧滤网运行，B侧滤网备用	
9	开启1号炉1A一次风机液压油A、B冷却器进回水手动总门	
10	开启1号炉1A一次风机液压油A、B冷却器冷却水回水手动门	
11	开启1号炉1A一次风机液压油站冷却水进回水手动总门	
12	检查1号炉1A一次风机液压油站冷却水回水温度为____℃	
13	检查1号炉1A一次风机油箱油温传感器，若油温小于23℃，投入油箱电加热装置，并投入“联锁”，控制油温为23～35℃	
14	检查1号炉闭式水供水温度不大于38℃	
15	检查1号炉1A一次风机液压油站油泵电机电源接线和接地线良好，油泵测绝缘合格后送电	
16	在DCS上启动1号炉1A一次风机____液压油泵运行	
17	检查1号炉1A一次风机液压油压力1.5～7MPa	
18	检查1号炉1A一次风机油箱油位略微下降约1cm后稳定在运行油位标记线附近，液压油系统无漏油	
19	检查1号炉1A一次风机轴承回油正常，液压油系统无漏油	
20	投入1号炉1A一次风机备用油泵联锁	
21	检查1号炉1A一次风机滤网差压开关红色发讯按钮未在弹出“发讯”位置，DCS相应运行滤网无差压大报警	
22	操作完毕，汇报值长	

操作人：____________ 监护人：____________ 值班负责人（值长）：____________

七、回检	确认划“√”
确认操作过程中无跳项、漏项	
核对阀门位置正确	
远传信号、指示正常，无报警	
向值班负责人（值长）回令，值班负责人（值长）确认操作完成	

操作结束时间：________年____月____日____时____分

操作人：______________ 监护人：______________

管理人员鉴证：值班负责人________________ 部门________________ 厂级________________

八、备注

热力机械操作票

单位：________________ 班组：________________ 编号：____________

操作任务：**1号炉烟冷器投运** 风险等级：________

一、发令、接令	确认划“√”
核实相关工作票已终结或押回，检查设备、系统运行方式、运行状态具备操作条件	
复诵操作指令确认无误	
根据操作任务风险等级通知相关人员到岗到位	

发令人：__________ 接令人：__________ 发令时间：_______年___月___日___时___分

二、操作前作业环境风险评估		
危害因素	预 控 措 施	
肢体部位或饰品衣物、用具、工具接触转动部位	（1）衣服和袖口扣好，不得戴围巾领带，长发必须盘在安全帽内； （2）不准将用具、工器具接触设备的转动部位； （3）不准在靠背轮上、安全罩上或运行中设备的轴承上行走或坐立	
孔洞、沟道无盖板、防护栏缺失损坏	（1）行走及操作时注意周边现场孔洞、沟道盖板、平台栏杆是否完好； （2）不准擅自进入现场隔离区域； （3）禁止无安全防护设施的情况下进行高空位置操作	
进入噪声区域未正确使用防护用品	（1）进入噪声区域时正确佩戴合格的耳塞； （2）避免长时间在高噪声区停留	
三、操作人、监护人互查		确认划“√”
人员状态：工作人员健康状况良好，无酒后、疲劳作业等情况		
个人防护：安全帽、工作鞋、工作服以及与操作任务危害因素相符的耳塞、手套等劳动保护用品等		
四、检查确认工器具完好		
工器具	完 好 标 准	确认划“√”
阀门钩	阀门钩完好无损坏和变形	
测温仪	校验合格证在有效期内，计量显示准确	
测振仪	校验合格证在有效期内，计量显示准确	
五、安全技术交底		
值班负责人按照“操作前作业环境风险评估”以及操作中“风险提示”等内容向操作人、监护人进行安全技术交底。 操作人： 监护人：		

确认上述二～五项内容：

管理人员鉴证：值班负责人________________ 部门________________ 厂级________________

六、操作		
操作开始时间：_______年___月___日___时___分		
操作任务：1号炉烟冷器投运		
顺序	操 作 项 目	确认划“√”
1	检查确认1号机凝结水系统运行正常，7、8号低压加热器进水，其旁路电动门关闭	
2	**风险提示：**严格控制进水温度，使水温与管壁温之间的温差控制在55℃以下，防止管道应力损坏	
	开启1号炉10列烟冷器供水手动门	
3	开启1号炉10列烟冷器回水手动门	
4	开启1号炉10列烟冷器排空门	

续表

顺序	操 作 项 目	确认划“√”
5	开启 1 号炉烟气余热换热器凝结水炉侧供水电动门	
6	开启 1 号炉烟气余热换热器注水电动门，对烟冷器进行注水	
7	开启 1 号炉 10 列烟冷器排空门见水后关闭	
8	开启 1 号炉 10 列烟冷器排污门排污 10min 后关闭	
9	开启 1 号炉烟冷器再循环泵进、出口电动门，然后开启再循环管路 3 路排污门及泵体排污门，排污 10min 后关闭	
10	开启 1 号炉烟气余热换热器凝结水炉侧回水电动门	
11	开启 1 号炉烟气余热换热器凝结水机侧回水电动门	
12	开启 1 号炉凝结水至烟气余热换热器及引风机汽轮机供水电动门	
13	开启 1 号炉闭式水至烟冷器再循环泵供水手动门	
14	开启 1 号炉闭式水至烟冷器再循环泵回水手动门	
15	开启 1 号炉烟冷器机封冲洗水，冲洗 5min 后关闭	
16	开启 1 号炉烟冷器机封冷却水，检查回水正常	
17	开启 1 号炉烟冷器轴承冷却水，检查回水正常	
18	启动 1 号炉烟冷器再循环泵，开启出口调节门 10%开度，确保再循环泵最小流量	
19	操作完毕，汇报值长	

操作人：__________ 监护人：__________ 值班负责人（值长）：__________

七、回检	确认划“√”
确认操作过程中无跳项、漏项	
核对阀门位置正确	
远传信号、指示正常，无报警	
向值班负责人（值长）回令，值班负责人（值长）确认操作完成	

操作结束时间：________年____月____日____时____分

操作人：____________ 监护人：____________

管理人员鉴证：值班负责人______________ 部门______________ 厂级______________

八、备注

热力机械操作票

单位：________ 班组：________ 编号：________

操作任务：**1号炉1A密封风机切换至1B密封风机运行** 风险等级：________

一、发令、接令	确认划"√"
核实相关工作票已终结或押回，检查设备、系统运行方式、运行状态具备操作条件	
复诵操作指令确认无误	
根据操作任务风险等级通知相关人员到岗到位	

发令人：________ 接令人：________ 发令时间：________年____月____日____时____分

二、操作前作业环境风险评估		
危害因素	预 控 措 施	
肢体部位或饰品衣物、用具、工具接触转动部位	（1）衣服和袖口扣好，不得戴围巾领带，长发必须盘在安全帽内； （2）不准将用具、工器具接触设备的转动部位； （3）不准在靠背轮上、安全罩上或运行中设备的轴承上行走或坐立	
孔洞、沟道无盖板、防护栏缺失损坏	（1）行走及操作时注意周边现场孔洞、沟道盖板、平台栏杆是否完好； （2）不准擅自进入现场隔离区域； （3）禁止无安全防护设施的情况下进行高空位置操作	
进入噪声区域未正确使用防护用品	（1）进入噪声区域时正确佩戴合格的耳塞； （2）避免长时间在高噪声区停留	
三、操作人、监护人互查		确认划"√"
人员状态：工作人员健康状况良好，无酒后、疲劳作业等情况		
个人防护：安全帽、工作鞋、工作服以及与操作任务危害因素相符的耳塞、手套等劳动保护用品等		
四、检查确认工器具完好		
工器具	完 好 标 准	确认划"√"
阀门钩	阀门钩完好无损坏和变形	
测温仪	校验合格证在有效期内，计量显示准确	
测振仪	校验合格证在有效期内，计量显示准确	
五、安全技术交底		
值班负责人按照"操作前作业环境风险评估"以及操作中"风险提示"等内容向操作人、监护人进行安全技术交底。 操作人： 监护人：		

确认上述二～五项内容：

管理人员鉴证：值班负责人________ 部门________ 厂级________

六、操作		
操作开始时间：________年____月____日____时____分		
操作任务：1号炉1A密封风机切换至1B密封风机运行		
顺序	操 作 项 目	确认划"√"
1	检查1号炉1A密封风机运行正常，密封风母管压力大于磨煤机一次风压4kPa	
2	检查1号炉1B密封风机在热备用状态，轴承油位约1/2，风机不倒转，入口电动门开启，入口调节挡板为50%左右，出口手动门开启	
3	关闭1号炉1B密封风机入口调节挡板	
4	在DCS上启动1号炉1B密封风机，检查电流____A、振动小于6.3mm/s、轴承温度温升不超过40℃	

续表

顺序	操 作 项 目	确认划“√”
5	开启1号炉1B密封风机入口调节挡板至50%，维持密封风母管压力大于磨煤机一次风压4kPa，风机出口风压明显上升	
6	确认“联锁”投入，关闭1A密封风机入口调节挡板后停运1号炉1A密封风机	
7	开启1号炉1A密封风机入口调节挡板至50%	
8	操作完毕，汇报值长	

操作人：__________ 监护人：__________ 值班负责人（值长）：__________

七、回检	确认划“√”
确认操作过程中无跳项、漏项	
核对阀门位置正确	
远传信号、指示正常，无报警	
向值班负责人（值长）回令，值班负责人（值长）确认操作完成	

操作结束时间：________年____月____日____时____分

操作人：____________ 监护人：____________

管理人员鉴证：值班负责人________________ 部门________________ 厂级________________

八、备注

热力机械操作票

单位：________________ 班组：________________ 编号：____________

操作任务：**3号机辅助蒸汽系统投入（临机供汽）** 风险等级：__________

一、发令、接令	确认划“√”
核实相关工作票已终结或押回，检查设备、系统运行方式、运行状态具备操作条件	
复诵操作指令确认无误	
根据操作任务风险等级通知相关人员到岗到位	

发令人：__________ 接令人：__________ 发令时间：__________年____月____日____时____分

二、操作前作业环境风险评估		
危害因素	预 控 措 施	
肢体部位或饰品衣物、用具、工具接触转动部位	（1）衣服和袖口扣好，不得戴围巾领带，长发必须盘在安全帽内； （2）不准将用具、工器具接触设备的转动部位； （3）不准在靠背轮上、安全罩上或运行中设备的轴承上行走或坐立	
孔洞、沟道无盖板、防护栏缺失损坏	（1）行走及操作时注意周边现场孔洞、沟道盖板、平台栏杆是否完好； （2）不准擅自进入现场隔离区域； （3）禁止无安全防护设施的情况下进行高空位置操作	
进入噪声区域未正确使用防护用品	（1）进入噪声区域时正确佩戴合格的耳塞； （2）避免长时间在高噪声区停留	
三、操作人、监护人互查		确认划“√”
人员状态：工作人员健康状况良好，无酒后、疲劳作业等情况		
个人防护：安全帽、工作鞋、工作服以及与操作任务危害因素相符的耳塞、手套等劳动保护用品等		
四、检查确认工器具完好		
工器具	完 好 标 准	确认划“√”
阀门钩	阀门钩完好无损坏和变形	
测温仪	校验合格证在有效期内，计量显示准确	
五、安全技术交底		
值班负责人按照“操作前作业环境风险评估”以及操作中“风险提示”等内容向操作人、监护人进行安全技术交底。 操作人： 监护人：		

确认上述二～五项内容：

管理人员鉴证：值班负责人________________ 部门________________ 厂级________________

六、操作		
操作开始时间：_______年___月___日___时___分		
操作任务：3号机辅助蒸汽系统投入（临机供汽）		
顺序	操 作 项 目	确认划“√”
1	检查3号机辅助蒸汽系统内所有电动门和气动门已送电送气正常，各热工测点指示正确	
2	检查确认一期至二期辅助蒸汽联络电动门1已关闭	
3	检查确认一期至二期辅助蒸汽联络电动门2已关闭	
4	检查确认4号机辅助蒸汽系统运行正常，辅助蒸汽联箱压力在0.8～1.3MPa之间，温度在300～380℃之间，具备供汽条件	
5	检查确认4号机辅助蒸汽联箱至二期辅汽母管电动门开启，临机辅助蒸汽联箱与二期辅助蒸汽母管联络运行正常	

续表

顺序	操 作 项 目	确认划“√”
6	确认3号机凝结水和循环水系统投运正常	
7	检查3号机辅助蒸汽联箱（待投运）上至机炉各用户已隔离，阀门关闭严密	
8	关闭临机辅助蒸汽供汽管道供汽电动门前手门，使用该阀进行后续暖管操作	
9	开启一期至3号机辅助蒸汽供气管道供汽电动门前手动门	
10	开启一期至3号机辅助蒸汽供气管道供汽电动门	
11	检查二期辅助蒸汽供汽母管3号机侧疏水器投运正常	
12	检查二期辅助蒸汽供汽母管4号机侧疏水器投运正常	
13	开启3号机辅助蒸汽联箱疏水至凝汽器疏水器主路、旁路手动门	
14	开启3号机辅助蒸汽联箱（待投运）疏水至无压放水手动门开启	
15	缓慢开启3号机辅助蒸汽联箱进汽手动门5%～10%，对3号机辅助蒸汽联箱进行暖管疏水（60min），暖管结束后全开此手动门	
16	**风险提示：**操作时应缓慢进行，疏水应充分，控制升温率在2℃/min以内，防止暖管不充分造成管道振动拉裂、设备损坏	
	控制联箱压力在0.05～0.1MPa之间，温升小于2℃/min，管道无冲击	
17	辅汽联箱充分暖管，温度上升至200℃后，关闭联箱疏水器旁路手动门，投入疏水器运行，关闭疏水至无压放水手动门	
18	监视3号机高压凝汽器疏水扩容器温度正常（<45℃），否则投入扩容器减温水	
19	联系4号机注意监视辅助蒸汽运行正常，各参数无大幅波动	
20	3号机辅助蒸汽系统投运正常后，检查系统无泄漏，辅助蒸汽联箱压力为0.8～1.3MPa、温度为300～380℃	
21	根据需要，投用机侧、炉侧各辅助蒸汽用户	
22	操作完毕，汇报值长	

操作人：__________ 监护人：__________ 值班负责人（值长）：__________

七、回检	确认划“√”
确认操作过程中无跳项、漏项	
核对阀门位置正确	
远传信号、指示正常，无报警	
向值班负责人（值长）回令，值班负责人（值长）确认操作完成	

操作结束时间：______年___月___日___时___分

操作人：__________ 监护人：__________

管理人员鉴证：值班负责人__________ 部门__________ 厂级__________

八、备注

热力机械操作票

单位：________________ 班组：________________ 编号：____________

操作任务：**1号炉1A微油助燃风机切换至1B微油助燃风机运行** 风险等级：________

一、发令、接令	确认划“√”
核实相关工作票已终结或押回，检查设备、系统运行方式、运行状态具备操作条件	
复诵操作指令确认无误	
根据操作任务风险等级通知相关人员到岗到位	

发令人：__________ 接令人：__________ 发令时间：__________年____月____日____时____分

二、操作前作业环境风险评估		
危害因素	预 控 措 施	
肢体部位或饰品衣物、用具、工具接触转动部位	（1）衣服和袖口扣好，不得戴围巾领带，长发必须盘在安全帽内； （2）不准将用具、工器具接触设备的转动部位； （3）不准在靠背轮上、安全罩上或运行中设备的轴承上行走或坐立	
孔洞、沟道无盖板、防护栏缺失损坏	（1）行走及操作时注意周边现场孔洞、沟道盖板、平台栏杆是否完好； （2）不准擅自进入现场隔离区域； （3）禁止无安全防护设施的情况下进行高空位置操作	
进入噪声区域未正确使用防护用品	（1）进入噪声区域时正确佩戴合格的耳塞； （2）避免长时间在高噪声区停留	
三、操作人、监护人互查		确认划“√”
人员状态：工作人员健康状况良好，无酒后、疲劳作业等情况		
个人防护：安全帽、工作鞋、工作服以及与操作任务危害因素相符的耳塞、手套等劳动保护用品等		
四、检查确认工器具完好		
工器具	完 好 标 准	确认划“√”
阀门钩	阀门钩完好无损坏和变形	
测温仪	校验合格证在有效期内，计量显示准确	
测振仪	校验合格证在有效期内，计量显示准确	
五、安全技术交底		
值班负责人按照“操作前作业环境风险评估”以及操作中“风险提示”等内容向操作人、监护人进行安全技术交底。 操作人： 监护人：		

确认上述二～五项内容：

管理人员鉴证：值班负责人________________ 部门________________ 厂级________________

六、操作		
操作开始时间：________年____月____日____时____分		
操作任务：1号炉1A微油助燃风机切换至1B微油助燃风机运行		
顺序	操 作 项 目	确认划“√”
1	检查1号炉1A微油助燃风机运行正常，风压大于2.5kPa	
2	检查1号炉1B微油助燃风机在热备用状态，入口滤网清洁，风机不倒转，其入口手动门在2/3处	
3	启动1号炉1B微油助燃风机，电流不大于52.7A	
4	就地检查1号炉1B微油助燃风机确已启动，母管压力明显上升，声音、振动正常	
5	确认1号炉微油助燃风机“联锁”投入，停运1号炉1A微油助燃风机，检查出口切换挡板切换正常，微油助燃风机出口风压大于2.5kPa	

续表

顺序	操 作 项 目	确认划“√”
6	检查1号炉1A微油助燃风机已停运，不倒转	
7	操作完毕，汇报值长	

操作人：__________ 监护人：__________ 值班负责人（值长）：__________

七、回检	确认划“√”
确认操作过程中无跳项、漏项	
核对阀门位置正确	
远传信号、指示正常，无报警	
向值班负责人（值长）回令，值班负责人（值长）确认操作完成	

操作结束时间：________年____月____日____时____分

操作人：____________ 监护人：____________

管理人员鉴证：值班负责人________________ 部门________________ 厂级________________

八、备注

热力机械操作票

单位：__________ 班组：__________ 编号：__________

操作任务：**1 号炉 1A 磨煤机润滑油站 A 滤网切换至 B 滤网运行** 风险等级：__________

一、发令、接令	确认划“√”
核实相关工作票已终结或押回，检查设备、系统运行方式、运行状态具备操作条件	
复诵操作指令确认无误	
根据操作任务风险等级通知相关人员到岗到位	

发令人：______ 接令人：______ 发令时间：______年___月___日___时___分

二、操作前作业环境风险评估		
危害因素	预 控 措 施	
肢体部位或饰品衣物、用具、工具接触转动部位	（1）衣服和袖口扣好，不得戴围巾领带，长发必须盘在安全帽内； （2）不准将用具、工器具接触设备的转动部位； （3）不准在靠背轮上、安全罩上或运行中设备的轴承上行走或坐立	
孔洞、沟道无盖板、防护栏缺失损坏	（1）行走及操作时注意周边现场孔洞、沟道盖板、平台栏杆是否完好； （2）不准擅自进入现场隔离区域； （3）禁止无安全防护设施的情况下进行高空位置操作	
进入噪声区域未正确使用防护用品	（1）进入噪声区域时正确佩戴合格的耳塞； （2）避免长时间在高噪声区停留	
三、操作人、监护人互查		确认划“√”
人员状态：工作人员健康状况良好，无酒后、疲劳作业等情况		
个人防护：安全帽、工作鞋、工作服以及与操作任务危害因素相符的耳塞、手套等劳动保护用品等		
四、检查确认工器具完好		
工器具	完 好 标 准	确认划“√”
阀门钩	阀门钩完好无损坏和变形	
五、安全技术交底		
值班负责人按照“操作前作业环境风险评估”以及操作中“风险提示”等内容向操作人、监护人进行安全技术交底。 操作人： 监护人：		

确认上述二～五项内容：

管理人员鉴证：值班负责人__________ 部门__________ 厂级__________

六、操作		
操作开始时间：______年___月___日___时___分		
操作任务：1 号炉 1A 磨煤机润滑油站 A 滤网切换至 B 滤网运行		
顺序	操 作 项 目	确认划“√”
1	检查 1 号炉 1A 磨煤机润滑油站油泵出口油压为____MPa，滤网后油压为____MPa，滤网差压为____MPa	
2	检查 1 号炉 1A 磨煤机油站滤网切换手柄位置：A 滤网运行，B 滤网备用（切换阀杆限位杆所指侧为备用侧）	
3	检查 1 号炉 1A 磨煤机润滑油站滤网压差开关红色发讯小按钮处于弹出（发讯）状态，对应运行滤网 DCS 报警：滤网差压大	
4	**风险提示：**切换过程中需密切监视 1 号炉 1A 磨煤机润滑油压力变化，若油压快速下降，立即切回原滤网运行	

续表

顺序	操 作 项 目	确认划“√”
4	微开1号炉1A磨煤机润滑油站滤网注油门，用扳手松动待运行滤网上盖板的放气螺栓对要切换至运行状态的滤网进行缓慢注油，但注意不要全部松开，以防大量漏油	
5	检查1号炉1A磨煤机润滑油站润滑油流量波动不大，新投入的滤网无漏油异常，逐渐将注油门全开	
6	当1号炉1A磨煤机润滑油站滤网上盖板的放气螺栓有油缓慢溢出，说明该滤网已经注油完毕，拧紧放气螺栓	
7	将1号炉1A磨煤机润滑油站滤网三通阀手柄打至另一滤网运行，关闭注油门	
8	检查1号炉1A磨煤机润滑油站三通阀阀杆上的限位杆已对准原运行侧滤网，即已转为备用状态	
9	检查1号炉1A磨煤机润滑油站油压、滤网前后压差及回油正常。油泵出口压力为____MPa，滤网后压力为____MPa，流量为____L/min	
10	根据1号炉1A磨煤机润滑油站滤网前后压力差值得出，滤网压差小于0.25MPa，检查滤网压差开关红色发讯小按钮复位，对应运行滤网DCS无滤网差压大报警信号存在	
11	联系检修对1号炉1A磨煤机润滑油站原运行滤网进行清洗	
12	操作完毕，汇报值长	

操作人：____________　　监护人：____________　　值班负责人（值长）：____________

七、回检	确认划“√”
确认操作过程中无跳项、漏项	
核对阀门位置正确	
远传信号、指示正常，无报警	
向值班负责人（值长）回令，值班负责人（值长）确认操作完成	

操作结束时间：________年____月____日____时____分

操作人：____________　　监护人：____________

管理人员鉴证：值班负责人________________　部门________________　厂级________________

八、备注

热力机械操作票

单位：______________ 班组：______________ 编号：______________

操作任务：主厂房 A 仪用空气压缩机启动 风险等级：__________

一、发令、接令	确认划“√”
核实相关工作票已终结或押回，检查设备、系统运行方式、运行状态具备操作条件	
复诵操作指令确认无误	
根据操作任务风险等级通知相关人员到岗到位	

发令人：__________ 接令人：__________ 发令时间：__________年____月____日____时____分

二、操作前作业环境风险评估	
危害因素	预 控 措 施
肢体部位或饰品衣物、用具、工具接触转动部位	（1）衣服和袖口扣好，不得戴围巾领带，长发必须盘在安全帽内； （2）不准将用具、工器具接触设备的转动部位； （3）不准在靠背轮上、安全罩上或运行中设备的轴承上行走或坐立
孔洞、沟道无盖板、防护栏缺失损坏	（1）行走及操作时注意周边现场孔洞、沟道盖板、平台栏杆是否完好； （2）不准擅自进入现场隔离区域； （3）禁止无安全防护设施的情况下进行高空位置操作
进入噪声区域未正确使用防护用品	（1）进入噪声区域时正确佩戴合格的耳塞； （2）避免长时间在高噪声区停留

三、操作人、监护人互查	确认划“√”
人员状态：工作人员健康状况良好，无酒后、疲劳作业等情况	
个人防护：安全帽、工作鞋、工作服以及与操作任务危害因素相符的耳塞、手套等劳动保护用品等	

四、检查确认工器具完好		
工器具	完 好 标 准	确认划“√”
阀门钩	阀门钩完好无损坏和变形	
测温仪	校验合格证在有效期内，计量显示准确	
测振仪	校验合格证在有效期内，计量显示准确	

五、安全技术交底
值班负责人按照“操作前作业环境风险评估”以及操作中“风险提示”等内容向操作人、监护人进行安全技术交底。 操作人： 监护人：

确认上述二～五项内容：

管理人员鉴证：值班负责人______________ 部门______________ 厂级______________

六、操作		
操作开始时间：________年____月____日____时____分		
操作任务：主厂房 A 仪用空气压缩机启动		
顺序	操 作 项 目	确认划“√”
1	检查主厂房 A 仪用空气压缩机各连接部件的结合与紧固情况正常，接地线接地牢固，空气压缩机外壳百叶窗无杂物，入口空气过滤器清洁无杂物，冷却风扇及入口无杂物堵塞	
2	检查主厂房 A 仪用空气压缩机启动条件满足： （1）检查操作面板处紧急停机按钮已复位，操作面板无告警； （2）检查空气压缩机操作面板上控制方式在“远方”； （3）检查主厂房 A 仪用空气压缩机油冷却器放水门关闭，后冷却器放水门关闭； （4）检查主厂房 A 仪用空气压缩机油位不低：加载时油位在绿色区间	

续表

顺序	操 作 项 目	确认划"√"
3	检查主厂房A仪用空气压缩机出口压力表一次门开启，出口压力、温度测点完好	
4	检查主厂房A仪用空气压缩机出口母管放水门关闭	
5	检查主厂房A仪用空气压缩机房冷却水供水母管压力大于0.2MPa，回水温度小于36℃	
6	开启主厂房A仪用空气压缩机冷却水进、回水手动门，检查管道无泄漏	
7	开启主厂房A仪用压缩空气干燥机出口手动门	
8	开启主厂房A仪用压缩空气干燥机进口电动门	
9	检查主厂房A仪用空气压缩机出口手动门开启	
10	检查A仪用储气罐入口手动门开启	
11	检查B仪用储气罐入口手动门开启	
12	检查C仪用储气罐入口手动门开启	
13	检查A杂用储气罐入口手动门开启	
14	检查B杂用储气罐入口手动门开启	
15	对主厂房A仪用空气压缩机测绝缘合格后送电	
16	检查主厂房A仪用空气压缩机事故按钮防护罩完好，事故按钮已复位	
17	**风险提示：**巡检人员应站在空气压缩机事故按钮处，启动时发现机械振动大或冒烟着火时及时通过事故按钮停止，空气压缩机启动前应与空气压缩机保持安全距离，不得站在空气压缩机径向方向，防止机械伤害	
	在DCS画面上启动主厂房A仪用空气压缩机	
18	检查主厂房A仪用空气压缩机启动正常，运行电流不大于53.7A，空气压缩机出口母管压力为0.63～0.8MPa	
19	检查主厂房A仪用空气压缩机各部无漏水、漏气、漏油等异常现象	
20	操作完毕，汇报值长	

操作人：__________ 监护人：__________ 值班负责人（值长）：__________

七、回检	确认划"√"
确认操作过程中无跳项、漏项	
核对阀门位置正确	
远传信号、指示正常，无报警	
向值班负责人（值长）回令，值班负责人（值长）确认操作完成	

操作结束时间：________年____月____日____时____分

操作人：__________ 监护人：__________

管理人员鉴证：值班负责人______________ 部门______________ 厂级______________

八、备注

热力机械操作票

单位：______________ 班组：____________ 编号：___________

操作任务：氨区向 SCR 脱硝系统供氨 风险等级：__________

一、发令、接令	确认划“√”
核实相关工作票已终结或押回，检查设备、系统运行方式、运行状态具备操作条件	
复通操作指令确认无误	
根据操作任务风险等级通知相关人员到岗到位	

发令人：_________ 接令人：_________ 发令时间：_________年___月___日___时___分

二、操作前作业环境风险评估	
危害因素	预 控 措 施
肢体部位或饰品衣物、用具、工具接触转动部位	（1）正确佩戴防护用品，衣服和袖口应扣好，不得戴围巾领带，长发必须盘在安全帽内； （2）不准将用具、工器具接触设备的转动部位； （3）不准在靠背轮上、安全罩上或运行中设备的轴承上行走与坐立
孔洞、沟道无盖板、防护栏缺失损坏	（1）行走及操作时注意周边工作环境是否安全，现场孔洞、沟道盖板、平台栏杆是否完好； （2）不准擅自进入现场隔离区域； （3）禁止无安全防护设施的情况下进行高空位置操作
进入噪音区域未正确使用防护用品	（1）进入噪音区域时正确佩戴合格的耳塞； （2）避免长时间在高噪音区停留
操作中发生液氨跑、冒、滴、漏	（1）操作中发生液氨跑、冒、滴、漏，按照发电厂应急预案处理； （2）进入氨区前完全释放静电； （3）进入氨区必须交出火种，禁止使用非防爆型无线通信工具； （4）确定逃生路线
进入氨区未正确使用防护用品	（1）操作时严格按照化学运行规程执行； （2）操作人员佩戴好防毒面具，穿好防护工作服、戴好橡胶手套

三、操作人、监护人互查		确认划“√”
人员状态：工作人员健康状况良好，无酒后、疲劳作业等情况		
个人防护：安全帽、工作鞋、工作服以及与操作任务危害因素相符的耳塞、手套等劳动保护用品等		
四、检查确认工器具完好		
工器具	完 好 标 准	确认划“√”
阀门钩	阀门钩为铜质或者其他材质完全涂抹黄油，外观完好无损坏和变形	
氨气浓度检测仪	校验合格证在有效期内，计量显示准确	
五、安全技术交底		
值班负责人按照“操作前作业环境风险评估”以及操作中“风险提示”等内容向操作人、监护人进行安全技术交底。 操作人： 监护人：		

确认上述二～五项内容：

管理人员鉴证：值班负责人______________ 部门______________ 厂级______________

六、操作		
操作开始时间：_______年___月___日___时___分		
操作任务：氨区向 SCR 脱硝系统供氨		
顺序	操 作 项 目	确认划“√”
1	**风险提示**：未按要求佩戴个人防护用品，发生泄漏时可能造成人身伤害	
	严格执行《氨站运行管理规定》，操作前要做好以下措施：监护人和操作人佩戴防毒面罩、手套，穿防护服，站于上风处	

续表

顺序	操　作　项　目	确认划“√”
2	确认安全淋浴器完好备用，水源充足	
3	确认喷淋装置正常，且投入自动	
4	确认急救药品充足：500mL 医用硼酸 2 瓶	
5	氨区供氨操作人员已穿戴好防毒面具、手套、防护鞋和防护衣	
6	检查机组辅助蒸汽已正常供至氨站，管道已正常疏水	
7	确认辅助蒸汽供应减压阀前手动门已开启	
8	确认辅助蒸汽供应减压阀后手动门已开启	
9	确认辅助蒸汽供应手动总门已开启	
10	确认液氨缓冲罐入口调节门旁路门已关闭	
11	检查并确认辅助蒸汽供汽压力不小于 0.5MPa	
12	开启 A 液氨蒸发槽工业水进水门	
13	**风险提示**：确认液氨蒸发槽液位处于满液位，防止液位不足导致液氨蒸发槽温度无法调节至正常值	
	待 A 液氨蒸发槽液位至溢流（低水位报警消失），关闭 A 液氨蒸发槽工业水进水门	
14	开启 A 液氨蒸发槽进汽手动一次门	
15	开启 A 液氨蒸发槽进汽手动二次门	
16	确认 A 液氨蒸发槽温控阀正常，自动调节供汽流量，保持水温 55～70℃	
	风险提示：阀门开启时幅度过大导致压力波动大，容易发生泄漏	
17	液氨注入：开启 A 液氨储罐液氨出口气动门前手动门	
18	开启 A 液氨储罐液氨出口气动门后手动门	
19	开启 A 液氨蒸发槽入口手动一次门	
20	开启 A 液氨蒸发槽入口手动二次门	
21	开启 A 液氨蒸发槽入口气动调节门的后手动门	
22	开启 A 液氨缓冲罐入口调节门前手动门	
23	开启 A 液氨缓冲罐入口调节门后手动门	
24	**风险提示**：液氨蒸发槽温度高于 60℃才允许开液氨蒸发槽入口关断门。防止热量不足导致管道结冰堵塞	
	开启 A 液氨蒸发槽入口气动关断门	
25	将 A 液氨蒸发槽入口气动调节门切换成“手动”，并设定开度为 15%，利用压差使液氨进入 A 液氨蒸发槽	
26	开启 A 氨气缓冲罐入口门，蒸发后的气氨进入 A 氨气缓冲罐	
27	待 A 液氨蒸发槽压力达 0.35MPa 后，将 A 液氨蒸发槽入口气动调节门切换成“自动”	
28	**风险提示**：阀门开启幅度过大导致压力波动大，容易发生泄漏	
	开启 A 氨气缓冲罐出口手动门	
29	检查 A 氨气缓冲罐压力已正常，通知机组运行人员氨气已经正常供应	
30	操作完成，汇报值长	

操作人：__________　　监护人：__________　　值班负责人（值长）：__________

七、回检	确认划“√”
确认操作过程中无跳项、漏项	
核对阀门位置正确	
远传信号、指示正常，无报警	
向值班负责人（值长）回令，值班负责人（值长）确认操作完成	

操作结束时间：________年____月____日____时____分

操作人：____________　　监护人：____________

管理人员鉴证：值班负责人________________ 部门________________ 厂级________________

八、备注

热力机械操作票

单位：______________ 班组：____________ 编号：____________

操作任务：启动柴油卸油系统向0号储油罐上油 风险等级：__________

一、发令、接令	确认划“√”
核实相关工作票已终结或押回，检查设备、系统运行方式、运行状态具备操作条件	
复诵操作指令确认无误	
根据操作任务风险等级通知相关人员到岗到位	

发令人：__________ 接令人：__________ 发令时间：__________年____月____日____时____分

二、操作前作业环境风险评估	
危害因素	预　控　措　施
肢体部位或饰品衣物、用具、工具接触转动部位	（1）正确佩戴防护用品，衣服和袖口应扣好，不得戴围巾领带，长发必须盘在安全帽内； （2）不准将用具、工器具接触设备的转动部位； （3）不准在靠背轮上、安全罩上或运行中设备的轴承上行走与坐立
孔洞、沟道无盖板、防护栏缺失损坏	（1）行走及操作时注意周边工作环境是否安全，现场孔洞、沟道盖板、平台栏杆是否完好； （2）不准擅自进入现场隔离区域； （3）禁止无安全防护设施的情况下进行高空位置操作
进入噪声区域未正确使用防护用品	（1）进入噪声区域时正确佩戴合格的耳塞； （2）避免长时间在高噪声区停留
燃油泄漏	（1）进入油区必须释放静电； （2）进入油区必须交出火种，禁止使用非防爆型无线通信工具； （3）油泵房保持良好的通风，及时排除可燃气体

三、操作人、监护人互查	确认划“√”
人员状态：工作人员健康状况良好，无酒后、疲劳作业等情况	
个人防护：安全帽、工作鞋、工作服以及与操作任务危害因素相符的耳塞、手套等劳动保护用品等	

四、检查确认工器具完好		
工器具	完　好　标　准	确认划“√”
阀门钩	阀门钩为铜质或者其他材质完全涂抹黄油，外观完好无损坏、无变形	
可燃气体检测仪	校验合格证在有效期内，计量显示准确	
测温仪	校验合格证在有效期内，计量显示准确	
测振仪	校验合格证在有效期内，计量显示准确	

五、安全技术交底
值班负责人按照“操作前作业环境风险评估”以及操作中“风险提示”等内容向操作人、监护人进行安全技术交底。 操作人：　　　　　　　　监护人：

确认上述二～五项内容：

管理人员鉴证：值班负责人______________ 部门______________ 厂级______________

六、操作		
操作开始时间：________年____月____日____时____分		
操作任务：启动柴油卸油系统向0号储油罐上油		
顺序	操　作　项　目	确认划“√”
1	联系化验室采样人员，对油车进行采样并化验油质合格	

续表

顺序	操 作 项 目	确认划“√”
2	到达操作现场，操作执行人向发令人核对操作任务及操作位置正确	
3	操作执行人核对待操作的系统、设备名称和编号与操作任务要求设备一致	
4	检查 0 号储油罐油位，检查柴油卸油系统具备卸油条件	
5	汇报值长、主值，准备启动柴油卸油系统向 0 号储油罐卸油	
6	检查 0 号储油罐和 1 号储油罐供油连通一次门在关闭状态	
7	检查 0 号储油罐和 1 号储油罐供油连通二次门在关闭状态	
8	检查 0 号储油罐与 1 号储油罐上油连通一次门在关闭状态	
9	检查 0 号储油罐与 1 号储油罐上油连通二次门在关闭状态	
10	开启 0 号储油罐上油门	
11	开启集油管地沟阀门	
12	开启 1 号柴油卸油过滤器入口门	
13	开启 2 号柴油卸油过滤器入口门	
14	**风险提示：**提前准备好防污染桶，放在接头部位下方，发现渗漏立即关闭相关阀门，防止污染环境	
	检查油车快速接头连接可靠，开启已连接油车对应集油管阀门	
15	开启油车侧阀门并检查无渗漏	
16	开启 1 号柴油卸油泵出口门	
17	开启 2 号柴油卸油泵出口门	
18	启动 1 号柴油卸油泵、2 号柴油卸油泵开始卸油	
19	检查柴油卸油泵出口压力稳定，卸油系统运行正常	
20	**风险提示：**卸油过程中，油车司机和运行人员现场监护，发现异常立即停止卸油操作，防止燃油泄漏损失和环境污染	
	油车卸空后，关闭油车侧阀门	
21	关闭已连接油车对应集油管阀门	
22	停 1 号柴油卸油泵	
23	停 2 号柴油卸油泵	
24	关闭油车对应集油管阀门	
25	关闭 1 号柴油卸油泵出口门	
26	关闭 2 号柴油卸油泵出口门	
27	关闭 0 号储油罐上油门	
28	关闭集油管地沟阀门	
29	操作完毕，汇报值长	

操作人：__________ 监护人：__________ 值班负责人（值长）：__________

七、回检	确认划“√”
确认操作过程中无跳项、漏项	
核对阀门位置正确	
远传信号、指示正常，无报警	
向值班负责人（值长）回令，值班负责人（值长）确认操作完成	

操作结束时间：________年____月____日____时____分

操作人：____________　　　　　　　　　　监护人：____________

管理人员鉴证：值班负责人________________　部门________________　厂级_______________

八、备注

热力机械操作票

单位：________________ 班组：________________ 编号：____________

操作任务：**空气压缩机房闭冷水由 1 号机切换至 2 号机供水** 风险等级：________

一、发令、接令	确认划“√”
核实相关工作票已终结或押回，检查设备、系统运行方式、运行状态具备操作条件	
复诵操作指令确认无误	
根据操作任务风险等级通知相关人员到岗到位	

发令人：__________ 接令人：__________ 发令时间：__________年____月____日____时____分

二、操作前作业环境风险评估	
危害因素	预 控 措 施
肢体部位或饰品衣物、用具、工具接触转动部位	（1）衣服和袖口扣好，不得戴围巾领带，长发必须盘在安全帽内； （2）不准将用具、工器具接触设备的转动部位； （3）不准在靠背轮上、安全罩上或运行中设备的轴承上行走或坐立
孔洞、沟道无盖板、防护栏缺失损坏	（1）行走及操作时注意周边现场孔洞、沟道盖板、平台栏杆是否完好； （2）不准擅自进入现场隔离区域； （3）禁止无安全防护设施的情况下进行高空位置操作
进入噪声区域未正确使用防护用品	（1）进入噪声区域时正确佩戴合格的耳塞； （2）避免长时间在高噪声区停留

三、操作人、监护人互查	确认划“√”
人员状态：工作人员健康状况良好，无酒后、疲劳作业等情况	
个人防护：安全帽、工作鞋、工作服以及与操作任务危害因素相符的耳塞、手套等劳动保护用品等	

四、检查确认工器具完好		
工器具	完 好 标 准	确认划“√”
阀门钩	阀门钩完好无损坏和变形	

五、安全技术交底
值班负责人按照“操作前作业环境风险评估”以及操作中“风险提示”等内容向操作人、监护人进行安全技术交底。 操作人： 监护人：

确认上述二～五项内容：

管理人员鉴证：值班负责人________________ 部门________________ 厂级________________

六、操作		
操作开始时间：________年____月____日____时____分		
操作任务：空气压缩机房闭冷水由 1 号机切换至 2 号机供水		
顺序	操 作 项 目	确认划“√”
1	强制两台机闭冷水箱水位低跳泵逻辑	
2	检查主厂房空气压缩机、除灰空气压缩机备用良好	
3	手动将两台机的闭冷水箱水位补至较高位，确认两台机组闭冷水箱各路补水在良好备用状态	
4	**风险提示：**调整两台机闭式水母管压力一致，防止两台机闭式水窜水	
	检查机组空气压缩机闭式水压力、闭式水温度并记录	
5	记录运行空气压缩机的温度情况，切换过程应有专人监视空气压缩机的运行	
6	确认 1 号机组（供水）闭式水至机组空气压缩机供水阀全开	

续表

顺序	操 作 项 目	确认划"√"
7	确认1号机组（供水）闭式水至机组空气压缩机回水阀全开	
8	确认2号机组（备用）闭式水至机组空气压缩机供水阀全关	
9	确认2号机组（备用）闭式水至机组空气压缩机回水阀全关	
10	两人同时关小1号机组（供水）闭式水至机组空气压缩机供、回水阀至70%，检查空气压缩机排气温度略微上升（注：供、回水门全行程约20圈）	
11	两人同时开大2号机组（备用）闭式水至机组空气压缩机供、回水阀至10%，观察两台机组闭式水箱水位变化情况	
12	四人同时操作四个供、回水阀。快速同时开大2号机组（备用）闭式水至空气压缩机供、回水门，直至全开；同时关小1号机组（供水）闭式水至空气压缩机供、回水门，直至全关	
13	观察两台机组闭式水箱水位的变化情况，确保两台闭式水相互隔绝	
14	恢复两台机闭冷水箱水位低跳泵逻辑	
15	检查机组空气压缩机闭式水压力、闭式水温度与切换前后对比正常	
16	操作完毕，汇报值长	

操作人：__________ 监护人：__________ 值班负责人（值长）：__________

七、回检	确认划"√"
确认操作过程中无跳项、漏项	
核对阀门位置正确	
远传信号、指示正常，无报警	
向值班负责人（值长）回令，值班负责人（值长）确认操作完成	

操作结束时间：________年____月____日____时____分

操作人：__________ 监护人：__________

管理人员鉴证：值班负责人__________ 部门__________ 厂级__________

八、备注

热力机械操作票

单位：__________ 班组：__________ 编号：__________

操作任务：**1号炉电除尘器系统启动** 风险等级：__________

一、发令、接令	确认划“√”
核实相关工作票已终结或押回，检查设备、系统运行方式、运行状态具备操作条件	
复诵操作指令确认无误	
根据操作任务风险等级通知相关人员到岗到位	

发令人：__________ 接令人：__________ 发令时间：__________年____月____日____时____分

二、操作前作业环境风险评估		
危害因素	预 控 措 施	
肢体部位或饰品衣物、用具、工具接触转动部位	（1）正确佩戴防护用品，衣服和袖口应扣好，不得戴围巾领带，长发必须盘在安全帽内； （2）不准将用具、工器具接触设备的转动部位； （3）不准在靠背轮上、安全罩上或运行中设备的轴承上行走与坐立	
孔洞、沟道无盖板、防护栏缺失损坏	（1）行走及操作时注意周边工作环境是否安全，现场孔洞、沟道盖板、平台栏杆是否完好； （2）不准擅自进入现场隔离区域； （3）禁止无安全防护设施的情况下进行高空位置操作	
进入噪声区域未正确使用防护用品	（1）进入噪声区域时正确佩戴合格的耳塞； （2）避免长时间在高噪声区停留	
进入粉尘区域未正确使用防护用品	（1）进入粉尘区域时正确佩戴合格的口罩； （2）避免长时间在粉尘超标区域停留	
三、操作人、监护人互查		确认划“√”
人员状态：工作人员健康状况良好，无酒后、疲劳作业等情况		
个人防护：安全帽、工作鞋、工作服以及与操作任务危害因素相符的耳塞、手套等劳动保护用品等		
四、检查确认工器具完好		
工器具	完 好 标 准	确认划“√”
阀门钩	阀门钩完好无损坏和变形	
五、安全技术交底		
值班负责人按照“操作前作业环境风险评估”以及操作中“风险提示”等内容向操作人、监护人进行安全技术交底。 操作人： 监护人：		

确认上述二～五项内容：

管理人员鉴证：值班负责人__________ 部门__________ 厂级__________

六、操作		
操作开始时间：________年____月____日____时____分		
操作任务：1号炉电除尘器系统启动		
顺序	操 作 项 目	确认划“√”
1	**风险提示：**锅炉点火前12h投入电除尘灰斗加热和电除尘绝缘子加热，防止灰斗受潮导致灰板结无法正常输灰	
	检查1号炉电除尘器系统灰斗加热装置及保温箱加热装置已投运且运行正常	
2	检查1号炉灰斗气化风机及电加热器已投运且运行正常，灰斗气化风至各灰斗手动阀门均已开启	
3	检查1号炉输灰系统（输灰系统投入后进行管路吹扫）及电除尘阴、阳极分组振打方式投运且运行正常	

续表

顺序	操　作　项　目	确认划“√”
4	确认1号炉电除尘器系统所有的硅整流变压器绝缘合格，且已至热备用状态，隔离刀闸打至电场位置	
5	1号炉启动第一套制粉系统后，投入电除尘器一、二电场高频整流变	
6	1号炉投入三组制粉系统后且无油枪投运时，投入电除尘器三、四、五电场工频整流变（投入顺序：三电场、四电场、五电场）	
7	检查高频整流变、工频整流变一次电压、电流，二次电压、电流数值在运行规定范围，且无报警信号发出	
8	操作完毕，汇报值长	

操作人：__________　　监护人：__________　　值班负责人（值长）：__________

七、回检	确认划“√”
确认操作过程中无跳项、漏项	
核对阀门位置正确	
远传信号、指示正常，无报警	
向值班负责人（值长）回令，值班负责人（值长）确认操作完成	

操作结束时间：________年____月____日____时____分

操作人：____________　　监护人：____________

管理人员鉴证：值班负责人________________　部门________________　厂级________________

八、备注

热力机械操作票

单位：＿＿＿＿＿＿ 班组：＿＿＿＿＿ 编号：＿＿＿＿＿

操作任务：1号炉电除尘器系统停运 风险等级：＿＿＿＿

一、发令、接令	确认划“√”
核实相关工作票已终结或押回，检查设备、系统运行方式、运行状态具备操作条件	
复诵操作指令确认无误	
根据操作任务风险等级通知相关人员到岗到位	

发令人：＿＿＿＿ 接令人：＿＿＿＿ 发令时间：＿＿＿＿年＿＿月＿＿日＿＿时＿＿分

二、操作前作业环境风险评估	
危害因素	预 控 措 施
肢体部位或饰品衣物、用具、工具接触转动部位	（1）正确佩戴防护用品，衣服和袖口应扣好，不得戴围巾领带，长发必须盘在安全帽内； （2）不准将用具、工器具接触设备的转动部位； （3）不准在靠背轮上、安全罩上或运行中设备的轴承上行走与坐立
孔洞、沟道无盖板、防护栏缺失损坏	（1）行走及操作时注意周边工作环境是否安全，现场孔洞、沟道盖板、平台栏杆是否完好； （2）不准擅自进入现场隔离区域； （3）禁止无安全防护设施的情况下进行高空位置操作
进入噪声区域未正确使用防护用品	（1）进入噪声区域时正确佩戴合格的耳塞； （2）避免长时间在高噪声区停留
进入粉尘区域未正确使用防护用品	（1）进入粉尘区域时正确佩戴合格的口罩； （2）避免长时间在粉尘超标区域停留

三、操作人、监护人互查	确认划“√”
人员状态：工作人员健康状况良好，无酒后、疲劳作业等情况	
个人防护：安全帽、工作鞋、工作服以及与操作任务危害因素相符的耳塞、手套等劳动保护用品等	

四、检查确认工器具完好		
工器具	完 好 标 准	确认划“√”
阀门钩	阀门钩完好无损坏和变形	

五、安全技术交底
值班负责人按照“操作前作业环境风险评估”以及操作中“风险提示”等内容向操作人、监护人进行安全技术交底。 操作人： 监护人：

确认上述二～五项内容：

管理人员鉴证：值班负责人＿＿＿＿＿＿ 部门＿＿＿＿＿＿ 厂级＿＿＿＿＿＿

六、操作		
操作开始时间：＿＿＿年＿＿月＿＿日＿＿时＿＿分		
操作任务：1号炉电除尘器系统停运		
顺序	操 作 项 目	确认划“√”
1	锅炉停运过程中投油前，停运1号炉电除尘器三、四、五电场工频硅整流变（停运顺序：五电场、四电场、三电场）	
2	当锅炉最后一组制粉系统停运后，停运1号炉电除尘一、二电场高频硅整流变（停运顺序：二电场、一电场）	
3	1号炉整流变停运后，阴阳极振打由分组振打改为矩阵振打方式	
4	操作完毕，汇报值长	

操作人：＿＿＿＿＿ 监护人：＿＿＿＿＿ 值班负责人（值长）：＿＿＿＿＿

七、回检	确认划“√”
确认操作过程中无跳项、漏项	
核对阀门位置正确	
远传信号、指示正常，无报警	
向值班负责人（值长）回令，值班负责人（值长）确认操作完成	

操作结束时间：________年____月____日____时____分

操作人：_____________　　　　　　　　　　　　监护人：_____________

管理人员鉴证：值班负责人_________________ 部门_________________ 厂级________________

八、备注

热力机械操作票

单位：________ 班组：________ 编号：________

操作任务：**1号炉脱硫塔1B浆液循环泵切换至1A浆液循环泵运行** 风险等级：________

一、发令、接令	确认划“√”
核实相关工作票已终结或押回，检查设备、系统运行方式、运行状态具备操作条件	
复诵操作指令确认无误	
根据操作任务风险等级通知相关人员到岗到位	

发令人：________ 接令人：________ 发令时间：________年____月____日____时____分

二、操作前作业环境风险评估		
危害因素	预 控 措 施	
肢体部位或饰品衣物、用具、工具接触转动部位	（1）正确佩戴防护用品，衣服和袖口应扣好，不得戴围巾领带，长发必须盘在安全帽内； （2）不准将用具、工器具接触设备的转动部位； （3）不准在靠背轮上、安全罩上或运行中设备的轴承上行走与坐立	
孔洞、沟道无盖板、防护栏缺失损坏	（1）行走及操作时注意周边工作环境是否安全，现场孔洞、沟道盖板、平台栏杆是否完好； （2）不准擅自进入现场隔离区域； （3）禁止无安全防护设施的情况下进行高空位置操作	
进入噪声区域时未正确使用防护用品	（1）进入噪声区域时正确佩戴合格的耳塞； （2）避免长时间在高噪声区停留	
三、操作人、监护人互查		确认划“√”
人员状态：工作人员健康状况良好，无酒后、疲劳作业等情况		
个人防护：安全帽、工作鞋、工作服以及与操作任务危害因素相符的耳塞、手套等劳动保护用品等		
四、检查确认工器具完好		
工器具	完 好 标 准	确认划“√”
阀门钩	阀门钩完好无损坏、变形	
测温仪	校验合格证在有效期内，计量显示准确	
测振仪	校验合格证在有效期内，计量显示准确	
五、安全技术交底		
值班负责人按照“操作前作业环境风险评估”以及操作中“风险提示”等内容向操作人、监护人进行安全技术交底。 操作人： 监护人：		

确认上述二～五项内容：

管理人员鉴证：值班负责人________ 部门________ 厂级________

六、操作		
操作开始时间：________年____月____日____时____分		
操作任务：1号炉脱硫塔1B浆液循环泵切换至1A浆液循环泵运行		
顺序	操 作 项 目	确认划“√”
1	检查1号炉脱硫塔1A浆液循环泵电机测绝缘合格且电源已送上，处于热备状态	
2	确认1号炉脱硫塔1A浆液循环泵具备启动条件	
3	确认1号炉脱硫塔1A浆液循环泵机械密封冷却水进水手动门开启；减速机润滑油冷却水进、回水手动门开启	
4	确认1号炉脱硫塔1A浆液循环泵出口冲洗手动门关闭	
5	确认1号炉脱硫塔1A浆液循环泵入口电动门、排放电动门关闭	

续表

顺序	操　作　项　目	确认划“√”
6	程控启动 1 号炉脱硫塔 1A 浆液循环泵，执行步序如下：	
	（1）关闭 1 号炉脱硫塔 1A 浆液循环泵排放电动门	
	（2）开启 1 号炉脱硫塔 1A 浆液循环泵入口电动门，延时 60s	
	（3）就地确认 1 号炉脱硫塔 1A 浆液循环泵入口电动门开启过程中，该备用浆液循环泵电机冷却风扇顺时针转动	
	风险提示：设备启动时所有人员应保持安全距离，站在转动机械的轴向位置，并有一人站在事故按钮位置，同时应佩戴耳塞	
	（4）启动 1 号炉脱硫塔 1A 浆液循环泵；检查泵无异音，泵体轴承、减速机振动小于 0.12mm，电机振动小于 0.085mm，轴承温度、电机温度小于 80℃，线圈温度小于 130℃，就地运行正常；浆液循环泵电流____A，出口母管压力在 0.2～0.23MPa 之间	
7	程控停运原运行 1 号炉脱硫塔 1B 浆液循环泵，泵停运后关闭浆液循环泵入口电动门	
8	当 1 号炉脱硫塔地坑液位小于 1.5m，开启原运行 1 号炉脱硫塔 1B 浆液循环泵排放电动门；就地排放门处查看无浆液排出时，关闭 1 号炉脱硫塔 1B 浆液循环泵排放电动门	
9	就地开启原运行 1 号炉脱硫塔 1B 浆液循环泵出口冲洗水手动门对管道注水至 0.1MPa，关闭浆液循环泵出口冲洗水手动门，开启浆液循环泵排放电动门排尽浆液，此步骤执行 2～3 次（排水时注意吸收塔地坑液位，防止溢流）后关闭浆液循环泵出口冲洗水手动门、排放电动门	
10	原运行 1 号炉脱硫塔 1B 浆液循环泵冲洗结束后，开启该浆液循环泵冲洗水手动门，对该停运浆液循环泵管路进行注水保养，20min 后方可关闭该浆液循环泵冲洗水手动门	
11	操作完毕，汇报值长	

操作人：__________　　监护人：__________　　值班负责人（值长）：__________

七、回检	确认划“√”
确认操作过程中无跳项、漏项	
核对阀门位置正确	
远传信号、指示正常，无报警	
向值班负责人（值长）回令，值班负责人（值长）确认操作完成	

操作结束时间：________年____月____日____时____分

操作人：____________　　监护人：____________

管理人员鉴证：值班负责人________________　部门________________　厂级_______________

八、备注

热力机械操作票

单位：________________ 班组：________________ 编号：____________

操作任务：**1 号炉脱硫塔 1B 石膏排出泵切换至 1A 石膏排出泵运行** 风险等级：__________

一、发令、接令	确认划“√”
核实相关工作票已终结或押回，检查设备、系统运行方式、运行状态具备操作条件	
复诵操作指令确认无误	
根据操作任务风险等级通知相关人员到岗到位	

发令人：__________ 接令人：__________ 发令时间：________年___月___日___时___分

二、操作前作业环境风险评估		
危害因素	预 控 措 施	
肢体部位或饰品衣物、用具、工具接触转动部位	（1）正确佩戴防护用品，衣服和袖口应扣好，不得戴围巾领带，长发必须盘在安全帽内； （2）不准将用具、工器具接触设备的转动部位； （3）不准在靠背轮上、安全罩上或运行中设备的轴承上行走与坐立	
孔洞、沟道无盖板、防护栏缺失损坏	（1）行走及操作时注意周边工作环境是否安全，现场孔洞、沟道盖板、平台栏杆是否完好； （2）不准擅自进入现场隔离区域； （3）禁止无安全防护设施的情况下进行高空位置操作	
进入噪声区域时未正确使用防护用品	（1）进入噪声区域时正确佩戴合格的耳塞； （2）避免长时间在高噪声区停留	
三、操作人、监护人互查		确认划“√”
人员状态：工作人员健康状况良好，无酒后、疲劳作业等情况		
个人防护：安全帽、工作鞋、工作服以及与操作任务危害因素相符的耳塞、手套等劳动保护用品等		
四、检查确认工器具完好		
工器具	完 好 标 准	确认划“√”
阀门钩	阀门钩完好无损坏、变形	
测温仪	校验合格证在有效期内，计量显示准确	
测振仪	校验合格证在有效期内，计量显示准确	
五、安全技术交底		
值班负责人按照“操作前作业环境风险评估”以及操作中“风险提示”等内容向操作人、监护人进行安全技术交底。 操作人： 监护人：		

确认上述二～五项内容：

管理人员鉴证：值班负责人________________ 部门________________ 厂级________________

六、操作		
操作开始时间：________年___月___日___时___分		
操作任务：1 号炉脱硫塔 1B 石膏排出泵切换至 1A 石膏排出泵运行		
顺序	操 作 项 目	确认划“√”
1	检查 1 号炉脱硫塔 1A 石膏排出泵所有相关工作票已终结或收回，现场清洁干净，系统管路连接良好无泄漏	
2	检查 1 号炉脱硫塔 1A 石膏排出泵系统热工保护和联锁传动正常，现场表计、开关、变送器投入正常	
3	确认 1 号炉脱硫塔 1A 石膏排出泵电机测绝缘合格且电源已送上，处于备用状态	
4	确认 1 号炉脱硫塔 1A 石膏排出泵轴封水入口、出口手动门开启，调整泵轴封水压力为 0.3～0.35MPa	

续表

顺序	操 作 项 目	确认划“√”
5	解除1号炉脱硫塔1A石膏排出泵联锁控制模块	
6	程控启动1号炉脱硫塔1A石膏排出泵，执行步序如下：	
	（1）关闭1号炉脱硫塔1A石膏排出泵出口冲洗电动门	
	（2）关闭1号炉脱硫塔1A石膏排出泵出口电动门	
	（3）开启1号炉脱硫塔1A石膏排出泵入口电动门，延时10s	
	风险提示：设备启动时所有人员应保持安全距离，站在转动机械的轴向位置，并有一人站在事故按钮位置，同时应佩戴耳塞	
	（4）启动1号炉脱硫塔1A石膏排出泵，延时5s；检查泵无异音，电机和泵体轴承振动小于0.085mm，电流小于或等于额定值（139.7A），出口母管压力在0.4～0.49MPa之间，就地运行正常	
7	程控停运原运行1号炉脱硫塔1B石膏排出泵，执行步序如下：	
	（1）停运原运行1号炉脱硫塔1B石膏排出泵，延时10s，确认已停运	
	（2）关闭原运行1号炉脱硫塔1B石膏排出泵出口电动门	
	（3）开启原运行1号炉脱硫塔1B石膏排出泵出口冲洗电动门，延时30s	
	（4）关闭原运行1号炉脱硫塔1B石膏排出泵入口电动门	
	（5）关闭原运行1号炉脱硫塔1B石膏排出泵出口冲洗电动门	
8	投入1号炉脱硫塔1B石膏排出泵联锁控制模块	
9	在运行设备定期切换和定期试验记录簿上做好记录	
10	操作完毕，汇报值长	

操作人：__________　　监护人：__________　　值班负责人（值长）：__________

七、回检	确认划“√”
确认操作过程中无跳项、漏项	
核对阀门位置正确	
远传信号、指示正常，无报警	
向值班负责人（值长）回令，值班负责人（值长）确认操作完成	

操作结束时间：________年____月____日____时____分

操作人：____________　　监护人：____________

管理人员鉴证：值班负责人______________　部门______________　厂级______________

八、备注

热力机械操作票

单位：________________ 班组：________________ 编号：____________

操作任务：**1号炉脱硫塔1B石灰石供浆泵切换至1A石灰石供浆泵运行** 风险等级：________

一、发令、接令	确认划“√”
核实相关工作票已终结或押回，检查设备、系统运行方式、运行状态具备操作条件	
复诵操作指令确认无误	
根据操作任务风险等级通知相关人员到岗到位	

发令人：__________ 接令人：__________ 发令时间：________年____月____日____时____分

二、操作前作业环境风险评估		
危害因素	预 控 措 施	
肢体部位或饰品衣物、用具、工具接触转动部位	（1）正确佩戴防护用品，衣服和袖口应扣好，不得戴围巾领带，长发必须盘在安全帽内； （2）不准将用具、工器具接触设备的转动部位； （3）不准在靠背轮上、安全罩上或运行中设备的轴承上行走与坐立	
孔洞、沟道无盖板、防护栏缺失损坏	（1）行走及操作时注意周边工作环境是否安全，现场孔洞、沟道盖板、平台栏杆是否完好； （2）不准擅自进入现场隔离区域； （3）禁止无安全防护设施的情况下进行高空位置操作	
进入噪声区域时未正确使用防护用品	（1）进入噪声区域时正确佩戴合格的耳塞； （2）避免长时间在高噪声区停留	
三、操作人、监护人互查		确认划“√”
人员状态：工作人员健康状况良好，无酒后、疲劳作业等情况		
个人防护：安全帽、工作鞋、工作服以及与操作任务危害因素相符的耳塞、手套等劳动保护用品等		
四、检查确认工器具完好		
工器具	完 好 标 准	确认划“√”
阀门钩	阀门钩完好无损坏、变形	
测温仪	校验合格证在有效期内，计量显示准确	
测振仪	校验合格证在有效期内，计量显示准确	
五、安全技术交底		
值班负责人按照“操作前作业环境风险评估”以及操作中“风险提示”等内容向操作人、监护人进行安全技术交底。 操作人： 监护人：		

确认上述二～五项内容：

管理人员鉴证：值班负责人________________ 部门________________ 厂级________________

六、操作		
操作开始时间：________年____月____日____时____分		
操作任务：1号炉脱硫塔1B石灰石供浆泵切换至1A石灰石供浆泵运行		
顺序	操 作 项 目	确认划“√”
1	检查1号炉脱硫塔1A石灰石供浆泵具备启动条件	
2	检查1号炉脱硫塔1A石灰石供浆泵所有相关工作票已终结或收回，现场清洁干净，系统管路连接良好无泄漏	
3	确认1号炉脱硫塔1A石灰石供浆泵系统热工保护和联锁传动正常，现场表计、开关、变送器投入正常	
4	确认1号炉脱硫塔1A石灰石供浆泵电机测绝缘合格且电源已送上，处于备用状态	

续表

顺序	操　作　项　目	确认划"√"
5	确认1号炉脱硫塔1A石灰石供浆泵轴封水入口、出口手动门开启，调整泵轴封水压力为0.3～0.35MPa	
6	解除1号炉脱硫塔1A石灰石供浆泵联锁	
7	程控启动1号炉脱硫塔1A石灰石供浆泵，执行步序如下：	
	（1）关闭1号炉脱硫塔1A石灰石供浆泵出口电动门	
	（2）关闭1号炉脱硫塔1A石灰石供浆泵出口冲洗电动门	
	（3）开启1号炉脱硫塔1A石灰石供浆泵入口电动门，延时10s	
	风险提示：设备启动时所有人员应保持安全距离，站在转动机械的轴向位置，并有一人站在事故按钮位置，同时应佩戴耳塞	
	（4）启动1号炉脱硫塔1A石灰石供浆泵，延时5s；检查泵无异音，电机和泵体轴承振动小于0.085mm，电流小于或等于额定值（≤70.4A），出口母管压力表压力在0.25～0.35MPa之间，就地运行正常	
	（5）开启1号炉脱硫塔1A石灰石供浆泵出口电动门	
8	上位机程控停运原运行1号炉脱硫塔1B石灰石供浆泵，执行步序如下：	
	（1）关闭原运行1号炉脱硫塔1B石灰石供浆泵出口电动门	
	（2）停运原运行1号炉脱硫塔1B石灰石供浆泵，延时5s	
	（3）开启原运行1号炉脱硫塔1B石灰石供浆泵出口冲洗电动门，延时30s	
	（4）关闭原运行1号炉脱硫塔1B石灰石供浆泵入口电动门	
	（5）关闭原运行1号炉脱硫塔1B石灰石供浆泵出口冲洗电动门	
	（6）投入1号炉脱硫塔1B石灰石供浆泵联锁模块	
9	在运行设备定期切换和定期试验记录簿上做好记录	
10	操作完毕，汇报值长	

操作人：__________　　监护人：__________　　值班负责人（值长）：__________

七、回检	确认划"√"
确认操作过程中无跳项、漏项	
核对阀门位置正确	
远传信号、指示正常，无报警	
向值班负责人（值长）回令，值班负责人（值长）确认操作完成	

操作结束时间：________年____月____日____时____分

操作人：____________　　监护人：____________

管理人员鉴证：值班负责人______________　部门______________　厂级______________

八、备注

热力机械操作票

单位：________ 班组：________ 编号：________

操作任务：**1 号炉脱硫塔 1B 氧化风机切换至 1A 氧化风机运行** 风险等级：________

一、发令、接令	确认划"√"
核实相关工作票已终结或押回，检查设备、系统运行方式、运行状态具备操作条件	
复诵操作指令确认无误	
根据操作任务风险等级通知相关人员到岗到位	

发令人：________ 接令人：________ 发令时间：____年___月___日___时___分

二、操作前作业环境风险评估		
危害因素	预 控 措 施	
肢体部位或饰品衣物、用具、工具接触转动部位	（1）正确佩戴防护用品，衣服和袖口应扣好，不得戴围巾领带，长发必须盘在安全帽内； （2）不准将用具、工器具接触设备的转动部位； （3）不准在靠背轮上、安全罩上或运行中设备的轴承上行走与坐立	
孔洞、沟道无盖板、防护栏缺失损坏	（1）行走及操作时注意周边工作环境是否安全，现场孔洞、沟道盖板、平台栏杆是否完好； （2）不准擅自进入现场隔离区域； （3）禁止无安全防护设施的情况下进行高空位置操作	
进入噪声区域时未正确使用防护用品	（1）进入噪声区域时正确佩戴合格的耳塞； （2）避免长时间在高噪声区停留	
三、操作人、监护人互查		确认划"√"
人员状态：工作人员健康状况良好，无酒后、疲劳作业等情况		
个人防护：安全帽、工作鞋、工作服以及与操作任务危害因素相符的耳塞、手套等劳动保护用品等		
四、检查确认工器具完好		
工器具	完 好 标 准	确认划"√"
阀门钩	阀门钩完好无损坏、变形	
测温仪	校验合格证在有效期内，计量显示准确	
测振仪	校验合格证在有效期内，计量显示准确	
五、安全技术交底		
值班负责人按照"操作前作业环境风险评估"以及操作中"风险提示"等内容向操作人、监护人进行安全技术交底。 操作人： 监护人：		

确认上述二～五项内容：

管理人员鉴证：值班负责人________ 部门________ 厂级________

六、操作		
操作开始时间：____年___月___日___时___分		
操作任务：1 号炉脱硫塔 1B 氧化风机切换至 1A 氧化风机运行		
顺序	操 作 项 目	确认划"√"
1	检查 1 号炉脱硫塔 1A 氧化风机具备启动条件	
2	确认 1 号炉脱硫塔 1A 氧化风机系统热工保护和联锁传动正常，现场表计、开关、变送器投入正常	
3	确认 1 号炉脱硫塔 1A 氧化风机 A\B 润滑油泵进、出口手动门开启位置	
4	确认 1 号炉脱硫塔 1A 氧化风机润滑油冷油器进、回水手动门开启位置	
5	确认 1 号炉脱硫塔 1A 氧化风机入口电动调节门在关闭位置	

续表

顺序	操 作 项 目	确认划“√”
6	确认 1 号炉脱硫塔 1A 氧化风机出口手动门在全开位置	
7	确认 1 号炉脱硫塔 1A 氧化风机电机、A/B 润滑油泵电机测绝缘合格且电源已送上，处于热备状态	
8	程控启动 1 号炉脱硫塔 1A 氧化风机，执行步序如下：	
	（1）启动选中的 1 号炉脱硫塔 1A 氧化风机 A 润滑油泵，延时 30s；检查运行油泵无异音，振动小于 0.085mm，电流小于或等于额定值（4.55A），油压在 0.1～0.5MPa 之间，油温小于 80℃	
	（2）投入 1 号炉脱硫塔 1A 氧化风机油泵联锁模块	
	（3）开启 1 号炉脱硫塔 1A 氧化风机出口排气电动门	
	（4）开启 1 号炉脱硫塔 1A 氧化风机入口电动调节门至 30 %开度	
	风险提示：设备启动时所有人员应保持安全距离，站在转动机械的轴向位置，并有一人站在事故按钮位置，同时应佩戴耳塞	
	（5）启动 1 号炉脱硫塔 1A 氧化风机；检查风机无异音，振动小于 0.085mm，电流在 65～83.1A 之间，出口压力小于 150kPa，轴承温度小于 120℃，电机温度小于 90℃，线圈温度小于 130℃	
9	程控停运原运行 1 号炉脱硫塔 1B 氧化风机，执行步序如下：	
	（1）开启原运行 1 号炉脱硫塔 1B 氧化风机出口排气电动门（≥90%）	
	（2）停运原运行 1 号炉脱硫塔 1B 氧化风机，延时 5min	
	（3）解除原运行 1 号炉脱硫塔 1B 氧化风机油泵联锁模块	
	（4）停运原运行 1 号炉脱硫塔 1B 氧化风机运行润滑油泵	
	（5）关闭原运行 1 号炉脱硫塔 1B 氧化风机出口排气电动门	
	（6）关闭原运行 1 号炉脱硫塔 1B 氧化风机入口电动调节门	
10	在运行设备定期切换和定期试验记录簿上做好记录	
11	操作完毕，汇报值长	

操作人：__________　　监护人：__________　　值班负责人（值长）：__________

七、回检	确认划“√”
确认操作过程中无跳项、漏项	
核对阀门位置正确	
远传信号、指示正常，无报警	
向值班负责人（值长）回令，值班负责人（值长）确认操作完成	

操作结束时间：________年____月____日____时____分

操作人：__________　　监护人：__________

管理人员鉴证：值班负责人__________　部门__________　厂级__________

八、备注

热力机械操作票

单位：＿＿＿＿＿＿＿＿ 班组：＿＿＿＿＿＿＿＿ 编号：＿＿＿＿＿＿

操作任务：**1号真空皮带脱水系统启动** 风险等级：＿＿＿＿

一、发令、接令	确认划"√"
核实相关工作票已终结或押回，检查设备、系统运行方式、运行状态具备操作条件	
复诵操作指令确认无误	
根据操作任务风险等级通知相关人员到岗到位	

发令人：＿＿＿＿＿ 接令人：＿＿＿＿＿ 发令时间：＿＿＿＿年＿＿月＿＿日＿＿时＿＿分

二、操作前作业环境风险评估		
危害因素	预 控 措 施	
肢体部位或饰品衣物、用具、工具接触转动部位	（1）正确佩戴防护用品，衣服和袖口应扣好，不得戴围巾领带，长发必须盘在安全帽内； （2）不准将用具、工器具接触设备的转动部位； （3）不准在靠背轮上、安全罩上或运行中设备的轴承上行走与坐立	
孔洞、沟道无盖板、防护栏缺失损坏	（1）行走及操作时注意周边工作环境是否安全，现场孔洞、沟道盖板、平台栏杆是否完好； （2）不准擅自进入现场隔离区域； （3）禁止无安全防护设施的情况下进行高空位置操作	
进入噪声区域时未正确使用防护用品	（1）进入噪声区域时正确佩戴合格的耳塞； （2）避免长时间在高噪声区停留	
三、操作人、监护人互查		确认划"√"
人员状态：工作人员健康状况良好，无酒后、疲劳作业等情况		
个人防护：安全帽、工作鞋、工作服以及与操作任务危害因素相符的耳塞、手套等劳动保护用品等		
四、检查确认工器具完好		
工器具	完 好 标 准	确认划"√"
阀门钩	阀门钩完好无损坏、变形	
测温仪	校验合格证在有效期内，计量显示准确	
测振仪	校验合格证在有效期内，计量显示准确	
五、安全技术交底		
值班负责人按照"操作前作业环境风险评估"以及操作中"风险提示"等内容向操作人、监护人进行安全技术交底。 操作人： 监护人：		

确认上述二～五项内容：

管理人员鉴证：值班负责人＿＿＿＿＿＿＿＿ 部门＿＿＿＿＿＿＿＿ 厂级＿＿＿＿＿＿＿＿

六、操作		
操作开始时间：＿＿＿＿年＿＿月＿＿日＿＿时＿＿分		
操作任务：1号真空皮带脱水系统启动		
顺序	操 作 项 目	确认划"√"
1	检查1号真空皮带脱水系统所有相关工作票已终结或收回，现场清洁干净，系统管路连接良好无泄漏	
2	确认1号真空皮带脱水系统相关设备的保护、联锁传动正常，各保护正常投入	
3	确认1号真空皮带脱水系统所有现场表计、开关、变送器投入正常	
4	检查1号真空皮带脱水系统各电机测绝缘合格且电源已送上，处于备用状态	
5	确认已执行《石膏二级脱水系统启动前检查卡》	

续表

顺序	操　作　项　目	确认划“√”
6	启动1号真空皮带脱水系统，执行步序如下：	
	（1）启动1号横向卸料皮带机，检查石膏卸料器运行正常	
	（2）启动1号纵向卸料皮带机，检查卸料机运行正常	
	风险提示：设备启动时所有人员应保持安全距离，站在转动机械的轴向位置，并有一人站在事故按钮位置，同时应佩戴耳塞、防尘埃口罩	
	（3）启动____滤布冲洗水泵，检查滤布冲洗水泵电流小于或等于额定值（21.2A），真空箱润滑水流量大于2.5m³/h，真空泵工作水流量大于8m³/h，滤布冲洗水流量大于6m³/h，就地出口母管压力表压力在0.4～0.47MPa之间，无异声，电动机和泵体轴承振动小于0.05mm，就地运行正常	
	（4）设置1号真空皮带机转速频率20Hz（15～30Hz）	
	（5）启动1号真空皮带脱水机，确认上位机无报警	
	（6）开启1号真空泵工作水进水手动门，确认真空泵工作水无流量低报警	
	（7）启动1号真空泵，确认真空泵电流小于或等于额定值（47.2A），振动值小于0.085mm	
7	确认1号石膏旋流器1～12旋流子入口手动门开启，溢流收集箱再循环手动门关闭	
8	确认1号脱硫石膏旋流器底流分配箱入口旋转阀切至____号脱水机	
9	确认废水旋流器1～9旋流子入口手动门开启，废水旋流器溢流至废水处理手动门开启，废水旋流器溢流至出水箱手动门关闭	
10	确认已执行《石膏排出泵启动操作票》	
11	检查石膏旋流器入口压力为0.18MPa左右，指示正确	
12	检查1号真空皮带脱水机石膏厚度处于20～35mm之间	
13	操作完毕，汇报值长	

操作人：__________　　监护人：__________　　值班负责人（值长）：__________

七、回检	确认划“√”
确认操作过程中无跳项、漏项	
核对阀门位置正确	
远传信号、指示正常，无报警	
向值班负责人（值长）回令，值班负责人（值长）确认操作完成	

操作结束时间：________年____月____日____时____分

操作人：____________　　监护人：____________

管理人员鉴证：值班负责人______________　部门______________　厂级______________

八、备注

热力机械操作票

单位：________ 班组：________ 编号：________

操作任务：**1号真空皮带脱水系统停运** 风险等级：________

一、发令、接令	确认划“√”
核实相关工作票已终结或押回，检查设备、系统运行方式、运行状态具备操作条件	
复诵操作指令确认无误	
根据操作任务风险等级通知相关人员到岗到位	

发令人：________ 接令人：________ 发令时间：________年___月___日___时___分

二、操作前作业环境风险评估		
危害因素	预 控 措 施	
肢体部位或饰品衣物、用具、工具接触转动部位	（1）正确佩戴防护用品，衣服和袖口应扣好，不得戴围巾领带，长发必须盘在安全帽内； （2）不准将用具、工器具接触设备的转动部位； （3）不准在靠背轮上、安全罩上或运行中设备的轴承上行走与坐立	
孔洞、沟道无盖板、防护栏缺失损坏	（1）行走及操作时注意周边工作环境是否安全，现场孔洞、沟道盖板、平台栏杆是否完好； （2）不准擅自进入现场隔离区域； （3）禁止无安全防护设施的情况下进行高空位置操作	
进入噪声区域时未正确使用防护用品	（1）进入噪声区域时正确佩戴合格的耳塞； （2）避免长时间在高噪声区停留	
三、操作人、监护人互查		确认划“√”
人员状态：工作人员健康状况良好，无酒后、疲劳作业等情况		
个人防护：安全帽、工作鞋、工作服以及与操作任务危害因素相符的耳塞、手套等劳动保护用品等		
四、检查确认工器具完好		
工器具	完 好 标 准	确认划“√”
阀门钩	阀门钩完好无损坏、变形	
五、安全技术交底		
值班负责人按照“操作前作业环境风险评估”以及操作中“风险提示”等内容向操作人、监护人进行安全技术交底。 操作人： 监护人：		

确认上述二～五项内容：

管理人员鉴证：值班负责人________ 部门________ 厂级________

六、操作		
操作开始时间：________年___月___日___时___分		
操作任务：1号真空皮带脱水系统停运		
顺序	操 作 项 目	确认划“√”
1	检查1号真空皮带脱水系统管道已冲洗干净，滤布上已冲洗干净	
2	程控停运1号真空皮带脱水系统，执行步序如下：	
	（1）启动1号横向卸料皮带机，检查石膏卸料器运行正常	
	（2）启动1号纵向卸料皮带机，检查卸料机运行正常	
	（3）停运1号真空泵	
	（4）停运1号真空皮带机	
	（5）停运1号真空皮带机运行，滤布冲洗水泵	

续表

顺序	操 作 项 目	确认划“√”
2	(6)停运1号纵向卸料皮带机	
	(7)停运1号横向卸料皮带机	
3	手动关闭1号真空泵工作水进水手动门	
4	操作完毕，汇报值长	

操作人：________　　监护人：________　　值班负责人（值长）：________

七、回检	确认划“√”
确认操作过程中无跳项、漏项	
核对阀门位置正确	
远传信号、指示正常，无报警	
向值班负责人（值长）回令，值班负责人（值长）确认操作完成	

操作结束时间：________年____月____日____时____分

操作人：________　　监护人：________

管理人员鉴证：值班负责人________　部门________　厂级________

八、备注

3 电 气 运 行

电气操作票

单位：________________ 班组：________________ 编号：____________

操作任务：**500kV Ⅰ段母线由运行转检修** 风险等级：________

一、发令、接令	确认划“√”
核实相关工作票已终结或押回，检查设备、系统运行方式、运行状态具备操作条件	
复诵操作指令确认无误	
根据操作任务风险等级通知相关人员到岗到位	

发令人：____________ 接令人：____________ 发令时间：________年____月____日____时____分

二、操作前作业环境风险评估	
危害因素	预 控 措 施
走错间隔	操作前核对机组号、设备中文名称及KKS编码（或设备编号）
与带电部位安全距离不足	（1）正确佩戴使用绝缘手套； （2）与500kV带电设备裸露部位保持5m安全距离； （3）不得擅自进入电气危险隔离区域
SF_6气体泄漏	（1）进入GIS配电室前，应先通风15～20min； （2）进入GIS配电室工作时，应先检测含氧量（不低于18%）和SF_6气体含量（不超过1000μL/L）； （3）不应在SF_6设备防爆膜附近长时间停留； （4）SF_6电气设备发生大量泄漏等紧急情况时，人员应迅速撤出现场，并开启所有排风机进行排风，未佩戴防毒面具或正压呼吸器的人员不应入内

三、操作人、监护人互查	确认划“√”
人员状态：工作人员健康状况良好，无酒后、疲劳作业等情况	
个人防护：安全帽、工作鞋、工作服以及与操作任务危害因素相符的耳塞、手套等劳动保护用品等	

四、检查确认工器具完好		
工器具	完 好 标 准	确认划“√”
绝缘手套	检验合格，无损坏、漏气等	
500kV验电器	检验合格，试验良好，无损坏	
500kV接地线	接地线外观及导线夹完好，在有效检验周期内	

五、安全技术交底
值班负责人按照“操作前作业环境风险评估”以及操作中“风险提示”等内容向操作人、监护人进行安全技术交底。 操作人： 监护人：

确认上述二～五项内容：

管理人员鉴证：值班负责人________________ 部门________________ 厂级________________

六、操作		
操作开始时间：________年____月____日____时____分		
操作任务：500kV Ⅰ段母线由运行转检修		
顺序	操 作 项 目	确认划“√”
1	检查NCS操作员站上各开关、刀闸位置显示正确，无异常报警信号	
2	检查500kV1号启动备用变压器5001开关三相在断开位置	
3	检查500kV1号启动备用变压器5001开关Ⅰ母侧50011刀闸三相在断开位置	
4	检查500kV新中Ⅰ路5021开关储能正常	

续表

顺序	操 作 项 目	确认划“√”
5	检查 500kV 新中Ⅰ路 5021 开关 SF_6气压正常（0.62～0.68MPa）	
6	检查 500kV 1 号主变压器 5011 开关储能正常	
7	检查 500kV 1 号主变压器 5011 开关 SF_6气压正常（0.62～0.68MPa）	
8	在微机五防模拟断开 500kV 新中Ⅰ路 5021 开关	
9	在 NCS 上断开 500kV 新中Ⅰ路 5021 开关	
10	检查 500kV 新中Ⅰ路 5021 开关三相确已分闸	
11	检查 500kV 新中Ⅰ路 5021 开关电流指示为零	
12	在微机五防模拟断开 500kV 1 号主变压器 5011 开关	
13	在 NCS 上断开 500kV 1 号主变压器 5011 开关	
14	检查 500kV 1 号主变压器 5011 开关三相确已分闸	
15	检查 500kV 1 号主变压器 5011 开关电流指示为零	
16	检查 500kV 各线路潮流分布正常，各开关电流不超限	
17	待令：500kV Ⅰ段母线由热备用转冷备用	
18	检查 500kV 新中Ⅰ路 5021 开关间隔各刀闸 SF_6气压正常（0.41～0.46MPa）	
19	检查 500kV 新中Ⅰ路 5021 开关机械指示三相确在断开位置	
20	**风险提示：**断开刀闸前应至 GIS 室内就地检查确认开关三相确已分闸	
	在微机五防模拟断开 500kV 新中Ⅰ路 5021 开关Ⅱ母侧 50212 刀闸	
21	在 NCS 上断开 500kV 新中Ⅰ路 5021 开关Ⅱ母侧 50212 刀闸	
22	检查 500kV 新中Ⅰ路 5021 开关Ⅱ母侧 50212 刀闸三相确已断开	
23	在微机五防模拟断开 500kV 新中Ⅰ路 5021 开关Ⅰ母侧 50211 刀闸	
24	在 NCS 上断开 500kV 新中Ⅰ路 5021 开关Ⅰ母侧 50211 刀闸	
25	检查 500kV 新中Ⅰ路 5021 开关Ⅰ母侧 50211 刀闸三相确已断开	
26	断开 500kV 新中Ⅰ路 5021 开关汇控柜内 50211 隔离开关控制电源开关 F111	
27	断开 500kV 新中Ⅰ路 5021 开关汇控柜内 50212 隔离开关控制电源开关 F112	
28	断开 500kV 新中Ⅰ路 5021 开关汇控柜内 50211 隔离开关电机电源开关 F131	
29	断开 500kV 新中Ⅰ路 5021 开关汇控柜内 50212 隔离开关电机电源开关 F132	
30	检查 500kV 1 号主变压器 5011 开关间隔各刀闸 SF_6气压正常（0.41～0.46MPa）	
31	检查 500kV 1 号主变压器 5011 开关机械指示三相确在断开位置	
32	在微机五防模拟断开 500kV 1 号主变压器 5011 开关Ⅱ母侧 50112 刀闸	
33	在 NCS 上断开 500kV 1 号主变压器 5011 开关Ⅱ母侧 50112 刀闸	
34	检查 500kV 1 号主变压器 5011 开关Ⅱ母侧 50112 刀闸三相确已断开	
35	在微机五防模拟断开 500kV 1 号主变压器 5011 开关Ⅰ母侧 50111 刀闸	
36	在 NCS 上断开 500kV 1 号主变压器 5011 开关Ⅰ母侧 50111 刀闸	
37	检查 500kV 1 号主变压器 5011 开关Ⅰ母侧 50111 刀闸三相确已断开	
38	断开 500kV 1 号主变压器 5011 开关汇控柜内 50111 隔离开关控制电源开关 F111	
39	断开 500kV 1 号主变压器 5011 开关汇控柜内 50112 隔离开关控制电源开关 F112	
40	断开 500kV 1 号主变压器 5011 开关汇控柜内 50111 隔离开关电机电源开关 F131	
41	断开 500kV 1 号主变压器 5011 开关汇控柜内 50112 隔离开关电机电源开关 F132	
42	将 500kV 新中Ⅰ路 PRS-753 保护屏上“检修状态转换开关”1QK 由正常位置切换至“5021 开关检修”位置	

续表

顺序	操　作　项　目	确认划“√”
43	将 500kV 新中Ⅰ路 CSC-103B 保护屏上“检修状态转换开关”1QK 由正常位置切换至“5021开关检修”位置	
44	断开 500kV 新中Ⅰ路 5021 开关保护屏第一路控制电源开关 4K1	
45	断开 500kV 新中Ⅰ路 5021 开关保护屏第二路控制电源开关 4K2	
46	断开 500kV 1 号主变压器 5011 开关保护屏第一路控制电源开关 4K1	
47	断开 500kV 1 号主变压器 5011 开关保护屏第二路控制电源开关 4K2	
48	解除 500kV 新中Ⅰ路 5021 开关保护屏上 3LP1：5021 断路器第一组 A 相跳闸出口压板	
49	解除 500kV 新中Ⅰ路 5021 开关保护屏上 3LP2：5021 断路器第一组 B 相跳闸出口压板	
50	解除 500kV 新中Ⅰ路 5021 开关保护屏上 3LP3：5021 断路器第一组 C 相跳闸出口压板	
51	解除 500kV 新中Ⅰ路 5021 开关保护屏上 3LP5：5021 断路器第二组 A 相跳闸出口压板	
52	解除 500kV 新中Ⅰ路 5021 开关保护屏上 3LP6：5021 断路器第二组 B 相跳闸出口压板	
53	解除 500kV 新中Ⅰ路 5021 开关保护屏上 3LP7：5021 断路器第二组 C 相跳闸出口压板	
54	解除 500kV 新中Ⅰ路 5021 开关保护屏上 3LP8：失灵启动 IM 母线保护Ⅰ出口压板	
55	解除 500kV 新中Ⅰ路 5021 开关保护屏上 3LP9：失灵启动 IM 母线保护Ⅱ出口压板	
56	解除 500kV 新中Ⅰ路 5021 开关保护屏上 3LP10：失灵启动 5022 断路器第一组跳闸出口压板	
57	解除 500kV 新中Ⅰ路 5021 开关保护屏上 3LP11：失灵启动 5022 断路器第二组跳闸出口压板	
58	解除 500kV 新中Ⅰ路 5021 开关保护屏上 3LP12：失灵启动新中Ⅰ路 753 保护远传跳闸出口压板	
59	解除 500kV 新中Ⅰ路 5021 开关保护屏上 3LP13：失灵启动新中Ⅰ路 103B 保护远传跳闸出口压板	
60	解除 500kV 新中Ⅰ路 5021 开关保护屏上 3LP19：5021 断路器 A 相重合闸出口压板	
61	解除 500kV 新中Ⅰ路 5021 开关保护屏上 3LP20：5021 断路器 B 相重合闸出口压板	
62	解除 500kV 新中Ⅰ路 5021 开关保护屏上 3LP21：5021 断路器 C 相重合闸出口压板	
63	查 500kV 新中Ⅰ路 5021 开关保护屏上 3LP26：投充电保护功能压板已解除	
64	解除 500kV 新中Ⅰ路 5021 开关保护屏上 3LP27：投先重功能压板	
65	解除 500kV 新中Ⅰ路 5021 开关保护屏上 3LP29：投自适应重合闸功能压板	
66	解除 500kV 新中Ⅰ路/2 号主变压器 5022 开关保护屏上 3LP10：失灵启动 5021 断路器第一组跳闸出口压板	
67	解除 500kV 新中Ⅰ路/2 号主变压器 5022 开关保护屏上 3LP11：失灵启动 5021 断路器第二组跳闸出口压板	
68	解除 500kV 新中Ⅰ路第一套 753 保护柜上 1LP1：5021 断路器第一组 A 相跳闸出口压板	
69	解除 500kV 新中Ⅰ路第一套 753 保护柜上 1LP2：5021 断路器第一组 B 相跳闸出口压板	
70	解除 500kV 新中Ⅰ路第一套 753 保护柜上 1LP3：5021 断路器第一组 C 相跳闸出口压板	
71	解除 500kV 新中Ⅰ路第一套 753 保护柜上 1LP9：A 相跳闸启动 5021 断路器失灵出口压板	
72	解除 500kV 新中Ⅰ路第一套 753 保护柜上 1LP10：B 相跳闸启动 5021 断路器失灵出口压板	
73	解除 500kV 新中Ⅰ路第一套 753 保护柜上 1LP11：C 相跳闸启动 5021 断路器失灵出口压板	
74	解除 500kV 新中Ⅰ路第一套 753 保护柜上 1LP12：5021 断路器 A 相重合闸出口压板	
75	解除 500kV 新中Ⅰ路第一套 753 保护柜上 1LP13：5021 断路器 B 相重合闸出口压板	
76	解除 500kV 新中Ⅰ路第一套 753 保护柜上 1LP14：5021 断路器 C 相重合闸出口压板	
77	解除 500kV 新中Ⅰ路第一套 753 保护柜上 1LP15：永跳闭锁 5021 断路器重合闸出口压板	

续表

顺序	操 作 项 目	确认划“√”
78	解除 500kV 新中Ⅰ路第一套 753 保护柜上 1LP22：收远传直跳 5021 断路器第一组跳闸出口压板	
79	解除 500kV 新中Ⅰ路第一套 753 保护柜上 1LP26：自适应重合闸状态输出至 5021 断路器保护出口压板	
80	解除 500kV 新中Ⅰ路第一套 753 保护柜上 1LP35：5021 断路器沟通三跳第一组跳闸出口压板	
81	解除 500kV 新中Ⅰ路第二套 103B 保护柜上 1C1LP1：5021 断路器第二组 A 相跳闸出口压板	
82	解除 500kV 新中Ⅰ路第二套 103B 保护柜上 1C1LP2：5021 断路器第二组 B 相跳闸出口压板	
83	解除 500kV 新中Ⅰ路第二套 103B 保护柜上 1C1LP3：5021 断路器第二组 C 相跳闸出口压板	
84	解除 500kV 新中Ⅰ路第二套 103B 保护柜上 1S1LP1：A 相跳闸启动 5021 断路器失灵出口压板	
85	解除 500kV 新中Ⅰ路第二套 103B 保护柜上 1S1LP2：B 相跳闸启动 5021 断路器失灵出口压板	
86	解除 500kV 新中Ⅰ路第二套 103B 保护柜上 1S1LP3：C 相跳闸启动 5021 断路器失灵出口压板	
87	解除 500kV 新中Ⅰ路第二套 103B 保护柜上 1Z1LP1：收远传直跳 5021 断路器第二组跳闸出口压板	
88	解除 500kV 新中Ⅰ路第二套 103B 保护柜上 1Z1LP2：5021 断路器沟通三跳第二组跳闸出口压板	
89	解除 500kV 新中Ⅰ路第二套 103B 保护柜上 1Z1LP7：永跳闭锁 5021 断路器重合闸出口压板	
90	解除 500kV 1 号变压器 5011 开关保护屏上 3LP1：5011 断路器第一组 A 相跳闸出口压板	
91	解除 500kV 1 号变压器 5011 开关保护屏上 3LP2：5011 断路器第一组 B 相跳闸出口压板	
92	解除 500kV 1 号变压器 5011 开关保护屏上 3LP3：5011 断路器第一组 C 相跳闸出口压板	
93	解除 500kV 1 号变压器 5011 开关保护屏上 3LP5：5011 断路器第二组 A 相跳闸出口压板	
94	解除 500kV 1 号变压器 5011 开关保护屏上 3LP6：5011 断路器第二组 B 相跳闸出口压板	
95	解除 500kV 1 号变压器 5011 开关保护屏上 3LP7：5011 断路器第二组 C 相跳闸出口压板	
96	解除 500kV 1 号变压器 5011 开关保护屏上 3LP8：失灵启动 IM 母线保护Ⅰ出口压板	
97	解除 500kV 1 号变压器 5011 开关保护屏上 3LP9：失灵启动 IM 母线保护Ⅱ出口压板	
98	解除 500kV 1 号变压器 5011 开关保护屏上 3LP10：失灵启动 5012 断路器第一组跳闸出口压板	
99	解除 500kV 1 号变压器 5011 开关保护屏上 3LP11：失灵启动 5012 断路器第二组跳闸出口压板	
100	解除 500kV 1 号变压器 5011 开关保护屏上 3LP12：失灵启动 1 号发变组保护 A 屏跳闸出口压板	
101	解除 500kV 1 号变压器 5011 开关保护屏上 3LP13：失灵启动 1 号发变组保护 B 屏跳闸出口压板	
102	检查 500kV 1 号变压器 5011 开关保护屏上 3LP19：投充电保护功能压板已解除	
103	解除 500kV 新中Ⅱ路/1 号主变压器 5012 开关保护屏上 3LP8：失灵启动 5011 断路器第一组跳闸出口压板	
104	解除 500kV 新中Ⅱ路/1 号主变压器 5012 开关保护屏上 3LP9：失灵启动 5011 断路器第二组跳闸出口压板	
105	解除 500kV Ⅰ段母线保护柜Ⅰ上 1TLP：5011 断路器第一组跳闸出口压板	
106	解除 500kV Ⅰ段母线保护柜Ⅰ上 2TLP：5021 断路器第一组跳闸出口压板	
107	解除 500kV Ⅰ段母线保护柜Ⅰ上 3TLP：5001 断路器第一组跳闸出口压板	
108	解除 500kV Ⅰ段母线保护柜Ⅰ上 1LP1：投母差功能压板	

续表

顺序	操　作　项　目	确认划“√”
109	解除 500kV Ⅰ段母线保护柜Ⅰ上 1LP2：投断路器失灵联跳功能压板	
110	解除 500kV Ⅰ段母线保护柜Ⅰ上 1SLP：5011 断路器失灵功能压板	
111	解除 500kV Ⅰ段母线保护柜Ⅰ上 2SLP：5021 断路器失灵功能压板	
112	解除 500kV Ⅰ段母线保护柜Ⅰ上 3SLP：5001 断路器失灵功能压板	
113	解除 500kV Ⅰ段母线保护柜Ⅱ上 1TLP：5011 断路器第二组跳闸出口压板	
114	解除 500kV Ⅰ段母线保护柜Ⅱ上 2TLP：5021 断路器第二组跳闸出口压板	
115	解除 500kV Ⅰ段母线保护柜Ⅱ上 3TLP：5001 断路器第二组跳闸出口压板	
116	解除 500kV Ⅰ段母线保护柜Ⅱ上 1LP1：投母差功能压板	
117	解除 500kV Ⅰ段母线保护柜Ⅱ上 1LP2：投断路器失灵联跳功能压板	
118	解除 500kV Ⅰ段母线保护柜Ⅱ上 1SLP：5011 断路器失灵功能压板	
119	解除 500kV Ⅰ段母线保护柜Ⅱ上 2SLP：5021 断路器失灵功能压板	
120	解除 500kV Ⅰ段母线保护柜Ⅱ上 3SLP：5001 断路器失灵功能压板	
121	检查 500kV Ⅰ段母线电压显示为 0V	
122	断开 500kV 1 号主变压器 5011 开关汇控柜内Ⅰ段母线 PT 母线测控 C 相电压 F301 二次空开	
123	断开 500kV 1 号主变压器 5011 开关汇控柜内Ⅰ段母线 PT 第二绕组 C 相电压 F302 二次空开	
124	断开 500kV 1 号主变压器 5011 开关汇控柜内Ⅰ段母线 PT 母线故录 C 相电压 F303 二次空开	
125	断开 500kV 1 号主变压器 5011 开关汇控柜内Ⅰ段母线 PT 同期 C 相电压 F305 二次空开	
126	解除 1 号发变组保护 A 屏上跳 5011 断路器第 1 组 X1A 出口压板	
127	解除 1 号发变组保护 A 屏上启动 5011 断路器失灵保护 X14A 出口压板	
128	解除 1 号发变组保护 A 屏上跳 5011 断路器第 1 组（不启失灵）X41A 出口压板	
129	解除 1 号发变组保护 B 屏上 5011 断路器闪络 X47B 功能压板	
130	解除 1 号发变组保护 C 屏上跳 5011 断路器 第 1 组 X1C 出口压板	
131	解除 1 号发变组保护 C 屏上跳 5011 断路器 第 2 组 X2C 出口压板	
132	待令：500kV Ⅰ段母线由冷备用转检修	
133	检查 500kV Ⅰ段母线相关间隔各刀闸、接地刀闸 SF_6压力正常（0.41～0.46MPa）	
134	检查 500kV 新中Ⅰ路 5021 开关汇控柜内的 5117 接地开关控制电源开关 F116 确已合上	
135	检查 500kV 新中Ⅰ路 5021 开关汇控柜内的 5117 接地开关电机电源开关 F136 确已合上	
136	在微机五防模拟合上 500kV Ⅰ段母线接地刀闸 5117	
137	在 NCS 上合上 500kV Ⅰ段母线接地刀闸 5117	
138	**风险提示：**至 GIS 室内就地检查确认接地刀闸三相确已合好	
	检查 500kV Ⅰ段母线接地刀闸 5117 三相合闸良好	
139	断开新中Ⅰ路 5021 开关汇控柜内的 5117 接地开关控制电源开关 F116	
140	断开新中Ⅰ路 5021 开关汇控柜内的 5117 接地开关电机电源开关 F136	
141	解除 500kV 母线设备测控柜上 5117 接地刀摇分 LP1 压板	
142	解除 500kV 母线设备测控柜上 5117 接地刀摇合 LP2 压板	
143	操作完毕，汇报值长	

操作人：＿＿＿＿＿　　监护人：＿＿＿＿＿　　值班负责人（值长）：＿＿＿＿＿

七、回检	确认划“√”
确认操作过程中无跳项、漏项	
核对设备状态正确	
远传信号、指示正常，无报警	
向值班负责人（值长）回令，值班负责人（值长）确认操作完成	

操作结束时间：________年____月____日____时____分

操作人：_____________ 监护人：_____________

管理人员鉴证：值班负责人_________________ 部门_________________ 厂级________________

八、备注

电 气 操 作 票

单位：________________ 班组：________________ 编号：______________

操作任务：**500kV Ⅰ段母线由检修转运行** 风险等级：____________

一、发令、接令	确认划"√"
核实相关工作票已终结或押回，检查设备、系统运行方式、运行状态具备操作条件	
复诵操作指令确认无误	
根据操作任务风险等级通知相关人员到岗到位	

发令人：____________ 接令人：____________ 发令时间：________年____月____日____时____分

二、操作前作业环境风险评估	
危害因素	预 控 措 施
走错间隔	操作前核对机组号、设备中文名称及KKS编码（或设备编号）
与带电部位安全距离不足	（1）正确佩戴使用绝缘手套； （2）与500kV带电设备裸露部位保持5m安全距离； （3）不得擅自进入电气危险隔离区域
SF_6气体泄漏	（1）进入GIS配电室前，应先通风15～20min； （2）进入GIS配电室工作时，应先检测含氧量（不低于18%）和SF_6气体含量（不超过1000μL/L）； （3）不应在SF_6设备防爆膜附近长时间停留； （4）SF_6电气设备发生大量泄漏等紧急情况时，人员应迅速撤出现场，并开启所有排风机进行排风，未佩戴防毒面具或正压呼吸器的人员不应入内

三、操作人、监护人互查	确认划"√"
人员状态：工作人员健康状况良好，无酒后、疲劳作业等情况	
个人防护：安全帽、工作鞋、工作服以及与操作任务危害因素相符的耳塞、手套等劳动保护用品等	

四、检查确认工器具完好		
工器具	完 好 标 准	确认划"√"
绝缘手套	检验合格，无损坏、漏气等	
验电器	检验合格，试验良好，无损坏	
绝缘电阻表	本体及测量导线完好，短接测量示值为"0"	

五、安全技术交底
值班负责人按照"操作前作业环境风险评估"以及操作中"风险提示"等内容向操作人、监护人进行安全技术交底。 操作人： 监护人：

确认上述二～五项内容：

管理人员鉴证：值班负责人________________ 部门________________ 厂级________________

六、操作		
操作开始时间：________年____月____日____时____分		
操作任务：500kV Ⅰ段母线由检修转运行		
顺序	操 作 项 目	确认划"√"
1	检查500kV Ⅰ段母线具有合格的耐压试验书面报告	
2	检查500kV新中Ⅰ路5021开关三相确已分闸	
3	检查500kV新中Ⅰ路5021开关Ⅱ母侧50212刀闸三相确已断开	
4	检查500kV新中Ⅰ路5021开关Ⅰ母侧50211刀闸三相确已断开	

续表

顺序	操 作 项 目	确认划“√”
5	检查500kV新中Ⅰ路5021开关Ⅱ母侧502127接地刀闸三相确已断开	
6	检查500kV新中Ⅰ路5021开关Ⅰ母侧502117接地刀闸三相确已断开	
7	检查500kV 1号主变压器5011开关三相确已分闸	
8	检查500kV 1号主变压器5011开关Ⅱ母侧50112刀闸三相确已断开	
9	检查500kV 1号主变压器5011开关Ⅰ母侧50111刀闸三相确已断开	
10	检查500kV 1号主变压器5011开关Ⅱ母侧501127接地刀闸三相确已断开	
11	检查500kV 1号主变压器5011开关Ⅰ母侧501117接地刀闸三相确已断开	
12	检查500kV 1号启动备用变压器5001开关确已断开	
13	检查500kV 1号启动备用变压器5001开关Ⅰ母侧50011刀闸三相确已断开	
14	检查500kV 1号启动备用变压器5001开关Ⅰ母侧500117接地刀闸三相确已断开	
15	检查500kV 1号启动备用变压器5001开关启备变侧500127接地刀闸三相确已断开	
16	检查500kV Ⅰ段母线相关间隔各刀闸、接地刀闸SF_6压力正常（0.41～0.46MPa）	
17	检查500kV Ⅰ段母线PT间隔SF_6压力正常（≥0.62MPa）	
18	待令：500kV Ⅰ段母线由检修转冷备用	
19	检查500kV 1号主变压器5011开关汇控柜内控制信号及报警电源进线隔离开关F180确已合上	
20	检查500kV 1号主变压器5011开关汇控柜内的交流电源进线隔离开关F181确已合上	
21	检查500kV 1号主变压器5011开关汇控柜内照明、带电显示器及加热器总电源开关F200已合上	
22	检查500kV 1号主变压器5011开关汇控柜内操作机构加热器开关F191已合上	
23	检查500kV 1号主变压器5011开关汇控柜内的刀闸机构控制电源开关F192确已合上	
24	检查500kV 1号主变压器5011开关汇控柜内带电显示器F195已合上	
25	检查500kV 1号主变压器5011开关汇控柜内的断路器、刀闸电机总电源开关F197确已合上	
26	检查500kV 1号主变压器5011开关汇控柜内的信号及报警电源开关F104确已合上	
27	检查500kV 1号主变压器5011开关汇控柜内的隔离、接地开关“就地/远方”转换开关在“远方”，钥匙已拔出	
28	检查500kV 1号主变压器5011开关汇控柜内的“联锁/解锁”转换开关在“联锁”，钥匙已拔出	
29	检查500kV 1号主变压器5011开关汇控柜内开关、刀闸位置显示正确，除“交流电源开关电机电源开关跳闸、直流电源开关跳”报警外无其他异常报警信号	
30	检查500kV新中Ⅰ路5021开关汇控柜内控制信号及报警电源进线隔离开关F180确已合上	
31	检查500kV 新中Ⅰ路5021开关汇控柜内的交流电源进线隔离开关F181确已合上	
32	检查500kV 新中Ⅰ路5021开关汇控柜内照明、带电显示器及加热器总电源开关F200已合上	
33	检查500kV 新中Ⅰ路5021开关汇控柜内操作机构加热器开关F191已合上	
34	检查500kV 新中Ⅰ路5021开关汇控柜内的刀闸机构控制电源开关F192确已合上	
35	检查500kV 新中Ⅰ路5021开关汇控柜内带电显示器F195已合上	
36	检查500kV新中Ⅰ路5021开关汇控柜内的断路器、刀闸电机总电源开关F197确已合上	
37	检查500kV新中Ⅰ路5021开关汇控柜内的信号及报警电源开关F104确已合上	
38	检查500kV新中Ⅰ路5021汇控柜内的隔离、接地开关“就地/远方”转换开关在“远方”，钥匙已拔出	
39	检查500kV新中Ⅰ路5021开关汇控柜内的“联锁/解锁”转换开关在“联锁”，钥匙已拔出	

续表

顺序	操 作 项 目	确认划“√”
40	检查 500kV 新中Ⅰ路 5021 开关汇控柜内开关、刀闸位置显示正确，除“交流电源开关电机电源开关跳闸、直流电源开关跳”报警外无其他异常报警信号	
41	合上 500kV 新中Ⅰ路 5021 开关汇控柜内的 5117 接地开关控制电源开关 F116	
42	合上 500kV 新中Ⅰ路 5021 开关汇控柜内的 5117 接地开关电机电源开关 F136	
43	检查 500kV 母线设备测控柜内双电源切换把手开关 F001 选择 1 位置	
44	检查 500kV 母线设备测控柜内照明插座回路电源 F101 确已合上	
45	检查 500kV 母线设备测控柜内 IM 母线测控装置主机电源 F211 确已合上	
46	检查 500kV 母线设备测控柜内 IM 母线测控装置电源 F212 确已合上	
47	检查 500kV 母线设备测控柜内 IM 母线测控遥控电源 F213 确已合上	
48	检查 500kV 母线设备测控柜内 IM 母线测控遥信电源 F214 确已合上	
49	检查 500kV 母线设备测控柜内 IM 母线测控显示屏电源 F215 确已合上	
50	检查 500kV 母线设备测控柜内 IM 母线测量电压空开 F401 确已合上	
51	检查 500kV 母线设备测控柜内 IM 母线测控显示屏 AK1-M 上“就地/远方”切换开关在“远方”位置	
52	检查 500kV 母线设备测控柜内 IM 母线测控显示屏 AK1-M 上“闭锁/解除”切换开关在“闭锁”位置	
53	检查 500kV 母线设备测控柜内 5117 接地刀遥分 LP1 压板投入正常	
54	检查 500kV 母线设备测控柜内 5117 接地刀遥合 LP2 压板投入正常	
55	检查 500kV IM 母线设备测控屏投运正常，无异常报警信号	
56	检查 NCS 操作员站上各开关、刀闸位置显示正确，无异常报警信号	
57	在微机五防模拟拉开 500kV Ⅰ段母线接地刀闸 5117	
58	在 NCS 上拉开 500kV Ⅰ段母线接地刀闸 5117	
59	**风险提示：**至 GIS 室内就地确认接地刀闸三相确已分闸	
	检查 500kV Ⅰ母线接地开关 5117 三相确已分闸	
60	待令：500kV Ⅰ段母线由冷备用转热备用	
61	合上 500kV 1 号主变压器 5011 开关汇控柜内Ⅰ段母线 PT 母线测控 C 相电压 F301 二次空开	
62	合上 500kV 1 号主变压器 5011 开关汇控柜内Ⅰ段母线 PT 第二绕组 C 相电压 F302 二次空开	
63	合上 500kV 1 号主变压器 5011 开关汇控柜内Ⅰ段母线 PT 母线故录 C 相电压 F303 二次空开	
64	合上 500kV 1 号主变压器 5011 开关汇控柜内Ⅰ段母线 PT 同期 C 相电压 F305 二次空开	
65	合上 500kV 新中Ⅰ路 5021 开关保护屏后断路器保护装置电源空开 3K	
66	合上 500kV 新中Ⅰ路 5021 开关保护屏后第一路控制电源开关 4K1	
67	合上 500kV 新中Ⅰ路 5021 开关保护屏后第二路控制电源开关 4K2	
68	检查 500kV 新中Ⅰ路 5021 开关保护屏后新中Ⅰ路三相交流电压 3ZKK1 空开已合上	
69	检查 500kV 新中Ⅰ路 5021 开关保护屏上 RCS-921C 断路器保护装置无异常报警	
70	投入 500kV 新中Ⅰ路 5021 开关保护屏上 3LP27：投先重功能压板	
71	投入 500kV 新中Ⅰ路 5021 开关保护屏上 3LP29：投自适应重合闸功能压板	
72	检查 500kV 新中Ⅰ路 5021 开关保护屏上 3LP26：投充电保护功能压板已解除	
73	检查 500kV 新中Ⅰ路 5021 开关保护屏上 3LP28：断路器保护置检修状态功能压板已解除	
74	检查 500kV 新中Ⅰ路 5021 开关保护屏上 RCS-921C 断路器保护装置无异常报警	
75	投入 500kV 新中Ⅰ路 5021 开关保护屏上 3LP1：5021 断路器第一组 A 相跳闸出口压板	

续表

顺序	操 作 项 目	确认划“√”
76	投入500kV新中Ⅰ路5021开关保护屏上3LP2：5021断路器第一组B相跳闸出口压板	
77	投入500kV新中Ⅰ路5021开关保护屏上3LP3：5021断路器第一组C相跳闸出口压板	
78	投入500kV新中Ⅰ路5021开关保护屏上3LP5：5021断路器第二组A相跳闸出口压板	
79	投入500kV新中Ⅰ路5021开关保护屏上3LP6：5021断路器第二组B相跳闸出口压板	
80	投入500kV新中Ⅰ路5021开关保护屏上3LP7：5021断路器第二组C相跳闸出口压板	
81	投入500kV新中Ⅰ路5021开关保护屏上3LP8：失灵启动IM母线保护Ⅰ出口压板	
82	投入500kV新中Ⅰ路5021开关保护屏上3LP9：失灵启动IM母线保护Ⅱ出口压板	
83	投入500kV新中Ⅰ路5021开关保护屏上3LP10：失灵启动5022断路器第一组跳闸出口压板	
84	投入500kV新中Ⅰ路5021开关保护屏上3LP11：失灵启动5022断路器第二组跳闸出口压板	
85	投入500kV新中Ⅰ路5021开关保护屏上3LP12：失灵启动新中Ⅰ路753保护远传跳闸出口压板	
86	投入500kV新中Ⅰ路5021开关保护屏上3LP13：失灵启动新中Ⅰ路103B保护远传跳闸出口压板	
87	投入500kV新中Ⅰ路5021开关保护屏上3LP19：5021断路器A相重合闸出口压板	
88	投入500kV新中Ⅰ路5021开关保护屏上3LP20：5021断路器B相重合闸出口压板	
89	投入500kV新中Ⅰ路5021开关保护屏上3LP21：5021断路器C相重合闸出口压板	
90	检查500kV新中Ⅰ路5021开关保护屏上1LP3：第一套短引线保护跳5021断路器第一组跳闸出口压板已解除	
91	检查500kV新中Ⅰ路5021开关保护屏上1LP4：第一套短引线保护跳5022断路器第一组跳闸出口压板已解除	
92	检查500kV新中Ⅰ路5021开关保护屏上2LP3：第一套短引线保护跳5021断路器第二组跳闸出口压板已解除	
93	检查500kV新中Ⅰ路5021开关保护屏上2LP4：第一套短引线保护跳5022断路器第二组跳闸出口压板已解除	
94	检查500kV新中Ⅰ路5021开关保护屏上1LP2：第一套短引线保护功能压板已解除	
95	检查500kV新中Ⅰ路5021开关保护屏上2LP2：第二套短引线保护功能压板已解除	
96	投入500kV2号主变压器/新中Ⅰ路5022开关保护屏上3LP10：失灵启动5021断路器第一组跳闸出口压板	
97	投入500kV2号主变压器/新中Ⅰ路5022开关保护屏上3LP11：失灵启动5021断路器第二组跳闸出口压板	
98	投入500kV新中Ⅰ路第一套753保护柜上1LP1：5021断路器第一组A相跳闸出口压板	
99	投入500kV新中Ⅰ路第一套753保护柜上1LP2：5021断路器第一组B相跳闸出口压板	
100	投入500kV新中Ⅰ路第一套753保护柜上1LP3：5021断路器第一组C相跳闸出口压板	
101	投入500kV新中Ⅰ路第一套753保护柜上1LP9：A相跳闸启动5021断路器失灵出口压板	
102	投入500kV新中Ⅰ路第一套753保护柜上1LP10：B相跳闸启动5021断路器失灵出口压板	
103	投入500kV新中Ⅰ路第一套753保护柜上1LP11：C相跳闸启动5021断路器失灵出口压板	
104	投入500kV新中Ⅰ路第一套753保护柜上1LP12：5021断路器A相重合闸出口压板	
105	投入500kV新中Ⅰ路第一套753保护柜上1LP13：5021断路器B相重合闸出口压板	
106	投入500kV新中Ⅰ路第一套753保护柜上1LP14：5021断路器C相重合闸出口压板	
107	投入500kV新中Ⅰ路第一套753保护柜上1LP15：永跳闭锁5021断路器重合闸出口压板	
108	投入500kV新中Ⅰ路第一套753保护柜上1LP22：收远传直跳5021断路器第一组跳闸出口压板	

续表

顺序	操 作 项 目	确认划"√"
109	投入 500kV 新中Ⅰ路第一套 753 保护柜上 1LP26：自适应重合闸状态输出至 5021 断路器保护出口压板	
110	投入 500kV 新中Ⅰ路第一套 753 保护柜上 1LP35：5021 断路器沟通三跳第一组跳闸出口压板	
111	投入 500kV 新中Ⅰ路第二套 103B 保护柜上 1C1LP1：5021 断路器第二组 A 相跳闸出口压板	
112	投入 500kV 新中Ⅰ路第二套 103B 保护柜上 1C1LP2：5021 断路器第二组 B 相跳闸出口压板	
113	投入 500kV 新中Ⅰ路第二套 103B 保护柜上 1C1LP3：5021 断路器第二组 C 相跳闸出口压板	
114	投入 500kV 新中Ⅰ路第二套 103B 保护柜上 1S1LP1：A 相跳闸启动 5021 断路器失灵出口压板	
115	投入 500kV 新中Ⅰ路第二套 103B 保护柜上 1S1LP2：B 相跳闸启动 5021 断路器失灵出口压板	
116	投入 500kV 新中Ⅰ路第二套 103B 保护柜上 1S1LP3：C 相跳闸启动 5021 断路器失灵出口压板	
117	投入 500kV 新中Ⅰ路第二套 103B 保护柜上 1Z1LP1：收远传直跳 5021 断路器第二组跳闸出口压板	
118	投入 500kV 新中Ⅰ路第二套 103B 保护柜上 1Z1LP2：5021 断路器沟通三跳第二组跳闸出口压板	
119	投入 500kV 新中Ⅰ路第二套 103B 保护柜上 1Z1LP7：永跳闭锁 5021 断路器重合闸出口压板	
120	检查 500kV 1 号主变压器 5011 开关保护屏后第一套短引线保护装置电源 1K 已合上	
121	检查 500kV 1 号主变压器 5011 开关保护屏后第二套短引线保护装置电源 2K 已合上	
122	合上 500kV 1 号主变压器 5011 开关保护屏后断路器保护装置电源空开 3K	
123	合上 500kV 1 号主变压器 5011 开关保护屏后第一路控制电源开关 4K1	
124	合上 500kV 1 号主变压器 5011 开关保护屏后第二路控制电源开关 4K2	
125	检查 500kV 1 号主变压器 5011 开关保护屏后 2 号主变压器出线三相交流电压 3ZKK1 空开已合上	
126	检查 500kV 1 号主变压器 5011 开关保护屏后发变组失灵重动继电器电源空开 ZK 已合上	
127	检查 500kV 1 号主变压器 5011 开关保护屏上 RCS-921A 断路器保护装置无异常报警	
128	检查 500kV 1 号主变压器 5011 开关保护屏上第一套短引线保护装置无异常报警	
129	检查 500kV 1 号主变压器 5011 开关保护屏上第二套短引线保护装置无异常报警	
130	检查 500kV 1 号主变压器 5011 开关保护屏上 3LP19：投充电保护功能压板已解除	
131	检查 500kV 1 号主变压器 5011 开关保护屏上 3LP21：断路器保护置检修状态已解除	
132	投入 500kV 1 号主变压器 5011 开关保护屏上 3LP1：5011 断路器第一组 A 相跳闸出口压板	
133	投入 500kV 1 号主变压器 5011 开关保护屏上 3LP2：5011 断路器第一组 B 相跳闸出口压板	
134	投入 500kV 1 号主变压器 5011 开关保护屏上 3LP3：5011 断路器第一组 C 相跳闸出口压板	
135	投入 500kV 1 号主变压器 5011 开关保护屏上 3LP5：5011 断路器第二组 A 相跳闸出口压板	
136	投入 500kV 1 号主变压器 5011 开关保护屏上 3LP6：5011 断路器第二组 B 相跳闸出口压板	
137	投入 500kV 1 号主变压器 5011 开关保护屏上 3LP7：5011 断路器第二组 C 相跳闸出口压板	
138	投入 500kV 1 号主变压器 5011 开关保护屏上 3LP8：失灵启动 IM 母线保护Ⅰ出口压板	
139	投入 500kV 1 号主变压器 5011 开关保护屏上 3LP9：失灵启动 IM 母线保护Ⅱ出口压板	
140	投入 500kV 1 号主变压器 5011 开关保护屏上 3LP10：失灵启动 5012 断路器第一组跳闸出口压板	
141	投入 500kV 1 号主变压器 5011 开关保护屏上 3LP11：失灵启动 5012 断路器第二组跳闸出口压板	
142	投入 500kV 1 号主变压器 5011 开关保护屏上 3LP12：失灵启动 1 号发变组保护 A 屏跳闸出口压板	

续表

顺序	操 作 项 目	确认划“√”
143	投入 500kV 1 号主变压器 5011 开关保护屏上 3LP13：失灵启动 1 号发变组保护 B 屏跳闸出口压板	
144	检查 500kV 1 号主变压器 5011 开关保护屏上 1LP2：第一套短引线保护功能压板已投入	
145	检查 500kV 1 号主变压器 5011 开关保护屏上 2LP2：第二套短引线保护功能压板已投入	
146	检查 500kV 1 号主变压器 5011 开关保护屏上 1LP3：第一套短引线保护跳 5011 断路器第一组跳闸出口压板已投入	
147	检查 500kV 1 号主变压器 5011 开关保护屏上 1LP4：第一套短引线保护跳 5012 断路器第一组跳闸出口压板已投入	
148	检查 500kV 1 号主变压器 5011 开关保护屏上 2LP3：第一套短引线保护跳 5011 断路器第二组跳闸出口压板已投入	
149	检查 500kV 1 号主变压器 5011 开关保护屏上 2LP4：第一套短引线保护跳 5012 断路器第二组跳闸出口压板已投入	
150	投入 500kV 新中Ⅱ路/1 号主变压器 5012 开关保护屏上 3LP8：失灵启动 5011 断路器第一组跳闸出口压板	
151	投入 500kV 新中Ⅱ路/1 号主变压器 5012 开关保护屏上 3LP9：失灵启动 5011 断路器第二组跳闸出口压板	
152	合上 500kV Ⅰ段母线保护柜Ⅰ后保护装置电源空开 1K	
153	合上 500kV Ⅰ段母线保护柜Ⅰ后通讯装置电源 84K	
154	合上 500kV Ⅰ段母线保护柜Ⅰ后 4ZJ 继电器电源 2K	
155	检查 500kV Ⅰ段母线保护柜Ⅰ上母线保护 RCS-915E 装置无异常报警	
156	投入 500kV Ⅰ段母线保护柜Ⅰ上 1LP1：投母差功能压板	
157	投入 500kV Ⅰ段母线保护柜Ⅰ上 1LP2：投断路器失灵联跳	
158	投入 500kV Ⅰ段母线保护柜Ⅰ上 1SLP：5011 断路器失灵功能压板	
159	投入 500kV Ⅰ段母线保护柜Ⅰ上 2SLP：5021 断路器失灵功能压板	
160	投入 500kV Ⅰ段母线保护柜Ⅰ上 3SLP：5001 断路器失灵功能压板	
161	检查 500kV Ⅰ段母线保护柜Ⅰ上 1LP3：投检修状态功能压板已解除	
162	检查 500kV Ⅰ段母线保护柜Ⅰ上母线保护 RCS-915E 装置无异常报警	
163	投入 500kV Ⅰ段母线保护柜Ⅰ上 1TLP：5011 断路器第一组跳闸出口压板	
164	投入 500kV Ⅰ段母线保护柜Ⅰ上 2TLP：5021 断路器第一组跳闸出口压板	
165	投入 500kV Ⅰ段母线保护柜Ⅰ上 3TLP：5001 断路器第一组跳闸出口压板	
166	合上 500kV Ⅰ段母线保护柜Ⅱ后保护装置电源空开 1K	
167	合上 500kV Ⅰ段母线保护柜Ⅱ后通信装置电源 84K	
168	合上 500kV Ⅰ段母线保护柜Ⅱ后 4ZJ 继电器电源 2K	
169	检查 500kV Ⅰ段母线保护柜Ⅱ上母线保护 BP-2C-H 装置无异常报警	
170	投入 500kV Ⅰ段母线保护柜Ⅱ上 1LP1：投母差功能压板	
171	投入 500kV Ⅰ段母线保护柜Ⅱ上 1LP2：投断路器失灵联跳	
172	投入 500kV Ⅰ段母线保护柜Ⅱ上 1SLP：5011 断路器失灵功能压板	
173	投入 500kV Ⅰ段母线保护柜Ⅱ上 2SLP：5021 断路器失灵功能压板	
174	投入 500kV Ⅰ段母线保护柜Ⅱ上 3SLP：5011 断路器失灵功能压板	
175	检查 500kV Ⅰ段母线保护柜Ⅱ上 1LP3：投检修状态功能压板已解除	
176	检查 500kV Ⅰ段母线保护柜Ⅱ上母线保护 BP-2C-H 装置无异常报警	

续表

顺序	操　作　项　目	确认划“√”
177	投入 500kV　Ⅰ段母线保护柜Ⅱ上 1TLP：5011 断路器第二组跳闸出口压板	
178	投入 500kV　Ⅰ段母线保护柜Ⅱ上 2TLP：5021 断路器第二组跳闸出口压板	
179	投入 500kV　Ⅰ段母线保护柜Ⅱ上 3TLP：5001 断路器第二组跳闸出口压板	
180	将 500kV 新中Ⅰ路 RCS-753 保护屏上“检修状态转换开关”1QK 由“5021 开关检修”位置切换至正常位置	
181	将 500kV 新中Ⅰ路 CSC-103B 保护屏上“检修状态转换开关”1QK 由“5021 开关检修”位置切换至正常位置	
182	解除 1 号发变组保护 A 屏上跳 5011 断路器第 1 组 X1A 出口压板	
183	解除 1 号发变组保护 A 屏上启动 5011 断路器失灵保护 X14A 出口压板	
184	解除 1 号发变组保护 A 屏上跳 5011 断路器第 1 组（不启失灵）X41A 出口压板	
185	解除 1 号发变组保护 A 屏上 5011 断路器闪络 X47A 功能压板	
186	解除 1 号发变组保护 B 屏上跳 5011 断路器第 2 组 X2B 出口压板	
187	解除 1 号发变组保护 B 屏上启动 5011 断路器失灵保护 X14B 出口压板	
188	解除 1 号发变组保护 B 屏上跳 5011 断路器第 2 组（不启失灵）X42B 出口压板	
189	解除 1 号发变组保护 B 屏上 5011 断路器闪络 X47B 功能压板	
190	解除 1 号发变组保护 C 屏上跳 5011 断路器 第 1 组 X1C 出口压板	
191	解除 1 号发变组保护 C 屏上跳 5011 断路器 第 2 组 X2C 出口压板	
192	检查 500kV 新中Ⅰ路 5021 开关间隔各刀闸 SF_6气压正常（0.41～0.46MPa）	
193	检查 500kV 新中Ⅰ路 5021 开关机械指示三相确在断开位置	
194	合上 500kV 新中Ⅰ路 5021 开关汇控柜内 50211 隔离开关控制电源开关 F111	
195	合上 500kV 新中Ⅰ路 5021 开关汇控柜内 50212 隔离开关控制电源开关 F112	
196	合上 500kV 新中Ⅰ路 5021 开关汇控柜内 50211 隔离开关电机电源开关 F131	
197	合上 500kV 新中Ⅰ路 5021 开关汇控柜内 50212 隔离开关电机电源开关 F132	
198	合上 500kV 新中Ⅰ路 5021 开关汇控柜内 5021 断路器 A 相电机电源 F199A	
199	合上 500kV 新中Ⅰ路 5021 开关汇控柜内 5021 断路器 B 相电机电源 F199B	
200	合上 500kV 新中Ⅰ路 5021 开关汇控柜内 5021 断路器 C 相电机电源 F199C	
201	在微机五防模拟合上 500kV 新中Ⅰ路 5021 开关Ⅰ母侧 50211 刀闸	
202	在 NCS 上合上 500kV 新中Ⅰ路 5021 开关Ⅰ母侧 50211 刀闸	
203	检查 500kV 新中Ⅰ路 5021 开关Ⅰ母侧 50211 刀闸三相确已合上	
204	在微机五防模拟合上 500kV 新中Ⅰ路 5021 开关Ⅱ母侧 50212 刀闸	
205	在 NCS 上合上 500kV 新中Ⅰ路 5021 开关Ⅱ母侧 50212 刀闸	
206	检查 500kV 新中Ⅰ路 5021 开关Ⅱ母侧 50212 刀闸三相确已合上	
207	检查 500kV 1 号主变压器 5011 开关间隔各刀闸 SF_6气压正常（0.41～0.46MPa）	
208	检查 500kV 1 号主变压器 5011 开关机械指示三相确在断开位置	
209	合上 500kV 1 号主变压器 5011 开关汇控柜内 50111 隔离开关控制电源开关 F111	
210	合上 500kV 1 号主变压器 5011 开关汇控柜内 50112 隔离开关控制电源开关 F112	
211	合上 500kV 1 号主变压器 5011 开关汇控柜内 50111 隔离开关电机电源开关 F131	
212	合上 500kV 1 号主变压器 5011 开关汇控柜内 50112 隔离开关电机电源开关 F132	
213	合上 500kV 1 号主变压器 5011 开关汇控柜内 5011 断路器 A 相电机电源 F199A	
214	合上 500kV 1 号主变压器 5011 开关汇控柜内 5011 断路器 B 相电机电源 F199B	
215	合上 500kV 1 号主变压器 5011 开关汇控柜内 5011 断路器 C 相电机电源 F199C	
216	在微机五防模拟合上 500kV 1 号主变 5011 开关Ⅰ母侧 50111 刀闸	

续表

顺序	操 作 项 目	确认划“√”
217	在NCS上合上500kV 1号主变压器5011开关Ⅰ母侧50111刀闸	
218	检查500kV 1号主变压器5011开关Ⅰ母侧50111刀闸三相确已合上	
219	在微机五防模拟合上500kV 1号主变压器5011开关Ⅱ母侧50112刀闸	
220	在NCS上合上500kV 1号主变压器5011开关Ⅱ母侧50112刀闸	
221	检查500kV 1号主变压器5011开关Ⅱ母侧50112刀闸三相确已合上	
222	检查NCS操作员站上各开关、刀闸位置显示正确，无异常报警信号	
223	待令：500kV Ⅰ段母线由热备用转运行	
224	检查500kV新中Ⅰ路5021开关储能正常	
225	检查500kV新中Ⅰ路5021开关 SF_6气压正常（0.62～0.68MPa）	
226	检查500kV 1号主变压器5011开关储能正常	
227	检查500kV 1号主变压器5011开关SF_6气压正常（0.62～0.68MPa）	
228	在微机五防模拟合上500kV新中Ⅰ路5021开关	
229	在NCS上合上500kV新中Ⅰ路5021开关	
230	检查500kV新中Ⅰ路5021开关三相确已合闸	
231	检查500kV新中Ⅰ路5021开关电流三相指示正常，A相____，B相____，C相____	
232	检查500kV新中Ⅰ路5021开关就地机械指示三相确在合闸位置	
233	检查500kV Ⅰ段母线三相电压正常，A相____，B相____，C相____	
234	检查500kV Ⅰ段母线充电正常	
235	待令：500kV 1号主变压器5011开关由热备用转成串运行	
236	在微机五防模拟合上500kV 1号主变压器5011开关	
237	在NCS上合上500kV 1号主变压器5011开关	
238	检查500kV 1号主变压器5011开关三相确已合闸	
239	检查500kV 1号主变压器5011开关电流三相指示正常，A相____，B相____，C相____	
240	检查500kV 1号主变压器5011开关就地机械指示三相确在合闸位置	
241	检查500kV各线路潮流分布正常，各开关电流不超限	
242	检查NCS操作员站上各开关、刀闸位置显示正确，无异常报警信号	
243	操作完毕，汇报值长	

操作人：__________ 监护人：__________ 值班负责人（值长）：__________

七、回检	确认划“√”
确认操作过程中无跳项、漏项	
核对设备状态正确	
远传信号、指示正常，无报警	
向值班负责人（值长）回令，值班负责人（值长）确认操作完成	

操作结束时间：________年____月____日____时____分

操作人：____________ 监护人：____________

管理人员鉴证：值班负责人______________ 部门______________ 厂级______________

八、备注

电 气 操 作 票

单位：__________ 班组：__________ 编号：__________

操作任务：**500kV 新中Ⅰ路由冷备用转检修** 风险等级：__________

一、发令、接令	确认划“√”
核实相关工作票已终结或押回，检查设备、系统运行方式、运行状态具备操作条件	
复诵操作指令确认无误	
根据操作任务风险等级通知相关人员到岗到位	

发令人：__________ 接令人：__________ 发令时间：______年___月___日___时___分

二、操作前作业环境风险评估	
危害因素	预 控 措 施
走错间隔	操作前核对机组号、设备中文名称及 KKS 编码（或设备编号）
与带电部位安全距离不足	（1）正确佩戴使用绝缘手套； （2）与 500kV 带电设备裸露部位保持 5m 安全距离； （3）不得擅自进入电气危险隔离区域
SF_6气体泄漏	（1）进入 GIS 配电室前，应先通风 15～20min； （2）进入 GIS 配电室工作时，应先检测含氧量（不低于 18%）和 SF_6 气体含量（不超过 1000μL/L）； （3）不应在 SF_6 设备防爆膜附近长时间停留； （4）SF_6 电气设备发生大量泄漏等紧急情况时，人员应迅速撤出现场，并开启所有排风机进行排风，未佩戴防毒面具或正压呼吸器的人员不应入内

三、操作人、监护人互查	确认划“√”
人员状态：工作人员健康状况良好，无酒后、疲劳作业等情况	
个人防护：安全帽、工作鞋、工作服以及与操作任务危害因素相符的耳塞、手套等劳动保护用品等	

四、检查确认工器具完好		
工器具	完 好 标 准	确认划“√”
绝缘手套	检验合格，无损坏、漏气等	
500kV 验电器	检验合格，试验良好，无损坏	
500kV 接地线	接地线外观及导线夹完好，在有效检验周期内	

五、安全技术交底
值班负责人按照“操作前作业环境风险评估”以及操作中“风险提示”等内容向操作人、监护人进行安全技术交底。 操作人： 监护人：

确认上述二～五项内容：

管理人员鉴证：值班负责人__________ 部门__________ 厂级__________

六、操作		
操作开始时间：______年___月___日___时___分		
操作任务：500kV 新中Ⅰ路由冷备用转检修		
顺序	操 作 项 目	确认划“√”
1	检查 NCS 画面上 500kV 新中Ⅰ路电压指示为“0kV”	
2	检查 500kV 新中Ⅰ路线路侧 50216 刀闸确在分闸位置	
3	检查 500kV 新中Ⅰ路 5021 开关 SF_6气压正常（0.62～0.68MPa）	
4	检查 500kV 新中Ⅰ路 5021 开关间隔各刀闸、接地开关 SF_6气压正常（0.41～0.46MPa）	

续表

顺序	操 作 项 目	确认划“√”
5	检查 500kV 新中Ⅰ路 5021 开关汇控柜内线路带电指示器显示确无电压	
6	断开 500kV 新中Ⅰ路 5021 开关汇控柜内的 500kV 新中Ⅰ路计量 PT A 相电压 F311 空开	
7	断开 500kV 新中Ⅰ路 5021 开关汇控柜内的 500kV 新中Ⅰ路计量 PT B 相电压 F312 空开	
8	断开 500kV 新中Ⅰ路 5021 开关汇控柜内的 500kV 新中Ⅰ路计量 PT C 相电压 F313 空开	
9	断开 500kV 新中Ⅰ路 5021 开关汇控柜内的 500kV 新中Ⅰ路保护 PT A 相电压 F314 空开	
10	断开 500kV 新中Ⅰ路 5021 开关汇控柜内的 500kV 新中Ⅰ路保护 PT B 相电压 F315 空开	
11	断开 500kV 新中Ⅰ路 5021 开关汇控柜内的 500kV 新中Ⅰ路保护 PT C 相电压 F316 空	
12	断开 500kV 新中Ⅰ路 5021 开关汇控柜内的 500kV 新中Ⅰ路保护/测量 PT A 相电压 F317 空开	
13	断开 500kV 新中Ⅰ路 5021 开关汇控柜内的 500kV 新中Ⅰ路保护/测量 PT B 相电压 F318 空开	
14	断开 500kV 新中Ⅰ路 5021 开关汇控柜内的 500kV 新中Ⅰ路保护/测量 PT C 相电压 F319 空开	
15	断开 500kV 新中Ⅰ路 5021 开关汇控柜内的 500kV 新中Ⅰ路 PT C 相同期电压 F320 空开	
16	检查 500kV 新中Ⅰ路 5021 开关汇控柜内交流电源进线隔离开关 F181 确已合上	
17	检查 500kV 新中Ⅰ路 5021 开关汇控柜内断路器、刀闸电机总电源开关 F197 确已合上	
18	检查 500kV 新中Ⅰ路 5021 开关汇控柜内控制信号及报警电源进线隔离开关 F180 确已合上	
19	检查 500kV 新中Ⅰ路 5021 开关汇控柜内刀闸机构控制电源开关 F192 确已合上	
20	检查 500kV 新中Ⅰ路 5021 开关汇控柜内的报警电源开关 F104 确已合上	
21	检查 500kV 新中Ⅰ路 5021 开关汇控柜内 5021617 接地开关控制电源 F115 已合上	
22	检查 500kV 新中Ⅰ路 5021 开关汇控柜内 5021617 接地开关电机电源 F135 已合上	
23	检查 500kV 新中Ⅰ路 5021 开关汇控柜内的隔离、接地开关“就地/远方”转换开关在“远方”，钥匙拔出	
24	检查 500kV 新中Ⅰ路 5021 开关汇控柜内的“联锁/解锁”转换开关在“联锁”，钥匙已拔出	
25	在微机五防模拟合上 500kV 新中Ⅰ路线路侧接地刀闸 5021617	
26	在 NCS 上合上 500kV 新中Ⅰ路线路侧接地刀闸 5021617	
27	**风险提示：**至 GIS 室内就地检查接地刀闸三相确已合好	
	检查 500kV 新中Ⅰ路线路侧接地刀闸 5021617 三相确已合好	
28	断开 500kV 新中Ⅰ路 5021 开关汇控柜内 5021617 接地开关控制电源 F115	
29	断开 500kV 新中Ⅰ路 5021 开关汇控柜内 5021617 接地开关电机电源 F135	
30	操作完毕，汇报值长	

操作人：__________ 监护人：__________ 值班负责人（值长）：__________

七、回检	确认划“√”
确认操作过程中无跳项、漏项	
核对设备状态正确	
远传信号、指示正常，无报警	
向值班负责人（值长）回令，值班负责人（值长）确认操作完成	

操作结束时间：________年____月____日____时____分

操作人：__________ 监护人：__________

管理人员鉴证：值班负责人__________ 部门__________ 厂级__________

八、备注

电气操作票

单位：________________ 班组：________________ 编号：______________

操作任务：**500kV 新中Ⅰ路由检修转冷备用** 风险等级：__________

一、发令、接令	确认划“√”
核实相关工作票已终结或押回，检查设备、系统运行方式、运行状态具备操作条件	
复诵操作指令确认无误	
根据操作任务风险等级通知相关人员到岗到位	

发令人：____________ 接令人：____________ 发令时间：________年____月____日____时____分

二、操作前作业环境风险评估	
危害因素	预 控 措 施
走错间隔	操作前核对机组号、设备中文名称及 KKS 编码（或设备编号）
与带电部位安全距离不足	（1）正确佩戴使用绝缘手套； （2）与 500kV 带电设备裸露部位保持 5m 安全距离； （3）不得擅自进入电气危险隔离区域
SF_6气体泄漏	（1）进入 GIS 配电室前，应先通风 15～20min； （2）进入 GIS 配电室工作时，应先检测含氧量（不低于 18%）和 SF_6 气体含量（不超过 1000μL/L）； （3）不应在 SF_6 设备防爆膜附近长时间停留； （4）SF_6 电气设备发生大量泄漏等紧急情况时，人员应迅速撤出现场，并开启所有排风机进行排风，未佩戴防毒面具或正压呼吸器的人员不应入内

三、操作人、监护人互查	确认划“√”
人员状态：工作人员健康状况良好，无酒后、疲劳作业等情况	
个人防护：安全帽、工作鞋、工作服以及与操作任务危害因素相符的耳塞、手套等劳动保护用品等	

四、检查确认工器具完好		
工器具	完 好 标 准	确认划“√”
绝缘手套	检验合格，无损坏、漏气等	
验电器	检验合格，试验良好，无损坏	

五、安全技术交底
值班负责人按照“操作前作业环境风险评估”以及操作中“风险提示”等内容向操作人、监护人进行安全技术交底。 操作人： 监护人：

确认上述二～五项内容：

管理人员鉴证：值班负责人________________ 部门________________ 厂级________________

六、操作		
操作开始时间：________年____月____日____时____分		
操作任务：500kV 新中Ⅰ路由检修转冷备用		
顺序	操 作 项 目	确认划“√”
1	检查 500kV 新中Ⅰ路/2 号主变压器串 GIS 开关间隔 SF_6气压正常（0.62～0.68MPa）	
2	检查 500kV 新中Ⅰ路/2 号主变压器串 GIS 间隔各刀闸、接地刀闸 SF_6气压正常（0.41～0.46MPa）	
3	检查 500kV 新中Ⅰ路 5021/5022 线路处检修状态	
4	检查 500kV 新中Ⅰ路线路侧刀闸 50216 确在分闸位置	

续表

顺序	操 作 项 目	确认划“√”
5	检查500kV新中Ⅰ路5021开关汇控柜内控制信号及报警电源进线隔离开关F180确已合上	
6	检查500kV新中Ⅰ路5021开关汇控柜内交流电源进线隔离开关F181确已合上	
7	检查500kV新中Ⅰ路5021开关汇控柜内刀闸机构控制电源开关F192确已合上	
8	检查500kV新中Ⅰ路5021开关汇控柜内断路器、刀闸电机总电源开关F197确已合上	
9	检查500kV新中Ⅰ路5021开关汇控柜内报警电源开关F104确已合上	
10	检查500kV新中Ⅰ路5021开关汇控柜内照明、带电显示器及加热器总电源开关F200确已合上	
11	检查500kV新中Ⅰ路5021开关汇控柜内操作机构加热器电源开关F191确已合上	
12	检查500kV新中Ⅰ路5021开关汇控柜内带电显示器电源开关F195确已合上	
13	检查500kV新中Ⅰ路5021开关汇控柜内控制柜加热/照明电源开关F196确已合上	
14	合上500kV新中Ⅰ路5021开关汇控柜内5021617接地开关控制电源F115	
15	合上500kV新中Ⅰ路5021开关汇控柜内5021617接地开关电机电源F135	
16	在微机五防模拟断开500kV新中Ⅰ路5021/5022线路侧5021617接地刀闸	
17	在NCS上断开500k新中Ⅰ路5021/5022线路侧5021617接地刀闸	
18	**风险提示**：至GIS室内就地确认接地刀闸三相确已断开	
	检查500kV新中Ⅰ路5021/5022线路侧接地刀闸5021617三相确已断开	
19	检查500kV新中Ⅰ路T区502167接地刀闸三相确在断开位置	
20	检查500kV 2号主变压器T区502367接地刀闸三相确在断开位置	
21	合上500kV新中Ⅰ路5021开关汇控柜内的500kV新中Ⅰ路计量PT A相电压F311空开	
22	合上500kV新中Ⅰ路5021开关汇控柜内的500kV新中Ⅰ路计量PT B相电压F312空开	
23	合上500kV新中Ⅰ路5021开关汇控柜内的500kV新中Ⅰ路计量PT C相电压F313空开	
24	合上500kV新中Ⅰ路5021开关汇控柜内的500kV新中Ⅰ路保护PT A相电压F314空开	
25	合上500kV新中Ⅰ路5021开关汇控柜内的500kV新中Ⅰ路保护PT B相电压F315空开	
26	合上500kV新中Ⅰ路5021开关汇控柜内的500kV新中Ⅰ路保护PT C相电压F316空开	
27	合上500kV新中Ⅰ路5021开关汇控柜内的500kV新中Ⅰ路保护/测量PT A相电压 F317空开	
28	合上500kV新中Ⅰ路5021开关汇控柜内的500kV新中Ⅰ路保护/测量PT B相电压 F318空开	
29	合上500kV新中Ⅰ路5021开关汇控柜内的500kV新中Ⅰ路保护/测量PT C相电压 F319空开	
30	合上500kV新中Ⅰ路5021开关汇控柜内的500kV新中Ⅰ路PT C相同期电压F320空开	
31	操作完毕，汇报值长	

操作人：__________ 监护人：__________ 值班负责人（值长）：__________

七、回检	确认划“√”
确认操作过程中无跳项、漏项	
核对设备状态正确	
远传信号、指示正常，无报警	
向值班负责人（值长）回令，值班负责人（值长）确认操作完成	

操作结束时间：________年____月____日____时____分

操作人：__________ 监护人：__________

管理人员鉴证：值班负责人______________ 部门______________ 厂级______________

八、备注

电 气 操 作 票

单位：________________ 班组：________________ 编号：______________

操作任务：1号发变组由运行转热备用（解列） 风险等级：__________

一、发令、接令	确认划“√”
核实相关工作票已终结或押回，检查设备、系统运行方式、运行状态具备操作条件	
复诵操作指令确认无误	
根据操作任务风险等级通知相关人员到岗到位	

发令人：____________ 接令人：____________ 发令时间：________年____月____日____时____分

二、操作前作业环境风险评估		
危害因素	预 控 措 施	
走错间隔	操作前核对机组号、设备中文名称及KKS编码（或设备编号）	
与带电部位安全距离不足	（1）正确佩戴使用绝缘手套； （2）与500kV带电设备的裸露部位保持5m安全距离； （3）不得擅自进入电气危险隔离区域	
三、操作人、监护人互查		确认划“√”
人员状态：工作人员健康状况良好，无酒后、疲劳作业等情况		
个人防护：安全帽、工作鞋、工作服以及与操作任务危害因素相符的耳塞、手套等劳动保护用品等		
四、检查确认工器具完好		
工器具	完 好 标 准	确认划“√”
无		
五、安全技术交底		
值班负责人按照“操作前作业环境风险评估”以及操作中“风险提示”等内容向操作人、监护人进行安全技术交底。 操作人： 监护人：		

确认上述二～五项内容：

管理人员鉴证：值班负责人________________ 部门________________ 厂级________________

六、操作		
操作开始时间：________年____月____日____时____分		
操作任务：1号发变组由运行转热备用（解列）		
顺序	操 作 项 目	确认划“√”
1	检查1号机10kV工作1A/1B段已由1号高压厂用变压器切至1号启动备用变压器供电	
2	解除500kV 1号主变压器5011开关间隔测控屏上5011开关事故总压板LP18	
3	解除500kV新中Ⅱ路/1号主变压器5012开关间隔测控屏上5012开关事故总压板LP18	
4	检查1号发变组保护A屏10CHA01上投发电机功率保护功能压板1RLP12已投入	
5	投入1号发变组保护A屏上发电机误上电保护压板1RLP14	
6	投入1号发变组保护A屏保护压板1RLP15	
7	检查1号发变组保护B屏上投发电机功率保护功能压板1RLP12已投入	
8	投入1号发变组保护B屏上发电机误上电保护压板1RLP14	
9	投入1号发变组保护B屏上发电机启停机保护压板1RLP15	
10	解除1号发变组保护C屏上热工保护联跳功能压板50LP3	

续表

顺序	操 作 项 目	确认划“√”
11	断开 500kV 新中Ⅱ路/1 号主变压器 5012 开关	
12	检查 500kV 新中Ⅱ路/1 号主变压器 5012 开关三相确已分闸	
13	将 1 号发电机有功功率降至 70MW 以下	
14	将 1 号发电机无功功率减到 0Mvar	
15	汇报值长，联系 1 号机组主值将 1 号汽轮机打闸停机	
16	1 号汽轮机跳闸后检查 1 号发电机程序逆功率动作正常	
17	**风险提示**：检查程序逆功率保护动作正常，5011 开关三相确已分闸，灭磁开关 MK 确已分闸，机组有功功率到“0”	
	检查 500kV 1 号主变压器 5011 开关三相确已分闸	
18	检查 1 号发变组灭磁开关 MK 已分闸	
19	检查 1 号发变组三相定子电流回零	
20	检查 1 号发变组三相定子电压回零	
21	检查 1 号发变组转子电流回零	
22	检查 1 号发变组转子电压回零	
23	操作完毕，汇报值长	

操作人：__________　　监护人：__________　　值班负责人（值长）：__________

七、回检	确认划“√”
确认操作过程中无跳项、漏项	
核对设备状态正确	
远传信号、指示正常，无报警	
向值班负责人（值长）回令，值班负责人（值长）确认操作完成	

操作结束时间：______年___月___日___时___分

操作人：__________　　监护人：__________

管理人员鉴证：值班负责人__________　部门__________　厂级__________

八、备注

电气操作票

单位：＿＿＿＿＿＿＿ 班组：＿＿＿＿＿＿＿ 编号：＿＿＿＿＿＿

操作任务：**1号发变组由热备用转运行（并网）** 风险等级：＿＿＿＿＿

一、发令、接令	确认划“√”
核实相关工作票已终结或押回，检查设备、系统运行方式、运行状态具备操作条件	
复诵操作指令确认无误	
根据操作任务风险等级通知相关人员到岗到位	

发令人：＿＿＿＿＿ 接令人：＿＿＿＿＿ 发令时间：＿＿＿年＿＿月＿＿日＿＿时＿＿分

二、操作前作业环境风险评估		
危害因素	预 控 措 施	
走错间隔	操作前核对机组号、设备中文名称及KKS编码（或设备编号）	
与带电部位安全距离不足	（1）正确佩戴使用绝缘手套； （2）与500kV带电设备的裸露部位保持5m安全距离； （3）不得擅自进入电气危险隔离区域	
三、操作人、监护人互查		确认划“√”
人员状态：工作人员健康状况良好，无酒后、疲劳作业等情况		
个人防护：安全帽、工作鞋、工作服以及与操作任务危害因素相符的耳塞、手套等劳动保护用品等		
四、检查确认工器具完好		
工器具	完 好 标 准	确认划“√”
无		
五、安全技术交底		
值班负责人按照“操作前作业环境风险评估”以及操作中“风险提示”等内容向操作人、监护人进行安全技术交底。 操作人： 监护人：		

确认上述二～五项内容：

管理人员鉴证：值班负责人＿＿＿＿＿＿＿ 部门＿＿＿＿＿＿＿ 厂级＿＿＿＿＿＿＿

六、操作		
操作开始时间：＿＿＿年＿＿月＿＿日＿＿时＿＿分		
操作任务：1号发变组由热备用转运行（并网）		
顺序	操 作 项 目	确认划“√”
1	检查1号发变组已在热备用状态	
2	检查1号发电机转速3000rpm	
3	投入1号发变组保护C屏上热工保护联跳压板50LP3	
4	检查1号发变组保护A屏上发电机误上电保护功能压板1RLP14已投入	
5	检查1号发变组保护A屏上发电机启停机保护功能压板1RLP15已投入	
6	检查1号发变组保护B屏上发电机误上电保护功能压板1RLP14已投入	
7	检查1号发变组保护B屏上发电机启停机保护功能压板1RLP15已投入	
8	检查1号发电机DCS励磁系统操作画面无异常报警信号	
9	检查1号发电机DCS励磁系统操作画面“AVR选择自动”投入	
10	合上1号发电机灭磁开关MK	

续表

顺序	操 作 项 目	确认划“√”
11	检查1号发电机灭磁开关MK合闸良好	
12	点击1号发电机DCS励磁系统操作画面“励磁系统投入”	
13	检查1号发电机电压自动升压到_____kV	
14	调整1号发电机电压到27kV	
15	检查1号发电机空载定子零序电压_____V	
16	检查1号发电机空载定子三相电流A相_____A，B相_____A，C相_____A	
17	检查1号发电机空载转子电压_______V	
18	检查1号发电机空载转子电流_______A	
19	检查1号发电机同期装置运行正常，无报警信号	
20	点击1号发电机同期系统操作画面“复归发电机同期选线装置”	
21	点击1号发电机同期系统操作画面“复归发电机同期装置”	
22	检查1号发电机DCS同期系统操作画面“ASS启动允许”灯亮	
23	点击1号发电机同期系统操作画面“投入5011断路器同期”按钮	
24	检查1号发电机同期系统操作画面“发电机同期装置准备就绪”灯亮	
25	检查1号机DEH画面“同期请求”灯亮	
26	点击1号机DEH画面“自动同期”按钮，点击“投入”按钮	
27	检查1号发电机同期系统操作画面“DEH允许启动机组同期信号”灯亮	
28	点击1号发电机同期系统操作画面“启动同期指令”	
29	**风险提示**：并网后检查5011开关三相合闸正常，发电机各参数正常，并派人至GIS室就地检查5011开关确已合好	
	检查500kV 1号主变压器5011开关三相合闸正常	
30	复位500kV 1号主变压器5011开关	
31	检查1号发电机已带5%初始负荷	
32	检查1号发电机无功负荷至20Mvar	
33	检查1号发电机三相电流平衡	
34	检查1号发电机同期功能已自动退出	
35	对1号发变组全面检查无异常	
36	在DCS画面投入500kV新中Ⅱ路/1号主变压器5012开关“DCS允许”按钮	
37	**风险提示**：确认开关编号和五防逻辑正确，防止出现误分合断路器	
	在微机五防模拟合上500kV新中Ⅱ路/1号主变压器5012开关	
38	在NCS上合上500kV新中Ⅱ路/1号主变压器5012开关	
39	检查500kV新中Ⅱ路/1号主变压器5012开关确已合闸	
40	在DCS画面退出500kV新中Ⅱ路/1号主变压器5012开关“DCS允许”按钮	
41	退出1号发变组保护A屏上发电机误上电保护功能压板1RLP14	
42	退出1号发变组保护A屏上发电机启停机保护功能压板1RLP15	
43	退出1号发变组保护B屏上发电机误上电保护功能压板1RLP14	
44	退出1号发变组保护B屏上发电机启停机保护功能压板1RLP15	
45	操作完毕，汇报值长	

操作人：___________　　监护人：___________　　值班负责人（值长）：___________

七、回检	确认划“√”
确认操作过程中无跳项、漏项	
核对设备状态正确	
远传信号、指示正常，无报警	
向值班负责人（值长）回令，值班负责人（值长）确认操作完成	

操作结束时间：________年____月____日____时____分

操作人：_____________　　　　　　　　　　监护人：_____________

管理人员鉴证：值班负责人_________________　部门_________________　厂级________________

八、备注

电气操作票

单位：________________ 班组：________________ 编号：____________

操作任务：**1号发变组由冷备用转检修** 风险等级：________

一、发令、接令	确认划“√”
核实相关工作票已终结或押回，检查设备、系统运行方式、运行状态具备操作条件	
复诵操作指令确认无误	
根据操作任务风险等级通知相关人员到岗到位	

发令人：____________ 接令人：____________ 发令时间：________年____月____日____时____分

二、操作前作业环境风险评估		
危害因素	预 控 措 施	
走错间隔	操作前核对机组号、设备中文名称及KKS编码（或设备编号）	
与带电部位安全距离不足	（1）正确佩戴使用绝缘手套； （2）与10kV带电设备裸露部位保持0.7m安全距离； （3）不得擅自进入电气危险隔离区域	
SF_6气体泄漏	（1）进入GIS配电室前，应先通风15～20min； （2）进入GIS配电室工作时，应先检测含氧量（不低于18%）和SF_6气体含量（不超过1000μL/L）； （3）不应在SF_6设备防爆膜附近长时间停留； （4）SF_6电气设备发生大量泄漏等紧急情况时，人员应迅速撤出现场，并开启所有排风机进行排风，未佩戴防毒面具或正压呼吸器的人员不应入内	
三、操作人、监护人互查		确认划“√”
人员状态：工作人员健康状况良好，无酒后、疲劳作业等情况		
个人防护：安全帽、工作鞋、工作服以及与操作任务危害因素相符的耳塞、手套等劳动保护用品等		
四、检查确认工器具完好		
工器具	完 好 标 准	确认划“√”
绝缘手套	检验合格，无损坏、漏气	
500kV验电器	检验合格，试验良好，无损坏	
接地线 （接地小车）	接地线外观及导线夹完好，在有效检验周期内。 接地小车三相触头、接地触头及导体部位完好	
五、安全技术交底		
值班负责人按照“操作前作业环境风险评估”以及操作中“风险提示”等内容向操作人、监护人进行安全技术交底。 操作人： 监护人：		

确认上述二～五项内容：

管理人员鉴证：值班负责人________________ 部门________________ 厂级________________

六、操作		
操作开始时间：________年____月____日____时____分		
操作任务：1号发变组由冷备用转检修		
顺序	操 作 项 目	确认划“√”
1	检查1号发变组灭磁开关在分闸	
2	检查1号机10kV工作1A段工作电源进线开关（10BBA03）在冷备用状态	

续表

顺序	操 作 项 目	确认划"√"
3	检查1号机10kV工作1A段工作电源进线PT在冷备用状态	
4	检查1号机10kV工作1B段工作电源进线开关（10BBB03）在冷备用状态	
5	检查1号机10kV工作1B段工作电源进线PT在冷备用状态	
6	检查1号发电机1号出口PT在冷备用状态	
7	检查1号发电机2号出口PT在冷备用状态	
8	检查1号发电机3号出口PT在冷备用状态	
9	**风险提示：**通过NCS开关状态显示及GIS室内就地确认1号主变压器500kV侧50116刀闸三相确已分闸且操作及控制电源已断开	
	检查1号主变压器500kV侧50116刀闸三相确已分闸	
10	检查500kV 1号主变压器5011开关汇控柜内主变侧带电指示器显示确无电压	
11	在微机五防模拟合上1号主变压器500kV侧5011617接地刀闸	
12	在NCS上合上1号主变压器500kV侧5011617接地刀闸	
13	**风险提示：**至GIS室内就地确认1号主变压器500kV侧5011617接地刀闸三相确已合好	
	检查1号主变压器500kV侧5011617接地刀闸三相确已合好	
14	断开500kV 1号主变压器5011开关汇控柜内5011617接地开关控制电源F115	
15	断开500kV 1号主变压器5011开关汇控柜内5011617接地开关电机电源F135	
16	**风险提示：**挂地线前验明1号主变压器500kV侧避雷器引线三相确无电压，挂地线时先挂接地端后挂导体端	
	在1号主变压器500kV侧避雷器引线上验明三相却无电压后装设三相短路接地线一组，编号____	
17	**风险提示：**挂地线前验明1号励磁变高压侧引线三相确无电压，挂地线时先挂接地端后挂导体	
	在1号励磁变压器（10MKC01GT001）高压侧铜排上验明三相确无电压后装设三相短路接地线一组，编号____	
18	**风险提示：**挂地线前验明1号励磁变压器低压侧引线三相确无电压，挂地线时先挂接地端后挂导体	
	在1号励磁变压器（10MKC01GT001）低压侧铜排上验明三相确无电压后装设三相短路接地线一组，编号____	
19	将1号机10kV工作1A段工作电源进线PT（10BBA03GT001V）摇至试验位后拉至仓外	
20	**风险提示：**操作接地小车前打开10kV工作1A段工作电源进线PT间隔后柜门，使用验电器验明母线侧三相确无电压	
	在1号机10kV工作1A段工作电源进线PT（10BBA03GT001V）间隔后仓进线侧验明三相无电压，将PT间隔接地小车放置1号机10kV工作1A段母线PT（10BBA02GT001V）间隔并将PT间隔接地小车摇至工作位	
21	将1号机10kV工作1B段工作电源进线PT（10BBB03GT001V）摇至试验位后拉至仓外	
22	**风险提示：**操作接地小车前打开10kV工作1B段工作电源进线PT间隔后柜门，使用验电器验明母线侧三相确无电压	
	在1号机10kV工作1B段工作电源进线PT（10BBB03GT001V）间隔后仓进线侧验明三相无电压，将PT间隔接地小车放置1号机10kV工作1B段母线PT（10BBB02GT001V）间隔并将PT间隔接地小车摇至工作位	
23	操作完毕，汇报值长	

操作人：__________　　监护人：__________　　值班负责人（值长）：__________

七、回检	确认划“√”
确认操作过程中无跳项、漏项	
核对设备状态正确	
远传信号、指示正常，无报警	
向值班负责人（值长）回令，值班负责人（值长）确认操作完成	

操作结束时间：________年____月____日____时____分

操作人：_____________　　　　　　　　　　监护人：_____________

管理人员鉴证：值班负责人_________________ 部门_________________ 厂级________________

八、备注

电 气 操 作 票

单位：________________ 班组：________________ 编号：_____________

操作任务：**1 号发变组由检修转冷备用** 风险等级：_________

一、发令、接令	确认划“√”
核实相关工作票已终结或押回，检查设备、系统运行方式、运行状态具备操作条件	
复诵操作指令确认无误	
根据操作任务风险等级通知相关人员到岗到位	

发令人：____________ 接令人：____________ 发令时间：________年____月____日____时____分

二、操作前作业环境风险评估	
危害因素	预 控 措 施
走错间隔	操作前核对机组号、设备中文名称及 KKS 编码（或设备编号）
与带电部位安全距离不足	（1）正确佩戴使用绝缘手套； （2）与 10kV 带电设备裸露部位保持 0.7m 安全距离； （3）与 500kV 带电设备裸露部位保持 5m 安全距离； （4）不得擅自进入电气危险隔离区域
SF_6 气体泄漏	（1）进入 GIS 配电室前，应先通风 15～20min； （2）进入 GIS 配电室工作时，应先检测含氧量（不低于 18%）和 SF_6 气体含量（不超过 1000μL/L）； （3）不应在 SF_6 设备防爆膜附近长时间停留； （4）SF_6 电气设备发生大量泄漏等紧急情况时，人员应迅速撤出现场，并开启所有排风机进行排风，未佩戴防毒面具或正压呼吸器的人员不应入内

三、操作人、监护人互查		确认划“√”
人员状态：工作人员健康状况良好，无酒后、疲劳作业等情况		
个人防护：安全帽、工作鞋、工作服以及与操作任务危害因素相符的耳塞、手套等劳动保护用品等		
四、检查确认工器具完好		
工器具	完 好 标 准	确认划“√”
绝缘手套	检验合格，无损坏、漏气	
500kV 验电器	检验合格，试验良好，无损坏	
绝缘电阻表	本体及测量导线完好，短接测量示值为“0”	
五、安全技术交底		
值班负责人按照“操作前作业环境风险评估”以及操作中“风险提示”等内容向操作人、监护人进行安全技术交底。 操作人： 监护人：		

确认上述二～五项内容：

管理人员鉴证：值班负责人________________ 部门________________ 厂级________________

六、操作		
操作开始时间：________年____月____日____时____分		
操作任务：1 号发变组由检修转冷备用		
顺序	操 作 项 目	确认划“√”
1	检查 1 号发变组灭磁开关在分闸位置	
2	测量 1 号发电机顶轴油管对地绝缘值________MΩ	
3	测量 1 号发电机 10 号瓦轴瓦瓦枕对地绝缘值________ MΩ	

续表

顺序	操 作 项 目	确认划“√”
4	测量1号发电机10号瓦密封瓦绝缘值________ MΩ	
5	检查1号机10kV工作 1A段工作电源进线开关（10BBA03）在冷备用状态	
6	检查1号机10kV工作 1A段工作电源进线PT在试验位置	
7	检查1号机10kV工作 1B段工作电源进线开关（10BBB03）在冷备用状态	
8	检查1号机10kV工作 1B段工作电源进线PT在试验位置	
9	将1号机10kV工作1A段工作电源进线PT（10BBA03GT001V）间隔接地小车摇至试验位后拉至仓外	
10	将1号机10kV工作1B段工作电源进线PT（10BBB03GT001V）间隔接地小车摇至试验位后拉至仓外	
11	**风险提示**：拆除接地线时先拆导体端后拆接地端	
	拆除1号机励磁变压器（10MKC01GT001）高压侧接地线一组，编号____	
12	**风险提示**：拆除接地线时先拆导体端后拆接地端	
	拆除1号机励磁变压器（10MKC01GT001）低压侧接地线一组，编号____	
13	**风险提示**：拆除接地线时先拆导体端后拆接地端	
	拆除1号主变压器500kV侧避雷器引线上接地线一组，编号____	
14	检查1号主变压器500kV侧50116刀闸三相在分闸位置	
15	检查500kV 1号主变压器5011开关间隔各刀闸、接地开关SF_6气压正常（0.40MPa）	
16	检查500kV 1号主变压器5011开关汇控柜内交流电源进线隔离开关F181确已合上	
17	检查500kV 1号主变压器5011开关汇控柜内断路器、刀闸电机总电源开关F197确已合上	
18	检查500kV 1号主变压器5011开关汇控柜内控制信号及报警电源进线隔离开关F180确已合上	
19	检查500kV 1号主变压器5011开关汇控柜内刀闸机构控制电源开关F192确已合上	
20	检查500kV 1号主变压器5011开关汇控柜内信号及报警电源开关F104确已合上	
21	检查500kV 1号主变压器5011开关汇控柜内5011617接地开关控制电源 F115空开已合上	
22	检查500kV 1号主变压器5011开关汇控柜内5011617接地开关电机电源 F135空开已合上	
23	检查500kV 1号主变压器5011开关汇控柜内隔离、接地开关“就地/远方”转换开关在“远方”，钥匙已拔出	
24	检查500kV 1号主变压器5011开关汇控柜内开关、刀闸位置显示正确，无异常报警信号	
25	检查500kV 1号主变压器5011开关测控柜投运正常，无异常报警信号	
26	检查NCS操作员站上各开关、刀闸位置显示正确，无异常报警信号	
27	在微机五防模拟断开1号主变压器500kV侧5011617接地刀闸	
28	在NCS操作员站上断开1号主变压器500kV侧5011617接地刀闸	
29	**风险提示**：至GIS室内就地确认接地刀闸三相确已断开	
	检查1号主变压器500kV侧5011617接地刀闸三相确已分闸	
30	检查1号发电机1号出口PT A相10BAB01GT001V-T01小车确在隔离位置	
31	检查1号发电机1号出口PT B相10BAB01GT001V-T02小车确在隔离位置	
32	检查1号发电机1号出口PT C相10BAB01GT001V-T03小车确在隔离位置	
33	检查1号发电机2号出口PT A相10BAB01GT002V-T01小车确在隔离位置	
34	检查1号发电机2号出口PT B相10BAB01GT002V-T02小车确在隔离位置	
35	检查1号发电机2号出口PT C相10BAB01GT002V-T03小车确在隔离位置	
36	检查1号发电机3号出口PT A相10BAB01GT003V-T01小车确在隔离位置	

续表

顺序	操 作 项 目	确认划“√”
37	检查 1 号发电机 3 号出口 PT B 相 10BAB01GT003V-T02 小车确在隔离位置	
38	检查 1 号发电机 3 号出口 PT C 相 10BAB01GT003V-T03 小车确在隔离位置	
39	测量 1 号发电机 1 号出口 PT A 相 10BAB01GT001V-T01 绝缘值_______MΩ	
40	测量 1 号发电机 1 号出口 PT B 相 10BAB01GT001V-T02 绝缘值_______MΩ	
41	测量 1 号发电机 1 号出口 PT C 相 10BAB01GT001V-T03 绝缘值_______MΩ	
42	测量 1 号发电机 2 号出口 PT C 相 10BAB01GT002V-T01 绝缘值_______MΩ	
43	测量 1 号发电机 2 号出口 PT A 相 10BAB01GT002V-T02 绝缘值_______MΩ	
44	测量 1 号发电机 2 号出口 PT B 相 10BAB01GT002V-T03 绝缘值_______MΩ	
45	测量 1 号发电机 3 号出口 PT B 相 10BAB01GT003V-T01 绝缘值_______MΩ	
46	测量 1 号发电机 3 号出口 PT C 相 10BAB01GT003V-T02 绝缘值_______MΩ	
47	测量 1 号发电机 3 号出口 PT C 相 10BAB01GT003V-T03 绝缘值_______MΩ	
48	**风险提示：**解中性点铜排前在 1 号发电机中性点接地变处验明确无电压	
	在 1 号发电机中性点接地变处验明其确无电压后，联系电气一次检修解开 1 号发电机中性点铜排	
49	联系电气一次检修解开 1 号发电机中性点接地变高压侧零序 CT 接地端	
50	联系电气一次检修解开 1 号发电机中性点接地变低压侧接地电阻 a、x 端	
51	在 1 号发电机中性点靠发电机侧测 1 号发电机定子绝缘值_______MΩ	
52	测量 1 号发电机中性点接地变高压侧对地绝缘值_______MΩ	
53	测量 1 号发电机中性点接地变低压侧对地绝缘值_______MΩ	
54	测量 1 号发电机中性点接地变高压侧对低压侧绝缘值_______MΩ	
55	联系电气一次检修恢复 1 号发电机中性点铜排	
56	联系电气一次检修恢复 1 号发电机中性点接地变高压侧零序 TA 接地端	
57	联系电气一次检修恢复 1 号发电机中性点接地变低压侧接地电阻 a、x 端	
58	验明 1 号励磁变压器低压侧三相确无电压	
59	验明 1 号励磁变压器高压侧三相确无电压	
60	测量 1 号励磁变压器低压侧三相对地绝缘合格，绝缘值 A 相对地_______MΩ，B 相对地_______MΩ，C 相对地________MΩ	
61	测量 1 号励磁变压器三相高低压对应相间绝缘合格，绝缘值 A 相_______MΩ，B 相_______MΩ，C 相________MΩ	
62	验明 1 号高厂变压器 A 低压侧中性点处确无电压后联系电气一次检修解开 1 号高厂变压器 A 低压侧中性点接地电阻连接线	
63	验明 1 号高厂变压器 B 低压侧中性点处确无电压后联系电气一次检修解开 1 号高厂变压器 B 低压侧中性点接地电阻连接线	
64	**风险提示：**测绝缘前在工作电源进线开关后仓进线铜排侧验明三相确无电压	
	在 1 号机 10kV 工作 1A 段工作电源进线开关（10BBA03）后仓进线侧验明三相确无电压	
65	测量 1 号高压厂用变压器 A 低压侧三相对地绝缘合格，绝缘值 A 相对地_______MΩ，B 相对地________ MΩ，C 相对地________ MΩ	
66	测量 1 号高压厂用变压器 A 低压侧三相相间绝缘合格，绝缘值 AB 相________ MΩ，BC 相________ MΩ，CA 相________ MΩ	
67	取下 1 号机 10kV 工作 1A 段工作电源进线开关（10BBA03）二次插件	
68	将 1 号机 10kV 工作 1A 段工作电源进线开关（10BBA03）拉至柜外小车上	

续表

顺序	操 作 项 目	确认划“√”
69	测量1号机10kV工作 1A段工作电源进线开关（10BBA03）本体三相相间绝缘合格，绝缘值AB________MΩ，BC________MΩ， CA________MΩ	
70	测量1号机10kV工作 1A段工作电源进线开关（10BBA03）本体三相对地绝缘合格，绝缘值A相对地________ MΩ，B相对地________ MΩ，C相对地________ MΩ	
71	测量1号机10kV工作 1A段工作电源进线开关（10BBA03）本体每相上下触头间绝缘合格，绝缘值A相________ MΩ，B相________ MΩ，C相________ MΩ	
72	将1号机10kV工作 1A段工作电源进线开关（10BBA03）推至柜内试验位置	
73	插上1号机10kV工作 1A段工作电源进线开关（10BBA03）二次插件	
74	断开1号机10kV工作 1A段工作电源进线PT二次插件	
75	将1号机10kV工作 1A段工作电源进线PT摇至隔离位置	
76	测量1号机10kV工作1A段工作电源进线PT三相绝缘值合格，绝缘值A相对地________ MΩ，B相对地________MΩ，C相对地________MΩ	
77	测量1号机10kV工作1A段工作电源进线PT相间绝缘值合格，绝缘值AB________MΩ，BC________MΩ， CA________MΩ	
78	将1号机10kV工作 1A段工作电源进线PT摇至试验位置	
79	插上1号机10kV工作 1A段工作电源进线PT二次插件	
80	**风险提示：**测绝缘前在工作电源进线开关后仓进线铜排侧验明三相确无电压	
	在1号机10kV工作1B段工作电源进线开关（10BBB03）后仓进线侧验明三相确无电压	
81	测量1号高压厂用变压器B低压侧三相对地绝缘合格，绝缘值A相对地________ MΩ，B相对地________ MΩ，C相对地________ MΩ	
82	测量1号高压厂用变压器B低压侧三相相间绝缘合格，绝缘值AB相________ MΩ，BC相________ MΩ，CA相________ MΩ	
83	取下1号机10kV工作 1B段工作电源进线开关（10BBB03）二次插件	
84	将1号机10kV工作 1B段工作电源进线开关（10BBB03）拉至柜外小车上	
85	测量1号机10kV工作 1B段工作电源进线开关（10BBB03）本体三相相间绝缘合格，绝缘值AB_______MΩ，BC_______MΩ， CA_______MΩ	
86	测量1号机10kV工作 1B段工作电源进线开关（10BBB03）本体三相对地绝缘合格，绝缘值A相对地________MΩ，B相对地________MΩ，C相对地________MΩ	
87	测量1号机10kV工作 1B段工作电源进线开关（10BBB03）本体每相上下触头间绝缘合格，绝缘值A相________MΩ，B相________MΩ，C相________MΩ	
88	将1号机10kV工作 1B段工作电源进线开关（10BBB03）推至柜内试验位置	
89	插上1号机10kV工作 1B段工作电源进线开关（10BBB03）二次插件	
90	断开1号机10kV工作 1B段工作电源进线PT二次插件	
91	将1号机10kV工作 1B段工作电源进线PT摇至隔离位置	
92	测量1号机10kV工作 1B段工作电源进线PT三相绝缘值合格，绝缘值A相对地________MΩ，B相对地________MΩ，C相对地________MΩ	
93	测量1号机10kV工作 1B段工作电源进线PT相间绝缘值合格，绝缘值AB_______MΩ，BC_______MΩ， CA_______MΩ	
94	将1号机10kV工作 1B段工作电源进线PT摇至试验位置	
95	插上1号机10kV工作 1B段工作电源进线PT二次插件	
96	联系电气一次检修恢复1号高压厂用变压器A低压侧中性点接地电阻连接线	
97	联系电气一次检修恢复1号高压厂用变压器B低压侧中性点接地电阻连接线	
98	在1号机直流励磁接口柜内铜排处验明铜排正负极确无电压	

续表

顺序	操 作 项 目	确认划“√”
99	测量1号发电机转子对地绝缘值______MΩ	
100	合上1号机110V直流Ⅰ段1号馈线柜1号发变组保护A屏1101Z空开	
101	合上1号机110V直流Ⅰ段1号馈线柜1号机组故障录波器柜1102Z空开	
102	合上1号机110V直流Ⅰ段1号馈线柜1号机厂用电切换装置柜1103Z空开	
103	合上1号机110V直流Ⅰ段1号馈线柜1号机组ECMS系统通信柜1104Z空开	
104	合上1号机110V直流Ⅰ段1号馈线柜1号主变压器冷却器控制柜1111Z空开	
105	合上1号机110V直流Ⅰ段1号馈线柜1号机励磁操作柜1112Z空开	
106	合上1号机110V直流Ⅰ段2号馈线柜1号发变组保护C屏1201Z空开	
107	合上1号机110V直流Ⅰ段2号馈线柜1号机ECMS智能设备通信柜1202Z空开	
108	合上1号机110V直流Ⅰ段2号馈线柜1号机ECMS系统集控室交换机柜1203Z空开	
109	合上1号机110V直流Ⅰ段2号馈线柜1号机远动计量表屏1207Z空开	
110	合上1号机110V直流Ⅰ段2号馈线柜1号机励磁AVR柜1212Z空开	
111	合上1号机110V直流Ⅰ段3号馈线柜1号机ECMS系统公用通信柜1303Z空开	
112	合上1号机110V直流Ⅰ段3号馈线柜1号机组AVC下位机柜1306Z空开	
113	合上1号机110V直流Ⅰ段3号馈线柜1号机组NCS/AGC测控柜1307Z空开	
114	合上1号机110V直流Ⅰ段3号馈线柜1号机NCS系统单控公用测控柜1308Z空开	
115	合上1号机110V直流Ⅱ段1号馈线柜1号发变组保护B屏2101Z空开	
116	合上1号机110V直流Ⅱ段1号馈线柜1号机同期柜2102Z空开	
117	合上1号机110V直流Ⅱ段1号馈线柜1号机厂用电切换装置柜2103Z空开	
118	合上1号机110V直流Ⅱ段1号馈线柜1号机组ECMS系统通信柜2104Z空开	
119	合上1号机110V直流Ⅱ段1号馈线柜1号高压厂用变压器风冷控制柜2111Z空开	
120	合上1号机110V直流Ⅱ段1号馈线柜1号机励磁操作柜2112Z空开	
121	合上1号机110V直流Ⅱ段2号馈线柜1号发变组保护C屏2201Z空开	
122	合上1号机110V直流Ⅱ段2号馈线柜1号机ECMS智能设备通信柜2202Z空开	
123	合上1号机110V直流Ⅱ段2号馈线柜1号机ECMS系统集控室交换机柜2203Z空开	
124	合上1号机110V直流Ⅱ段2号馈线柜1号机远动同步相量采集屏2207Z空开	
125	合上1号机110V直流Ⅱ段2号馈线柜1号机励磁AVR柜2212Z空开	
126	合上1号机110V直流Ⅱ段3号馈线柜1号机ECMS系统公用通信柜2303Z空开	
127	合上1号机110V直流Ⅱ段3号馈线柜1号机组AVC下位机柜2306Z空开	
128	合上1号机110V直流Ⅱ段3号馈线柜1号机组NCS/AGC测控柜2307Z空开	
129	合上1号机110V直流Ⅱ段3号馈线柜1号机故障信息远传采集柜2308Z空开	
130	合上1号机汽机MCC 1A段1号发电机封闭母线微正压装置电源抽屉开关（10BJA08C）	
131	合上1号机汽机MCC 1A段1号发电机封闭母线主变侧在线测温置电源抽屉开关(10BJA08D)	
132	合上1号机汽机MCC 1A段1号发电机局部放电监测仪电源抽屉开关（10BJA08E）	
133	合上1号机汽机MCC 1A段1号发电机绝缘过热监测装置电源抽屉开关（10BJB09E）	
134	合上1号机汽机MCC 1B段1号机励磁加热照明辅助电源抽屉开关（10BJB06F）	
135	合上1号机汽机MCC 1B段1号发电机封闭母线发电机侧在线测温装置电源抽屉开关（10BJB08F）	

续表

顺序	操 作 项 目	确认划“√”
136	合上 1 号机汽机 MCC 1B 段 1 号发电机 PT 柜内加热器电源抽屉开关（10BJB08G）	
137	合上 1 号机汽机 MCC 1B 段 1 号发电机转子匝间短路仪电源抽屉开关（10BJB09C）	
138	合上 1 号机汽机 MCC 1B 段 1 号机共箱母线伴热电源箱电源抽屉开关（10BJB09E）	
139	合上 1 号机汽机 PC 1A 段 6 号柜 1 号机励磁系统风机及辅助电源一抽屉开关（10BFA06C）	
140	合上 1 号机汽机 PC 1A 段 1 号主变冷却器控制柜电源一抽屉开关（10BFA07E）	
141	合上 1 号机汽机 PC 1A 段 1 号高压厂用变压器风冷控制柜电源一抽屉开关（10BFA08E）	
142	合上 1 号机汽机 PC 1B 段 5 号柜 1 号机励磁系统风机及辅助电源二抽屉开关（10BFB05C）	
143	合上 1 号机汽机 PC 1B 段 5 号柜 1 号机励磁系统交流控制电源抽屉开关（10BFB07D）	
144	合上 1 号机汽机 PC 1B 段 1 号主变压器冷却器控制柜电源二抽屉开关（10BFB06F）	
145	合上 1 号机汽机 PC 1B 段 1 号高压厂用变压器风冷控制柜电源二抽屉开关（10BFB07E）	
146	合上 1 号发电机监测装置电源箱柜内总电源空开 QF0	
147	合上 1 号发电机监测装置电源箱柜内 1 号发电机 PT 柜温湿度加热器电源 QF3	
148	合上 1 号发电机监测装置电源箱柜内发电机转子匝间短路监测装置 QF4	
149	合上 1 号发电机监测装置电源箱柜内发电机绝缘过热监测装置 QF5	
150	合上 1 号发电机监测装置电源箱柜内发电机端部振动监测装置 QF6	
151	合上 1 号发电机监测装置电源箱柜内发电机局部放电监测装置 QF7	
152	合上 1 号发电机监测装置电源箱柜内发电机侧主封母线在线测温控制箱 QF8	
153	合上 1 号发电机中性点电阻柜无异常，接线良好	
154	合上 1 号发电机局部放电在线监测装置柜内电源空开	
155	投入 1 号机励磁变压器温控器运行	
156	合上 1 号发电机端部振动在线监测装置柜内总电源开关 QF	
157	检查 1 号发电机出口封闭母线微正压装置投运正常	
158	检查 1 号发电机大轴接地接触良好	
159	合上 1 号机故障录波器柜内装置电源 1DK	
160	合上 1 号机故障录波器柜内开入电源 3DK	
161	合上 1 号机故障录波器柜内发电机机端电压 1UK	
162	合上 1 号机故障录波器柜内锅炉保安 MCC1B 段母线电压 2UK	
163	合上 1 号机故障录波器柜内主变压器高压侧电压 3UK	
164	合上 1 号机故障录波器柜内 10kV 工作 1A 段母线电压 5UK	
165	合上 1 号机故障录波器柜内 10kV 工作 1B 段母线电压 6UK	
166	合上 1 号机故障录波器柜内 1 号启动备用变压器高压侧电压 7UK	
167	合上 1 号机故障录波器柜内保安 PC 段母线电压 8UK	
168	合上 1 号机故障录波器柜内汽机保安 MCC 1A 段母线电压 9UK	
169	合上 1 号机故障录波器柜内锅炉保安 MCC 1A 段母线电压 10UK	
170	合上 1 号机故障录波器柜内汽机保安 MCC 1B 段母线电压 11UK	
171	1 号机组测量屏内发电机多功能测量表 1-8 F21-F28 空开	
172	合上 1 号机组测量屏内励磁变高压侧多功能测量表 F32 空开	
173	合上 1 号机组测量屏内主变压器高压侧多功能测量表 1-2 F33-F34 空开	
174	合上 1 号机组测量屏内发电机负序电流变送器 F41-F42 空开	

续表

顺序	操 作 项 目	确认划“√”
175	合上1号机组测量屏内发电机零序电压变送器F43空开	
176	合上1号机组测量屏内高压厂用变压器多功能测量表F11空开	
177	合上1号机组测量屏内发电机电压U201-U204空开	
178	合上1号机组同期屏后同期装置直流空气开关1ZK	
179	合上1号机组同期屏后1号机主变压器高压侧PT空开2Z	
180	检查1号机组同期屏前同期装置单/双无压确认WY切换开关在至“同期”位置	
181	检查1号机组同期屏前同期自动选线器面板上“电源”灯亮	
182	检查1号机组同期屏前同期自动选线器面板上选线选择开关在至“自动选线”位置	
183	合上1号机远动同步相量PMU采集屏后通信接口装置电源27DK	
184	合上1号机远动同步相量PMU采集屏后PMU装置电源21DK	
185	合上1号机远动同步相量PMU采集屏后1号发电机机端电压21ZKK1	
186	将1号机NCS系统AGC/AVC测控柜内直流电源转换把手F01切至1位置	
187	合上1号机NCS系统AGC/AVC测控柜内照明插座回路电源F101	
188	合上1号机NCS系统AGC/AVC测控柜内1号机AK1测控装置电源F211	
189	合上1号机NCS系统AGC/AVC测控柜内1号机AK1测控采用模块电源F212	
190	合上1号机NCS系统AGC/AVC测控柜内1号机AK1测控GPS对视模块电源F213	
191	合上1号机NCS系统AGC/AVC测控柜内1号机AK1测控显示屏电源F214	
192	合上1号机NCS系统AGC/AVC测控柜内1号机AK1测控遥信电源F215	
193	合上1号机NCS系统AGC/AVC测控柜内1号机AK2测控装置电源F221	
194	合上1号机NCS系统AGC/AVC测控柜内1号机AK2测控采用模块电源F222	
195	合上1号机NCS系统AGC/AVC测控柜内1号机AK2测控GPS对视模块电源F223	
196	合上1号机NCS系统AGC/AVC测控柜内1号机AK2测控显示屏电源F224	
197	合上1号机NCS系统AGC/AVC测控柜内1号机AK2测控遥信电源F225	
198	合上1号机NCS系统AGC/AVC测控柜内1号发电机交流电压F411	
199	合上1号机NCS系统AGC/AVC测控柜内1号高压厂用变压器高压侧电压F412	
200	合上1号机NCS系统AGC/AVC测控柜内1号励磁变压器交流电压F413	
201	合上1号机NCS系统AGC/AVC测控柜内1号机10kV 工作1A段母线电压F414	
202	合上1号机NCS系统AGC/AVC测控柜内1号机10kV 工作1B段母线电压F421	
203	合上1号发变组保护A屏装置照明电源空开JK	
204	合上1号发变组保护A屏装置直流电源空开1K	
205	合上1号发变组保护A屏发电机端1PT1电压空开1ZKK1	
206	合上1号发变组保护A屏发电机端1PT3电压空开1ZKK2	
207	合上1号发变组保护A屏主变压器高压侧PT电压空开1ZKK3	
208	合上1号发变组保护A屏高压厂用变压器A分支电压空开1ZKK4	
209	合上1号发变组保护A屏高压厂用变压器B分支电压空开1ZKK5	
210	插上1号发变组保护A屏失磁保护用转子电压正极熔丝F1	
211	插上1号发变组保护A屏失磁保护用转子电压正极熔丝F2	
212	插上1号发变组保护A屏转子接地保护用转子电压正极熔丝F3	
213	插上1号发变组保护A屏转子接地保护用转子电压正极熔丝F4	

续表

顺序	操 作 项 目	确认划“√”
214	投入 1 号发变组保护 A 屏上发电机差动保护功能压板 1RLP1	
215	投入 1 号发变组保护 A 屏上发电机匝间保护功能压板 1RLP2	
216	投入 1 号发变组保护 A 屏上定子接地 95%电压保护功能压板 1RLP3	
217	投入 1 号发变组保护 A 屏上定子接地 100%电压保护功能压板 1RLP4	
218	投入 1 号发变组保护 A 屏上转子接地保护功能压板 1RLP5	
219	投入 1 号发变组保护 A 屏上定子对称过负荷保护功能压板 1RLP6	
220	投入 1 号发变组保护 A 屏上定子负序过负荷保护功能压板 1RLP7	
221	投入 1 号发变组保护 A 屏上发电机失磁保护功能压板 1RLP8	
222	投入 1 号发变组保护 A 屏上发电机失步保护功能压板 1RLP9	
223	投入 1 号发变组保护 A 屏上发电机过电压保护功能压板 1RLP10	
224	投入 1 号发变组保护 A 屏上发电机过励磁保护功能压板 1RLP11	
225	投入 1 号发变组保护 A 屏上发电机功率保护功能压板 1RLP12	
226	投入 1 号发变组保护 A 屏上发电机频率保护功能压板 1RLP13	
227	投入 1 号发变组保护 A 屏上发电机误上电保护功能压板 1RLP14	
228	投入 1 号发变组保护 A 屏上发电机启停机保护功能压板 1RLP15	
229	投入 1 号发变组保护 A 屏上发电机相间后备保护功能压板 1RLP16	
230	投入 1 号发变组保护 A 屏上励磁变压器差动保护功能压板 1RLP17	
231	投入 1 号发变组保护 A 屏上励磁后备保护功能压板 1RLP18	
232	投入 1 号发变组保护 A 屏上主变压器差动保护功能压板 1RLP23	
233	投入 1 号发变组保护 A 屏上主变压器相间后备功能压板 1RLP24	
234	投入 1 号发变组保护 A 屏上主变压器接地零序功能压板 1RLP25	
235	投入 1 号发变组保护 A 屏上主变压器间隙零序功能压板 1RLP26	
236	投入 1 号发变组保护 A 屏上发变组差动功能压板 1RLP27	
237	投入 1 号发变组保护 A 屏上高压厂用变压器差动保护功能压板 1RLP28	
238	投入 1 号发变组保护 A 屏上高压厂用变压器高后备保护功能压板 1RLP29	
239	投入 1 号发变组保护 A 屏上高压厂用变压器 A 分支后备压板 1RLP30	
240	投入 1 号发变组保护 A 屏上高压厂用变压器 B 分支后备压板 1RLP31	
241	检查 1 号发变组保护 A 屏上投检修压板 1RLP 在退出	
242	合上 1 号发变组保护 B 屏装置照明电源空开 JK	
243	合上 1 号发变组保护 B 屏装置直流电源空开 1K	
244	合上 1 号发变组保护 B 屏发电机端 1PT1 电压空开 1ZKK1	
245	合上 1 号发变组保护 B 屏发电机端 1PT3 电压空开 1ZKK2	
246	合上 1 号发变组保护 B 屏主变压器高压侧 PT 电压空开 1ZKK3	
247	合上 1 号发变组保护 B 屏高压厂用变压器 A 分支电压空开 1ZKK4	
248	合上 1 号发变组保护 B 屏高压厂用变压器 B 分支电压空开 1ZKK5	
249	插上 1 号发变组保护 B 屏失磁保护用转子电压正极熔丝 F1	
250	插上 1 号发变组保护 B 屏失磁保护用转子电压正极熔丝 F2	
251	插上 1 号发变组保护 B 屏转子接地保护用转子电压正极熔丝 F3	
252	插上 1 号发变组保护 B 屏转子接地保护用转子电压正极熔丝 F4	

续表

顺序	操 作 项 目	确认划“√”
253	投入 1 号发变组保护 B 屏上发电机差动保护功能压板 1RLP1	
254	投入 1 号发变组保护 B 屏上发电机匝间保护功能压板 1RLP2	
255	投入 1 号发变组保护 B 屏上定子接地 95%电压保护功能压板 1RLP3	
256	投入 1 号发变组保护 B 屏上定子接地 100%电压保护功能压板 1RLP4	
257	检查 1 号发变组保护 B 屏上转子接地保护功能压板 1RLP5 在退出	
258	投入 1 号发变组保护 B 屏上定子对称过负荷保护功能压板 1RLP6	
259	投入 1 号发变组保护 B 屏上定子负序过负荷保护功能压板 1RLP7	
260	投入 1 号发变组保护 B 屏上发电机失磁保护功能压板 1RLP8	
261	投入 1 号发变组保护 B 屏上发电机失步保护功能压板 1RLP9	
262	投入 1 号发变组保护 B 屏上发电机过电压保护功能压板 1RLP10	
263	投入 1 号发变组保护 B 屏上发电机过励磁保护功能压板 1RLP11	
264	投入 1 号发变组保护 B 屏上发电机功率保护功能压板 1RLP12	
265	投入 1 号发变组保护 B 屏上发电机频率保护功能压板 1RLP13	
266	投入 1 号发变组保护 B 屏上发电机误上电保护功能压板 1RLP14	
267	投入 1 号发变组保护 B 屏上发电机启停机保护功能压板 1RLP15	
268	投入 1 号发变组保护 B 屏上发电机相间后备保护功能压板 1RLP16	
269	投入 1 号发变组保护 B 屏上励磁变差动保护功能压板 1RLP17	
270	投入 1 号发变组保护 B 屏上励磁后备保护功能压板 1RLP18	
271	投入 1 号发变组保护 B 屏上主变压器差动保护功能压板 1RLP23	
272	投入 1 号发变组保护 B 屏上主变压器相间后备功能压板 1RLP24	
273	投入 1 号发变组保护 B 屏上主变压器接地零序功能压板 1RLP25	
274	投入 1 号发变组保护 B 屏上主变压器间隙零序功能压板 1RLP26	
275	投入 1 号发变组保护 B 屏上发变组差动功能压板 1RLP27	
276	投入 1 号发变组保护 B 屏上高压厂用变压器差动保护功能压板 1RLP28	
277	投入 1 号发变组保护 B 屏上高压厂用变压器高后备保护功能压板 1RLP29	
278	投入 1 号发变组保护 B 屏上高压厂用变压器 A 分支后备压板 1RLP30	
279	投入 1 号发变组保护 B 屏上高压厂用变压器 B 分支后备压板 1RLP31	
280	检查 1 号发变组保护 B 屏上投检修压板 1RLP 在退出	
281	合上 1 号发变组保护 C 屏装置直流电源 I 空开 65K1	
282	合上 1 号发变组保护 C 屏装置直流电源 II 空开 65K2	
283	合上 1 号发变组保护 C 屏装置切换后直流电源空开 5K	
284	合上 1 号发变组保护 C 屏装置照明电源空开 JK	
285	检查 1 号发变组保护 C 屏上投主变压器冷控失电启动跳闸压板 50LP1 已解除	
286	检查 1 号发变组保护 C 屏上热工保护联跳压板 50LP3 已解除	
287	检查 1 号发变组保护 C 屏上投主变压器油温高启动跳闸压板 50LP6 已解除	
288	检查 1 号发变组保护 C 屏上投主变压器绕组超温启动跳闸压板 50LP7 已解除	
289	检查 1 号发变组保护 C 屏上投主变压器压力释放启动跳闸压板 50LP8 已解除	
290	检查 1 号发变组保护 C 屏上投主变压器突发压力突变启动跳闸压板 50LP9 已解除	
291	检查 1 号发变组保护 C 屏上投高压厂用变压器压力释放启动跳闸压板 50LP14 已解除	

续表

顺序	操 作 项 目	确认划“√”
292	检查 1 号发变组保护 C 屏上投高压厂用变压器油温超温启动跳闸压板 50LP15 已解除	
293	检查 1 号发变组保护 C 屏上投高压厂用变压器绕组温度高启动跳闸压板 50LP16 已解除	
294	检查 1 号发变组保护 C 屏上投高压厂用变压器冷却器失电启动跳闸压板 50LP17 已解除	
295	检查 1 号发变组保护 C 屏上投励磁变超温启动跳闸压板 50LP18 已解除	
296	投入 1 号发变组保护 C 屏上投非电量延时 2 保护压板 50LP2	
297	检查 1 号发变组保护 C 屏上热工保护联跳压板 50LP3 在退出	
298	投入 1 号发变组保护 C 屏上投发电机断水保护压板 50LP4	
299	投入 1 号发变组保护 C 屏上投主变压器重瓦斯保护压板 50LP5	
300	投入 1 号发变组保护 C 屏上投发变组紧急跳闸按钮压板 50LP10	
301	投入 1 号发变组保护 C 屏上高压厂用变压器重瓦斯启动跳闸压板 50LP13	
302	投入 1 号发变组保护 C 屏上投非非电量延时压板 5RLP3	
303	检查 1 号发变组保护 C 屏上投检修压板 50RLP 已解除	
304	投入 1 号机组功率突降切机装置屏上 1RLP1：投 1 号零功率切机保护功能压板	
305	检查 1 号机组功率突降切机 PCS-985 装置显示正常，无异常报警	
306	检查 1 号组功率突降切机装置屏上 1C1LP1：启动 1 号发变组重动出口压板已解除	
307	在微机五防模拟断开 1 号主变压器 500kV 侧 50116 刀闸	
308	在 NCS 上断开 1 号主变压器 500kV 侧 50116 刀闸	
309	检查 1 号主变压器 500kV 侧 50116 刀闸三相确已断开	
310	操作完毕，汇报值长	

操作人：__________　　监护人：__________　　值班负责人（值长）：__________

七、回检	确认划“√”
确认操作过程中无跳项、漏项	
核对设备状态正确	
远传信号、指示正常，无报警	
向值班负责人（值长）回令，值班负责人（值长）确认操作完成	

操作结束时间：________年____月____日____时____分

操作人：____________　　监护人：____________

管理人员鉴证：值班负责人______________　部门______________　厂级______________

八、备注

电气操作票

单位：________________ 班组：________________ 编号：____________

操作任务：**1号机厂用电切换（高压厂用变压器切至启动备用变压器）** 风险等级：________

一、发令、接令	确认划“√”
核实相关工作票已终结或押回，检查设备、系统运行方式、运行状态具备操作条件	
复诵操作指令确认无误	
根据操作任务风险等级通知相关人员到岗到位	

发令人：____________ 接令人：____________ 发令时间：________年____月____日____时____分

二、操作前作业环境风险评估		
危害因素	预　控　措　施	
走错间隔	操作前核对机组号、设备中文名称及KKS编码（或设备编号）	
与带电部位 安全距离不足	（1）正确佩戴使用绝缘手套； （2）与10kV带电设备的裸露部位保持0.7m安全距离； （3）不得擅自进入电气危险隔离区域	
三、操作人、监护人互查		确认划“√”
人员状态：工作人员健康状况良好，无酒后、疲劳作业等情况		
个人防护：安全帽、工作鞋、工作服以及与操作任务危害因素相符的耳塞、手套等劳动保护用品等		
四、检查确认工器具完好		
工器具	完　好　标　准	确认划“√”
绝缘手套	检验合格，无损坏、漏气	
验电器	检验合格，试验良好，无损坏	
五、安全技术交底		
值班负责人按照“操作前作业环境风险评估”以及操作中“风险提示”等内容向操作人、监护人进行安全技术交底。 操作人：　　　　　　　　监护人：		

确认上述二～五项内容：

管理人员鉴证：值班负责人________________ 部门________________ 厂级________________

六、操作		
操作开始时间：________年____月____日____时____分		
操作任务：1号机厂用电切换 （高压厂用变压器切至启动备用变压器）		
顺序	操　作　项　目	确认划“√”
1	检查1号机10kV工作1A段备用电源进线开关（10BBA01）在热备用状态	
2	检查1号机10kV工作1A段备用电源进线开关（10BBA01）“手储/自储”切换开关在“自储”位置且储能良好	
3	检查1号机10kV工作1A段备用电源进线开关（10BBA01）“就地/远方”切换开关在“远方”位置	
4	检查1号机10kV工作1A段备用电源进线开关（10BBA01）综合保护跳闸LP1投入	
5	检查1号机10kV工作1A段备用电源进线开关（10BBA01）启动备用变压器跳闸总投LP3投入	
6	检查1号机10kV工作1A段备用电源进线开关（10BBA01）综合保护投检修状态LP2退出	
7	检查1号机10kV工作1A段备用电源进线开关（10BBA01）进线TV投检修状态LP4退出	

续表

顺序	操 作 项 目	确认划"√"
8	检查1号机10kV工作1B段备用电源进线开关（10BBB01）在热备用状态	
9	检查1号机10kV工作1B段备用电源进线开关（10BBB01）"手储/自储"切换开关在"自储"位置且储能良好	
10	检查1号机10kV工作1B段备用电源进线开关（10BBB01）"就地/远方"切换开关在"远方"位置	
11	检查1号机10kV工作1B段备用电源进线开关（10BBB01）综合保护跳闸LP1投入	
12	检查1号机10kV工作1B段备用电源进线开关（10BBB01）启动备用变压器跳闸总投LP3投入	
13	检查1号机10kV工作1B段备用电源进线开关（10BBB01）综合保护投检修状态LP2退出	
14	检查1号机10kV工作1B段备用电源进线开关（10BBB01）进线TV投检修状态LP4退出	
15	检查1号机10kV工作1A段母线电压正常，母线上各设备无异常告警	
16	检查1号机10kV工作1B段母线电压正常，母线上各设备无异常告警	
17	检查1号机10kV工作段切换屏（10CBQ01）后2n快切电源DC110V（2ZK）合闸	
18	检查1号机10kV工作段切换屏（10CBQ01）后1n快切电源DC110V（1ZK）合闸	
19	检查1号机10kV工作段切换屏（10CBQ01）后电源AC220V（LK）合闸	
20	检查1号机10kV工作段切换屏（10CBQ01）后电源AC220V（AK）合闸	
21	检查1号机厂用电快切屏（10CBQ01）A段快切装置电压空开1AQ3-5合闸	
22	检查1号机厂用电快切屏（10CBQ01）A段快切装置电压空开1AQ1合闸	
23	检查1号机厂用电快切屏（10CBQ01）A段快切装置电压空开1AQ2合闸	
24	检查1号机厂用电快切屏（10CBQ01）B段快切装置电压空开2AQ3-5合闸	
25	检查1号机厂用电快切屏（10CBQ01）B段快切装置电压空开2AQ1合闸	
26	检查1号机厂用电快切屏（10CBQ01）B段快切装置电压空开2AQ2合闸	
27	检查1号机10kV工作段切换屏（10CBQ01）前A段快切合工作开关11LP压板投入	
28	检查1号机10kV工作段切换屏（10CBQ01）前A段快切跳工作开关12LP压板投入	
29	检查1号机10kV工作段切换屏（10CBQ01）前A段快切合备用开关13LP压板投入	
30	检查1号机10kV工作段切换屏（10CBQ01）前A段快切跳备用开关14LP压板投入	
31	检查1号机10kV工作段切换屏（10CBQ01）前B段快切合工作开关21LP压板投入	
32	检查1号机10kV工作段切换屏（10CBQ01）前B段快切跳工作开关22LP压板投入	
33	检查1号机10kV工作段切换屏（10CBQ01）前B段快切合备用开关23LP压板投入	
34	检查1号机10kV工作段切换屏（10CBQ01）前B段快切跳备用开关24LP压板投入	
35	检查1号发电机负荷在150MW （负荷不大于300MW）	
36	检查1号机10kV工作段快切装置除"运行灯亮、备用灯亮、远方灯亮"外无异常报警	
37	**风险提示：**检查电压偏差不大于0.15kV，防止厂用电切换过程中环流过大	
	检查1号启动备用变压器10kV 1A/1B分支电压分别与1号高压厂用变压器10kV 1A/1B分支电压基本相等（偏差不大于0.15kV）	
38	联系值长准备切换厂用电，注意避免启停大动力负荷	
39	检查1号机10kV工作1A段快切操作界面无异常报警	
40	检查1号机10kV工作1A段快切操作界面上切换方式为"并联切换"	
41	检查1号机10kV工作1A段快切操作界面上"并联方式"灯亮	
42	检查1号机10kV工作1A段快切操作界面上"远方切换"灯亮	

续表

顺序	操 作 项 目	确认划"√"
43	在1号机10kV工作1A段快切操作界面上复归1号机10kV 1A段快切装置	
44	在1号机10kV工作1A段快切操作界面上点击"手动切换"	
45	检查1号机10kV工作1A段备用电源进线开关（10BBA01）确已合上	
46	检查1号机10kV工作1A段工作电源进线开关（10BBA03）确已断开	
47	检查1号机10kV工作1A段母线电压正常	
48	在1号机10kV工作1A段快切操作界面上复归1号机10kV 1A段快切装置	
49	检查1号机10kV工作1B段快切操作界面无异常报警	
50	检查1号机10kV工作1B段快切操作界面上切换方式为"并联切换"	
51	检查1号机10kV工作1B段快切操作界面上"并联方式"灯亮	
52	检查1号机10kV工作1B段快切操作界面上"远方切换"灯亮	
53	在1号机10kV工作1B段快切操作界面上复归1号机10kV 1B段快切装置	
54	在1号机10kV工作1B段快切操作界面上点击"手动切换"	
55	检查1号机10kV工作1B段工作电源进线开关（10BBB01）确已合上	
56	检查1号机10kV工作1B段工作电源进线开关（10BBB01）备用电源进线开关（10BBB01）确已断开	
57	检查1号机10kV工作1B段母线电压正常	
58	在1号机10kV工作1B段快切操作界面上复归1号机10kV 1B段快切装置	
59	退出1号高压厂用变压器A/B分支加热器/热风循环装置，热风循环装置投自动运行	
60	投入1号启动备用变压器A/B分支加热器/热风循环装置，并确认1号启动备用变压器分支加热器/热风循环装置自动方式运行正常	
61	操作完毕，汇报值长	

操作人：__________ 监护人：__________ 值班负责人（值长）：__________

七、回检	确认划"√"
确认操作过程中无跳项、漏项	
核对设备状态正确	
远传信号、指示正常，无报警	
向值班负责人（值长）回令，值班负责人（值长）确认操作完成	

操作结束时间：________年____月____日____时____分

操作人：____________ 监护人：____________

管理人员鉴证：值班负责人______________ 部门______________ 厂级______________

八、备注

电 气 操 作 票

单位：________________ 班组：________________ 编号：____________

操作任务：**1 号机厂用电切换（启动备用变压器切至高压厂用变压器）** 风险等级：__________

一、发令、接令	确认划“√”
核实相关工作票已终结或押回，检查设备、系统运行方式、运行状态具备操作条件	
复诵操作指令确认无误	
根据操作任务风险等级通知相关人员到岗到位	

发令人：____________ 接令人：____________ 发令时间：________年____月____日____时____分

二、操作前作业环境风险评估		
危害因素	预 控 措 施	
走错间隔	操作前核对机组号、设备中文名称及 KKS 编码（或设备编号）	
与带电部位 安全距离不足	（1）正确佩戴使用绝缘手套； （2）与 500kV 带电设备的裸露部位保持 5m 安全距离； （3）不得擅自进入电气危险隔离区域	
三、操作人、监护人互查		确认划“√”
人员状态：工作人员健康状况良好，无酒后、疲劳作业等情况		
个人防护：安全帽、工作鞋、工作服以及与操作任务危害因素相符的耳塞、手套等劳动保护用品等		
四、检查确认工器具完好		
工器具	完 好 标 准	确认划“√”
绝缘手套	检验合格，无损坏、漏气等	
验电器	检验合格，试验良好，无损坏	
五、安全技术交底		
值班负责人按照“操作前作业环境风险评估”以及操作中“风险提示”等内容向操作人、监护人进行安全技术交底。 操作人： 监护人：		

确认上述二～五项内容：

管理人员鉴证：值班负责人________________ 部门____________ 厂级________________

六、操作		
操作开始时间：________年____月____日____时____分		
操作任务：1 号机厂用电切换（启动备用变压器切至高压厂用变压器）		
顺序	操 作 项 目	确认划“√”
1	检查 1 号机 10kV 工作 1A 段母线（10BBA）电压正常，母线上各设备无异常告警	
2	检查 1 号机 10kV 工作 1B 段母线（10BBB）电压正常，母线上各设备无异常告警	
3	检查 1 号机 10kV 工作 1A 段母线工作电源进线开关（10BBA03）所有工作结束，现场符合送电条件	
4	检查 1 号机 10kV 工作 1B 段母线工作电源进线开关（10BBB03）所有工作结束，现场符合送电条件	
5	检查 1 号机 10kV 工作 1A 段工作电源进线 PT（10BBA03GT001V）在工作位置，电压显示正常	
6	检查 1 号机 10kV 工作 1A 段工作电源进线开关（10BBA03）在冷备用状态	
7	检查 1 号机 10kV 工作 1A 段工作电源进线开关（10BBA03）确在断开位置	

续表

顺序	操 作 项 目	确认划“√”
8	检查1号机10kV工作1A段工作电源进线开关（10BBA03）“就地/远方”选择把手切在“就地”位置	
9	检查1号机10kV工作1A段工作电源进线开关（10BBA03）二次插头已插好	
10	合上1号机10kV工作1A段工作电源进线开关（10BBA03）控制电源开关QF1	
11	检查1号机10kV工作1A段工作电源进线开关（10BBA03）多功能电表显示正常	
12	检查1号机10kV工作1A段工作电源进线开关（10BBA03）智能监控装置显示正常	
13	合上1号机10kV工作1A段工作电源进线开关（10BBA03）保护电源开关QF2	
14	检查1号机10kV工作1A段工作电源进线开关（10BBA03）保护装置显示正常	
15	合上1号机10kV工作1A段工作电源进线开关（10BBA03）储能电源开关QF3	
16	检查1号机10kV工作1A段工作电源进线开关（10BBA03）“手储/自储”切换开关在“自储”位置	
17	检查1号机10kV工作1A段工作电源进线开关（10BBA03）储能正常	
18	合上1号机10kV工作1A段工作电源进线开关（10BBA03）照明加热电源开关QF4	
19	合上1号机10kV工作1A段工作电源进线开关（10BBA03）工作进线PT电压开关QF5	
20	检查1号机10kV工作1A段工作电源进线开关（10BBA03）综合保护跳闸压板LP1已投入	
21	检查1号机10kV工作1A段工作电源进线开关（10BBA03）发变组跳闸总投压板LP2已投入	
22	检查1号机10kV工作1A段工作电源进线开关（10BBA03）综保投检修状态压板LP3已解除	
23	检查1号机10kV工作1A段工作电源进线开关（10BBA03）工作进线PT投检修压板LP4已解除	
24	将1号机10kV工作1A段工作电源进线开关（10BBA03）摇至工作位置	
25	将1号机10kV工作1A段工作电源进线开关（10BBA03）“就地/远方”选择把手切至“远方”位置，并与ECMS核对状态正确	
26	检查1号机10kV工作1B段工作电源进线PT（10BBB03GT001V）在工作位置，电压显示正常	
27	检查1号机10kV工作1B段工作电源进线开关（10BBB03）在冷备用状态	
28	检查1号机10kV工作1B段工作电源进线开关（10BBB03）确在断开位置	
29	检查1号机10kV工作1B段工作电源进线开关（10BBB03）“就地/远方”选择把手切在“就地”位置	
30	检查1号机10kV工作1B段工作电源进线开关（10BBB03）二次插头已插好	
31	合上1号机10kV工作1B段工作电源进线开关（10BBB03）控制电源开关QF1	
32	检查1号机10kV工作1B段工作电源进线开关（10BBB03）多功能电表显示正常	
33	检查1号机10kV工作1B段工作电源进线开关（10BBB03）智能监控装置显示正常	
34	合上1号机10kV工作1B段工作电源进线开关（10BBB03）保护电源开关QF2	
35	检查1号机10kV工作1B段工作电源进线开关（10BBB03）保护装置显示正常	
36	合上1号机10kV工作1B段工作电源进线开关（10BBB03）储能电源开关QF3	
37	检查1号机10kV工作1B段工作电源进线开关（10BBB03）“手储/自储”切换开关在“自储”位置	
38	检查1号机10kV工作1B段工作电源进线开关（10BBB03）储能正常	
39	合上1号机10kV工作1B段工作电源进线开关（10BBB03）照明加热电源开关QF4	
40	合上1号机10kV工作1B段工作电源进线开关（10BBB03）工作进线PT电压开关QF5	
41	检查1号机10kV工作1B段工作电源进线开关（10BBB03）综合保护跳闸压板LP1已投入	

续表

顺序	操 作 项 目	确认划“√”
42	检查1号机10kV工作1B段工作电源进线开关（10BBB03）发变组跳闸总投压板LP2已投入	
43	检查1号机10kV工作1B段工作电源进线开关（10BBB03）综保投检修状态压板LP3已解除	
44	检查1号机10kV工作1B段工作电源进线开关（10BBB03）工作进线PT投检修压板LP4已解除	
45	将1号机10kV工作1B段工作电源进线开关（10BBB03）摇至工作位置	
46	将1号机10kV工作1B段工作电源进线开关（10BBB03）“就地/远方”选择把手切至“远方”位置，并与ECMS核对状态正确	
47	检查1号机10kV工作段切换屏（10CBQ01）后2n快切电源DC110V（2ZK）合闸	
48	检查1号机10kV工作段切换屏（10CBQ01）后1n快切电源DC110V（1ZK）合闸	
49	检查1号机10kV工作段切换屏（10CBQ01）后电源AC220V（LK）合闸	
50	检查1号机10kV工作段切换屏（10CBQ01）后电源AC220V（AK）合闸	
51	检查1号机厂用电快切屏（10CBQ01）A段快切装置电压空开1AQ3-5合闸	
52	检查1号机厂用电快切屏（10CBQ01）A段快切装置电压空开1AQ1合闸	
53	检查1号机厂用电快切屏（10CBQ01）A段快切装置电压空开1AQ2合闸	
54	检查1号机厂用电快切屏（10CBQ01）B段快切装置电压空开2AQ3-5合闸	
55	检查1号机厂用电快切屏（10CBQ01）B段快切装置电压空开2AQ1合闸	
56	检查1号机厂用电快切屏（10CBQ01）B段快切装置电压空开2AQ2合闸	
57	投入1号机10kV工作段切换屏（10CBQ01）前A段快切合工作开关11LP压板	
58	投入1号机10kV工作段切换屏（10CBQ01）前A段快切跳工作开关12LP压板	
59	投入1号机10kV工作段切换屏（10CBQ01）前A段快切合备用开关13LP压板	
60	投入1号机10kV工作段切换屏（10CBQ01）前A段快切跳备用开关14LP压板	
61	投入1号机10kV工作段切换屏（10CBQ01）前B段快切合工作开关21LP压板	
62	投入1号机10kV工作段切换屏（10CBQ01）前B段快切跳工作开关22LP压板	
63	投入1号机10kV工作段切换屏（10CBQ01）前B段快切合备用开关23LP压板	
64	投入1号机10kV工作段切换屏（10CBQ01）前B段快切跳备用开关24LP压板	
65	检查1号发电机组负荷大于150MW	
66	检查1号机10kV工作段快切装置除“运行灯亮、备用灯亮、远方灯亮”外无异常报警	
67	**风险提示：**检查电压偏差不大于0.15kV，防止厂用电切换过程中环流过大	
	检查1号启动备用变压器10kV1A/1B分支电压分别与1号高压厂用变压器10kV1A/1B分支电压基本相等（偏差不大于0.15kV）	
68	联系值长准备切换厂用电，注意避免启停大动力负荷	
69	检查1号机10kV工作1A段快切操作界面无异常报警	
70	检查1号机10kV工作1A段快切操作界面上切换方式为“并联切换”	
71	检查1号机10kV工作1A段快切操作界面上“并联方式”灯亮	
72	检查1号机10kV工作1A段快切操作界面上“远方切换”灯亮	
73	在1号机10kV工作1A段快切操作界面上复归1号机10kV 1A段快切装置	
74	在1号机10kV工作1A段快切操作界面上点击“手动切换”	
75	检查1号机10kV工作1A段工作电源进线开关（10BBA03）确已合上	
76	检查1号机10kV工作1A段备用电源进线开关（10BBA01）确已断开	
77	检查1号机10kV工作1A段母线电压正常	

续表

顺序	操　作　项　目	确认划"√"
78	在1号机10kV工作1A段快切操作界面上复归1号机10kV 1A段快切装置	
79	检查1号机10kV工作1B段快切操作界面无异常报警	
80	检查1号机10kV工作1B段快切操作界面上切换方式为"并联切换"	
81	检查1号机10kV工作1B段快切操作界面上"并联方式"灯亮	
82	检查1号机10kV工作1B段快切操作界面上"远方切换"灯亮	
83	在1号机10kV工作1B段快切操作界面上复归1号机10kV 1B段快切装置	
84	在1号机10kV工作1B段快切操作界面上点击"手动切换"	
85	检查1号机10kV工作1B段工作电源进线开关（10BBB03）确已合上	
86	检查1号机10kV工作1B段备用电源进线开关（10BBB01）确已断开	
87	检查1号机10kV工作1B段母线电压正常	
88	在1号机10kV工作1B段快切操作界面上复归1号机10kV 1B段快切装置	
89	退出1号高压厂用变压器A/B分支加热器/热风循环装置，热风循环装置投自动运行	
90	投入1号启动备用变压器A/B分支加热器/热风循环装置，并确认1号启动备用变压器分支加热器/热风循环装置自动方式运行正常	
91	操作完毕，汇报值长	

操作人：__________　　监护人：__________　　值班负责人（值长）：__________

七、回检	确认划"√"
确认操作过程中无跳项、漏项	
核对设备状态正确	
远传信号、指示正常，无报警	
向值班负责人（值长）回令，值班负责人（值长）确认操作完成	

操作结束时间：________年____月____日____时____分

操作人：____________　　监护人：____________

管理人员鉴证：值班负责人______________　部门______________　厂级______________

八、备注

电气操作票

单位：__________ 班组：__________ 编号：__________

操作任务：**1号机10kV工作1A段母线（10BBA00GL000）由运行转检修** 风险等级：__________

一、发令、接令	确认划“√”
核实相关工作票已终结或押回，检查设备、系统运行方式、运行状态具备操作条件	
复诵操作指令确认无误	
根据操作任务风险等级通知相关人员到岗到位	

发令人：__________ 接令人：__________ 发令时间：______年____月____日____时____分

二、操作前作业环境风险评估		
危害因素	预 控 措 施	
走错间隔	操作前核对机组号、设备中文名称及KKS编码（或设备编号）	
与带电部位 安全距离不足	（1）正确佩戴使用绝缘手套； （2）与10kV带电设备裸露部位保持0.7m安全距离； （3）不得擅自进入电气危险隔离区域	
三、操作人、监护人互查		确认划“√”
人员状态：工作人员健康状况良好，无酒后、疲劳作业等情况		
个人防护：安全帽、工作鞋、工作服以及与操作任务危害因素相符的耳塞、手套等劳动保护用品等		
四、检查确认工器具完好		
工器具	完 好 标 准	确认划“√”
绝缘手套	检验合格，无损坏、漏气	
10kV验电器	检验合格，试验良好	
接地线 （接地小车）	接地线外观及导线夹完好，在有效检验周期内。 接地小车三相触头、接地触头及导体部位完好	
五、安全技术交底		
值班负责人按照“操作前作业环境风险评估”以及操作中“风险提示”等内容向操作人、监护人进行安全技术交底。 操作人： 监护人：		

确认上述二～五项内容：

管理人员鉴证：值班负责人__________ 部门__________ 厂级__________

六、操作		
操作开始时间：______年____月____日____时____分		
操作任务：1号机10kV工作1A段母线（10BBA00GL000）由运行转检修		
顺序	操 作 项 目	确认划“√”
1	检查1号机10kV工作1A段母线（10BBA00GL000）由启动备用变压器供电	
2	退出1号机10kV工作1A段母线（10BBA00GL000）快切装置	
3	检查1号机10kV工作1A段母线（10BBA00GL000）上所有负荷开关在试验分闸位	
4	检查10kV公用01A段母线已由10kV公用01B段供电	
5	退出10kV公用段母线（Y0BBA00GL000）快切装置	
6	断开10kV公用01A段母线电源开关（10BBA30）	
7	检查10kV公用01A段母线电源开关（10BBA30）确已分闸	
8	断开1号机10kV工作1A段备用电源进线开关（10BBA01）	

续表

顺序	操 作 项 目	确认划“√”
9	检查1号机10kV工作1A段备用电源进线开关（10BBA01）确已分闸	
10	检查1号机10kV工作1A段母线（10BBA00GL000）电压指示为零	
11	**风险提示：**通过开关分合闸指示器指示及综合保护装置显示确定开关在断开位置	
	检查10kV公用01A段母线电源进线开关（Y0BBA01）已分闸	
12	将10kV公用01A段母线电源进线开关（Y0BBA01）“远方/就地”切换开关切至“就地”位置，并与ECMS核对状态正确	
13	将10kV公用01A段母线电源进线开关（Y0BBA01）摇至试验位	
14	断开10kV公用01A段母线电源进线开关（Y0BBA01）控制电源开关QF1	
15	断开10kV公用01A段母线电源进线开关（Y0BBA01）保护电源开关QF2	
16	断开10kV公用01A段母线电源进线开关（Y0BBA01）储能电源开关QF3	
17	断开10kV公用01A段母线电源进线开关（Y0BBA01）加热照明电源开关QF4	
18	断开10kV公用01A段母线电源进线开关（Y0BBA01）PT开关QF5	
19	断开10kV公用01A段电源进线PT（Y0BBA01GT001V）控制电源开关QF1	
20	断开10kV公用01A段电源进线PT（Y0BBA01GT001V）保护电源开关QF2	
21	断开10kV公用01A段电源进线PT（Y0BBA01GT001V）加热照明电源开关QF4	
22	断开10kV公用01A段电源进线PT（Y0BBA01GT001V）A相电压开关QF11	
23	断开10kV公用01A段电源进线PT（Y0BBA01GT001V）B相电压开关QF12	
24	断开10kV公用01A段电源进线PT（Y0BBA01GT001V）C相电压开关QF13	
25	将10kV公用01A段电源进线PT（Y0BBA01GT001V）拉至试验位置	
26	检查10kV公用01A段母线电源开关（10BBA30）已分闸	
27	将10kV公用01A段母线电源开关（10BBA30）“远方/就地”切换开关切至“就地”位置，并与ECMS核对状态正确	
28	将10kV公用01A段母线电源开关（10BBA30）摇至试验位	
29	断开10kV公用01A段母线电源开关（10BBA30）控制电源开关QF1	
30	断开10kV公用01A段母线电源开关（10BBA30）保护电源开关QF2	
31	断开10kV公用01A段母线电源开关（10BBA30）储能电源开关QF3	
32	断开10kV公用01A段母线电源开关（10BBA30）加热照明电源开关QF4	
33	检查1号机10kV工作1A段工作电源进线开关（10BBA03）在检修状态	
34	检查1号机10kV工作1A段工作电源进线PT（10BBA03GT001V）已拉至仓外	
35	检查1号机10kV工作1A段备用电源进线开关（10BBA01）已分闸	
36	将1号机10kV工作1A段备用电源进线开关（10BBA01）“远方/就地”切换开关切至“就地”位置，并与ECMS核对状态正确	
37	将1号机10kV工作1A段备用电源进线开关（10BBA01）摇至试验位	
38	断开1号机10kV工作1A段备用电源进线开关（10BBA01）控制电源开关QF1	
39	断开1号机10kV工作1A段备用电源进线开关（10BBA01）保护电源开关QF2	
40	断开1号机10kV工作1A段备用电源进线开关（10BBA01）储能电源开关QF3	
41	断开1号机10kV工作1A段备用电源进线开关（10BBA01）加热照明电源开关QF4	
42	断开1号机10kV工作1A段备用电源进线开关（10BBA01）PT开关QF5	
43	断开1号机10kV工作1A段母线PT（10BBA02GT001V）控制电源开关QF1	
44	断开1号机10kV工作1A段母线PT（10BBA02GT001V）保护电源开关QF2	

续表

<table>
<tr><th>顺序</th><th>操 作 项 目</th><th>确认划“√”</th></tr>
<tr><td>45</td><td>断开 1 号机 10kV 工作 1A 段母线 PT（10BBA02GT001V）加热照明电源开关 QF4</td><td></td></tr>
<tr><td>46</td><td>断开 1 号机 10kV 工作 1A 段母线 PT（10BBA02GT001V）0.5s 低电压电源开关 QF5</td><td></td></tr>
<tr><td>47</td><td>断开 1 号机 10kV 工作 1A 段母线 PT（10BBA02GT001V）9s 低电压电源开关 QF6</td><td></td></tr>
<tr><td>48</td><td>断开 1 号机 10kV 工作 1A 段母线 PT（10BBA02GT001V）母线 PT 开关 QF11</td><td></td></tr>
<tr><td>49</td><td>断开 1 号机 10kV 工作 1A 段母线 PT（10BBA02GT001V）母线 PT 开关 QF12</td><td></td></tr>
<tr><td>50</td><td>断开 1 号机 10kV 工作 1A 段母线 PT（10BBA02GT001V）母线 PT 开关 QF13</td><td></td></tr>
<tr><td>51</td><td>断开 1 号机 10kV 工作 1A 段母线 PT（10BBA02GT001V）母线 PT 开关 QF21</td><td></td></tr>
<tr><td>52</td><td>将 1 号机 10kV 工作 1A 段母线 PT（10BBA02GT001V）摇至试验位后拉至仓外</td><td></td></tr>
<tr><td rowspan="2">53</td><td>风险提示：操作接地小车前打开 10kV 工作 1A 段母线 PT 间隔后柜门，使用验电器验明母线侧三相确无电压</td><td></td></tr>
<tr><td>在 1 号机 10kV 工作 1A 段母线 PT（10BBA02GT001V）间隔母线侧验明三相无电压，将 PT 间隔接地小车放置 1 号机 10kV 工作 1A 段母线 PT（10BBA02GT001V）间隔并将 PT 间隔接地小车摇至工作位</td><td></td></tr>
<tr><td>54</td><td>断开 1 号机 10kV 工作 1A 段母线（10BBA00GL000）交流总电源开关 1DK</td><td></td></tr>
<tr><td>55</td><td>操作完毕，汇报值长</td><td></td></tr>
</table>

操作人：__________ 监护人：__________ 值班负责人（值长）：__________

七、回检	确认划“√”
确认操作过程中无跳项、漏项	
核对设备状态正确	
远传信号、指示正常，无报警	
向值班负责人（值长）回令，值班负责人（值长）确认操作完成	

操作结束时间：________年____月____日____时____分

操作人：____________ 监护人：____________

管理人员鉴证：值班负责人________________ 部门________________ 厂级_______________

八、备注

电 气 操 作 票

单位：________ 班组：________ 编号：________

操作任务：**1号机10kV工作1A段母线（10BBA00GL000）由检修转运行** 风险等级：________

一、发令、接令	确认划“√”
核实相关工作票已终结或押回，检查设备、系统运行方式、运行状态具备操作条件	
复诵操作指令确认无误	
根据操作任务风险等级通知相关人员到岗到位	

发令人：________ 接令人：________ 发令时间：____年___月___日___时___分

二、操作前作业环境风险评估		
危害因素	预 控 措 施	
走错间隔	操作前核对机组号、设备中文名称及KKS编码（或设备编号）	
与带电部位安全距离不足	（1）正确佩戴使用绝缘手套； （2）与10kV带电设备裸露部位保持0.7m安全距离； （3）不得擅自进入电气危险隔离区域	
三、操作人、监护人互查		确认划“√”
人员状态：工作人员健康状况良好，无酒后、疲劳作业等情况		
个人防护：安全帽、工作鞋、工作服以及与操作任务危害因素相符的耳塞、手套等劳动保护用品等		
四、检查确认工器具完好		
工器具	完 好 标 准	确认划“√”
绝缘手套	检验合格，无损坏、漏气等	
10kV验电器	检验合格，试验良好，无损坏	
摇表（兆欧表）	本体及测量导线完好，短接测量示值为“0”	
五、安全技术交底		
值班负责人按照“操作前作业环境风险评估”以及操作中“风险提示”等内容向操作人、监护人进行安全技术交底。 操作人： 监护人：		

确认上述二～五项内容：

管理人员鉴证：值班负责人________ 部门________ 厂级________

六、操作		
操作开始时间：____年___月___日___时___分		
操作任务：1号机10kV工作1A段母线（10BBA00GL000）由检修转运行		
顺序	操 作 项 目	确认划“√”
1	检查1号机10kV配电间110V 1、2号直流分屏10kV工作1A段各间隔电源开关已合上	
2	合上1号机10kV工作1A段备用电源进线开关（10BBA01）交流总电源开关1DK	
3	检查10kV公用01A段电源开关（10BBA30）在试验分闸位	
4	检查1号机10kV工作1A段母线（10BBA00GL000）所有负荷开关在试验分闸位	
5	检查1号机10kV工作1A段工作电源进线开关（10BBA03）在试验分闸位	
6	检查1号机10kV工作1A段备用电源进线开关（10BBA01）在试验分闸位	
7	检查1号机10kV工作1A段备用电源进线开关PT（10BBA01GT001V）在工作位	
8	取下1号机10kV工作1A段备用电源进线开关（10BBA01）二次插件	

续表

顺序	操 作 项 目	确认划“√”
9	将1号机10kV工作1A段备用电源进线开关（10BBA01）拉至仓外小车上	
10	测量1号机10kV工作1A段备用电源进线开关（10BBA01）本体绝缘合格，上下触头间绝缘值AA_____，BB_____，CC_____，上触头绝缘值AN_____，BN_____，CN_____，AB_____，BC______，CA______，下触头绝缘值 AN_______，BN______，CN____，AB______，BC______，CA______	
11	检查1号机10kV工作1A段备用电源进线开关（10BBA01）“就地/远方”切换开关在“就地”位置	
12	将1号机10kV工作1A段备用电源进线开关（10BBA01）送至试验位	
13	插上1号机10kV工作1A段备用电源进线开关（10BBA01）二次插件	
14	将1号机10kV工作1A段母线PT（10BBA02GT001V）间隔接地小车摇至试验位后拉至仓外	
15	**风险提示：**测绝缘前在10kV工作1A段母线PT间隔后仓母排侧验明母线三相确无电压	
	验明1号机10kV工作1A段母线（10BBA00GL000）三相无电压，测量三相绝缘合格，绝缘值 AN_____，BN_____，CN_____，AB_____，BC_____，CA______	
16	测量1号机10kV工作1A段母线PT（10BBA02GT001V）本体绝缘合格，绝缘值 AN_____，BN_____，CN_____，AB_____，BC_____，CA______	
17	测量1号机10kV工作1A段母线PT(10BBA02GT001V)一次侧保险阻值正常,阻值A相_____，B相_____，C相_____	
18	检查1号机10kV工作1A段母线PT（10BBA02GT001V）一次侧保险已装好	
19	检查1号机10kV工作1A段母线PT（10BBA02GT001V）本体外观完好	
20	将1号机10kV工作1A段母线PT（10BBA02GT001V） 送至试验位置	
21	插上1号机10kV工作1A段母线PT（10BBA02GT001V）二次插件	
22	将1号机10kV工作1A段母线PT（10BBA02GT001V） 摇至工作位置	
23	合上1号机10kV工作1A段母线PT（10BBA02GT001V）母线PT开关QF11	
24	合上1号机10kV工作1A段母线PT（10BBA02GT001V）母线PT开关QF12	
25	合上1号机10kV工作1A段母线PT（10BBA02GT001V）母线PT开关QF13	
26	合上1号机10kV工作1A段母线PT（10BBA02GT001V）母线PT开关QF21	
27	合上1号机10kV工作1A段母线PT（10BBA02GT001V）控制电源开关QF1	
28	合上1号机10kV工作1A段母线PT（10BBA02GT001V）保护电源开关QF2	
29	合上1号机10kV工作1A段母线PT（10BBA02GT001V）加热照明电源开关QF4	
30	合上1号机10kV工作1A段母线PT（10BBA02GT001V）0.5s低电压电源开关QF5	
31	合上1号机10kV工作1A段母线PT（10BBA02GT001V）9s低电压电源开关QF6	
32	检查1号机10kV工作1A段母线PT（10BBA02GT001V）投检修状态压板LP2已解除	
33	检查1号机10kV工作1A段母线PT（10BBA02GT001V）投低电压保护压板LP1已投入	
34	检查1号机10kV工作1A段母线PT（10BBA02GT001V）多功能电表、智能操控装置显示正常	
35	检查1号机10kV工作1A段母线PT（10BBA02GT001V）保护测控装置，母线消谐装置显示正常	
36	检查1号机10kV工作1A段备用电源进线开关（10BBA01）在试验分闸位	
37	检查1号机10kV工作1A段备用电源进线开关（10BBA01）二次插头已插好	
38	检查1号机10kV工作1A段备用电源进线开关（10BBA01）“就地/远方”切换开关在“就地”位置	

续表

顺序	操　作　项　目	确认划“√”
39	合上1号机10kV工作1A段备用电源进线开关（10BBA01）PT Ⅰ组A相电压开关QF11	
40	合上1号机10kV工作1A段备用电源进线开关（10BBA01）PT Ⅰ组B相电压开关QF12	
41	合上1号机10kV工作1A段备用电源进线开关（10BBA01）PT Ⅰ组C相电压开关QF13	
42	合上1号机10kV工作1A段备用电源进线开关（10BBA01）PT Ⅱ组A相电压开关QF21	
43	合上1号机10kV工作1A段备用电源进线开关（10BBA01）PT Ⅱ组B相电压开关QF22	
44	合上1号机10kV工作1A段备用电源进线开关（10BBA01）PT Ⅱ组C相电压开关QF23	
45	合上1号机10kV工作1A段备用电源进线开关（10BBA01）控制电源开关QF1	
46	合上1号机10kV工作1A段备用电源进线开关（10BBA01）保护电源开关QF2	
47	合上1号机10kV工作1A段备用电源进线开关（10BBA01）储能电源开关QF3	
48	合上1号机10kV工作1A段备用电源进线开关（10BBA01）照明加热电源开关QF4	
49	合上1号机10kV工作1A段备用电源进线开关（10BBA01）备用进线PT开关QF5	
50	检查1号机10kV工作1A段备用电源进线开关（10BBA01）综合保护跳闸压板LP1已投入	
51	检查1号机10kV工作1A段备用电源进线开关（10BBA01）1号启动备用变压器保护跳闸压板LP3已投入	
52	检查1号机10kV工作1A段备用电源进线开关（10BBA01）投综合保护投检修状态压板LP2已解除	
53	检查1号机10kV工作1A段备用电源进线开关（10BBA01）投PT检修状态压板LP4已解除	
54	将1号机10kV工作1A段备用电源进线开关（10BBA01）摇至工作位	
55	检查1号机10kV工作1A段备用电源进线开关（10BBA01）“手储/自储”切换开关在“自储”位置	
56	检查1号机10kV工作1A段备用电源进线开关（10BBA01）储能正常	
57	将1号机10kV工作1A段备用电源进线开关（10BBA01）“就地/远方”切换把手切至“远方”位置，并与ECMS核对状态正确	
58	合上1号机10kV工作1A段备用电源进线开关（10BBA01），对1号机10kV工作1A段母线（10BBA00GL000）进行冲击	
59	检查1号机10kV工作1A段备用电源进线开关（10BBA01）已合闸	
60	检查1号机10kV工作1A段母线（10BBA00GL000）充电正常	
61	检查1号机10kV工作1A段母线（10BBA00GL000）电压指示正常	
62	检查1号机10kV工作1A段母线消谐装置工作正常	
63	取下10kV公用01A段电源进线PT（Y0BBA01GT001V）二次插件	
64	将10kV公用01A段电源进线PT（Y0BBA01GT001V）拉至仓外小车上	
65	测量10kV公用01A段电源进线PT（Y0BBA01GT001V）本体绝缘合格，绝缘值AN_____，BN_____，CN_____，AB_____，BC_____，CA______	
66	测量10kV公用01A段电源进线PT(Y0BBA01GT001V)一次侧保险阻值正常，阻值A相_____，B相_____，C相______	
67	检查10kV公用01A段电源进线PT（Y0BBA01GT001V）一次侧保险已装好	
68	检查10kV公用01A段电源进线PT（Y0BBA01GT001V）本体外观完好	
69	将10kV公用01A段电源进线PT（Y0BBA01GT001V）送至试验位置	
70	插上10kV公用01A段电源进线PT（Y0BBA01GT001V）二次插件	
71	将10kV公用01A段电源进线PT（Y0BBA01GT001V）摇至工作位置	
72	合上10kV公用01A段电源进线PT（Y0BBA01GT001V）A相电压开关QF11	

续表

顺序	操 作 项 目	确认划“√”
73	合上10kV公用01A段电源进线PT（Y0BBA01GT001V）B相电压开关QF12	
74	合上10kV公用01A段电源进线PT（Y0BBA01GT001V）C相电压开关QF13	
75	合上10kV公用01A段电源进线PT（Y0BBA01GT001V）控制电源开关QF1	
76	合上10kV公用01A段电源进线PT（Y0BBA01GT001V）保护电源开关QF2	
77	合上10kV公用01A段电源进线PT（Y0BBA01GT001V）加热照明电源开关QF4	
78	检查10kV公用01A段母线电源开关（10BBA30）已分闸	
79	将10kV公用01A段母线电源开关（10BBA30）“远方/就地”切换开关切至“就地”位置，并与ECMS核对状态正确	
80	将10kV公用01A段母线电源开关（10BBA30）摇至试验位	
81	插上10kV公用01A段母线电源开关（10BBA30）二次插件	
82	合上10kV公用01A段母线电源开关（10BBA30）控制电源开关QF1	
83	合上10kV公用01A段母线电源开关（10BBA30）保护电源开关QF2	
84	合上10kV公用01A段母线电源开关（10BBA30）储能电源开关QF3	
85	合上10kV公用01A段母线电源开关（10BBA30）照明加热电源开关QF4	
86	将10kV公用01A段母线电源开关（10BBA30）摇至工作位	
87	检查10kV公用01A段母线电源开关（10BBA30）“手储/自储”切换开关在“自储”位置	
88	检查10kV公用01A段母线电源开关（10BBA30）储能正常	
89	将10kV公用01A段母线电源开关（10BBA30）“就地/远方”切换把手切至“远方”位置，并与ECMS核对状态正确	
90	检查10kV公用01A段母线电源进线开关（Y0BBA01）已分闸	
91	将10kV公用01A段母线电源进线开关（Y0BBA01）“远方/就地”切换开关切至“就地”位置，并与ECMS核对状态正确	
92	将10kV公用01A段母线电源进线开关（Y0BBA01）摇至试验位	
93	插上10kV公用01A段母线电源进线开关（Y0BBA01）二次插件	
94	合上10kV公用01A段母线电源进线开关（Y0BBA01）控制电源开关QF1	
95	合上10kV公用01A段母线电源进线开关（Y0BBA01）保护电源开关QF2	
96	合上10kV公用01A段母线电源进线开关（Y0BBA01）储能电源开关QF3	
97	合上10kV公用01A段母线电源进线开关（Y0BBA01）照明加热电源开关QF4	
98	合上10kV公用01A段母线电源进线开关（Y0BBA01）进线PT开关QF5	
99	将10kV公用01A段母线电源进线开关（Y0BBA01）摇至工作位	
100	检查10kV公用01A段母线电源进线开关（Y0BBA01）“手储/自储”切换开关在“自储”位置	
101	检查10kV公用01A段母线电源进线开关（Y0BBA01）储能正常	
102	将10kV公用01A段母线电源进线开关（Y0BBA01）“就地/远方”切换把手切至“远方”位置，并与ECMS核对状态正确	
103	合上10kV公用01A段母线电源开关（10BBA30）	
104	检查10kV公用01A段母线电源开关（10BBA30）确已合好	
105	投入10kV公用01A段母线快切换装置	
106	操作完毕，汇报值长	

操作人：__________　　监护人：__________　　值班负责人（值长）：__________

七、回检	确认划“√”
确认操作过程中无跳项、漏项	
核对设备状态正确	
远传信号、指示正常，无报警	
向值班负责人（值长）回令，值班负责人（值长）确认操作完成	

操作结束时间：________年____月____日____时____分

操作人：______________　　　　　　　　　　　　监护人：______________

管理人员鉴证：值班负责人__________________ 部门__________________ 厂级__________________

八、备注

电气操作票

单位：______________ 班组：______________ 编号：____________

操作任务：**1号机1A浆液循环泵电机10BBA21开关由检修转热备用（电机检修）** 风险等级：________

一、发令、接令	确认划“√”
核实相关工作票已终结或押回，检查设备、系统运行方式、运行状态具备操作条件	
复诵操作指令确认无误	
根据操作任务风险等级通知相关人员到岗到位	

发令人：____________ 接令人：____________ 发令时间：________年____月____日____时____分

二、操作前作业环境风险评估		
危害因素	预 控 措 施	
走错间隔	操作前核对机组号、设备中文名称及KKS编码（或设备编号）	
与带电部位安全距离不足	（1）正确佩戴使用绝缘手套； （2）与10kV带电设备裸露部位保持0.7m安全距离； （3）不得擅自进入电气危险隔离区域	
三、操作人、监护人互查		确认划“√”
人员状态：工作人员健康状况良好，无酒后、疲劳作业等情况		
个人防护：安全帽、工作鞋、工作服以及与操作任务危害因素相符的耳塞、手套等劳动保护用品等		
四、检查确认工器具完好		
工器具	完 好 标 准	确认划“√”
绝缘手套	检验合格，无损坏、漏气	
10kV验电器	检验合格，试验良好，无损坏	
摇表（兆欧表）	本体及测量导线完好，短接测量示值为“0”	
五、安全技术交底		
值班负责人按照“操作前作业环境风险评估”以及操作中“风险提示”等内容向操作人、监护人进行安全技术交底。 操作人： 监护人：		

确认上述二～五项内容：

管理人员鉴证：值班负责人______________ 部门______________ 厂级______________

六、操作		
操作开始时间：________年____月____日____时____分		
操作任务：1号机1A浆液循环泵电机10BBA21开关由检修转热备用（电机检修）		
顺序	操 作 项 目	确认划“√”
1	就地核对1号机1A浆液循环泵电机10BBA21开关“KKS”编码和名称正确	
2	检查1号机1A浆液循环泵电机10BBA21开关“远方/就地”切换开关在就地位，并与DCS状态核对正确	
3	检查1号机1A浆液循环泵电机10BBA21开关小车在试验分闸位置	
4	检查1号机1A浆液循环泵电机10BBA21开关10BBA21GS301接地刀闸在合位	
5	打开1号机1A浆液循环泵电机10BBA21开关后下柜门	
6	断开1号机1A浆液循环泵电机10BBA21开关10BBA21GS301接地刀闸	
7	**风险提示：**通过开关后仓出线室观察窗确认接地刀闸三相确已断开	
	检查1号机1A浆液循环泵电机10BBA21开关10BBA21GS301接地刀闸确已断开	

续表

顺序	操 作 项 目	确认划“√”
8	**风险提示**：测绝缘前在开关后仓出线侧验明三相出线确无电压	
	验明1号机1A浆液循环泵电机10BBA21开关后仓出线侧三相确无电压，测量电机绝缘合格，绝缘值AN____，BN____，CN____，AB____，BC____，CA____	
9	合上1号机1A浆液循环泵电机10BBA21开关10BBA21GS301接地刀闸	
10	检查1号机1A浆液循环泵电机10BBA21开关10BBA21GS301接地刀闸确已合好	
11	关上1号机1A浆液循环泵电机10BBA21开关后下柜门	
12	断开1号机1A浆液循环泵电机10BBA21开关10BBA21GS301接地刀闸	
13	**风险提示**：通过开关后仓出线室观察窗确认接地刀闸三相确已断开	
	检查1号机1A浆液循环泵电机10BBA21开关10BBA21GS301接地刀闸确已断开	
14	合上1号机1A浆液循环泵电机10BBA21开关控制电源开关QF1	
15	合上1号机1A浆液循环泵电机加热电源开关QF5	
16	将1号机1A浆液循环泵电机10BBA21开关摇至工作位置	
17	将1号机1A浆液循环泵电机10BBA21开关“远方/就地”切换开关切至远方位，并与DCS状态核对正确	
18	操作完毕，汇报值长	

操作人：__________　　监护人：__________　　值班负责人（值长）：__________

七、回检	确认划“√”
确认操作过程中无跳项、漏项	
核对设备状态正确	
远传信号、指示正常，无报警	
向值班负责人（值长）回令，值班负责人（值长）确认操作完成	

操作结束时间：________年____月____日____时____分

操作人：____________　　监护人：____________

管理人员鉴证：值班负责人______________　部门______________　厂级______________

八、备注

电气操作票

单位：________________ 班组：________________ 编号：____________

操作任务：**1号机1A浆液循环泵电机10BBA21开关由热备用转检修（电机检修）** 风险等级：________

一、发令、接令	确认划“√”
核实相关工作票已终结或押回，检查设备、系统运行方式、运行状态具备操作条件	
复诵操作指令确认无误	
根据操作任务风险等级通知相关人员到岗到位	

发令人：____________ 接令人：____________ 发令时间：________年____月____日____时____分

二、操作前作业环境风险评估		
危害因素	预 控 措 施	
走错间隔	操作前核对机组号、设备中文名称及KKS编码（或设备编号）	
与带电部位 安全距离不足	（1）正确佩戴使用绝缘手套； （2）与10kV带电设备裸露部位保持0.7m安全距离； （3）不得擅自进入电气危险隔离区域	
三、操作人、监护人互查		确认划“√”
人员状态：工作人员健康状况良好，无酒后、疲劳作业等情况		
个人防护：安全帽、工作鞋、工作服以及与操作任务危害因素相符的耳塞、手套等劳动保护用品等		
四、检查确认工器具完好		
工器具	完 好 标 准	确认划“√”
绝缘手套	检验合格，无损坏、漏气	
10kV验电器	检验合格，试验良好，无损坏	
五、安全技术交底		
值班负责人按照“操作前作业环境风险评估”以及操作中“风险提示”等内容向操作人、监护人进行安全技术交底。 操作人： 监护人：		

确认上述二～五项内容：

管理人员鉴证：值班负责人________________ 部门________________ 厂级________________

六、操作		
操作开始时间：________年____月____日____时____分		
操作任务：1号机1A浆液循环泵电机10BBA21开关由热备用转检修（电机检修）		
顺序	操 作 项 目	确认划“√”
1	就地核对1号机1A浆液循环泵电机10BBA21开关“KKS”编码和名称正确	
2	将1号机1A浆液循环泵电机10BBA21开关“远方/就地”切换开关切至就地位，并与DCS状态核对正确	
3	**风险提示：**通过开关分合闸指示器、综保装置判断开关在分闸位置	
	检查1号机1A浆液循环泵电机10BBA21开关已分闸	
4	将1号机1A浆液循环泵电机10BBA21开关摇至试验位置	
5	验明1号机1A浆液循环泵电机10BBA21开关出线侧三相确无电压，合上1号机1A浆液循环泵电机10BBA21开关10BBA21GS301接地刀闸	
6	**风险提示：**通过开关后仓出线室观察窗确认接地刀闸三相确合上	
	检查1号机1A浆液循环泵电机10BBA21开关10BBA21GS301接地刀闸确已合好	

续表

顺序	操　作　项　目	确认划“√”
7	断开 1 号机 1A 浆液循环泵电机 10BBA21 开关控制电源开关 QF1	
8	断开 1 号机 1A 浆液循环泵电机加热电源开关 QF5	
9	操作完毕，汇报值长	

操作人：__________　　监护人：__________　　值班负责人（值长）：__________

七、回检	确认划“√”
确认操作过程中无跳项、漏项	
核对设备状态正确	
远传信号、指示正常，无报警	
向值班负责人（值长）回令，值班负责人（值长）确认操作完成	

操作结束时间：_______年____月____日____时____分

操作人：____________　　监护人：____________

管理人员鉴证：值班负责人______________　部门______________　厂级______________

八、备注

电气操作票

单位：________________ 班组：________________ 编号：____________

操作任务：**1 号机 1A 汽机变（10BFT01GT001）由运行转检修** 风险等级：________

一、发令、接令	确认划“√”
核实相关工作票已终结或押回，检查设备、系统运行方式、运行状态具备操作条件	
复诵操作指令确认无误	
根据操作任务风险等级通知相关人员到岗到位	

发令人：____________ 接令人：____________ 发令时间：________年____月____日____时____分

二、操作前作业环境风险评估		
危害因素	预 控 措 施	
走错间隔	操作前核对机组号、设备中文名称及 KKS 编码（或设备编号）	
与带电部位安全距离不足	（1）正确佩戴使用绝缘手套； （2）与 10kV 带电设备裸露部位保持 0.7m 安全距离； （3）不得擅自进入电气危险隔离区域	
三、操作人、监护人互查		确认划“√”
人员状态：工作人员健康状况良好，无酒后、疲劳作业等情况		
个人防护：安全帽、工作鞋、工作服以及与操作任务危害因素相符的耳塞、手套等劳动保护用品等		
四、检查确认工器具完好		
工器具	完 好 标 准	确认划“√”
绝缘手套	检验合格，无损坏、漏气	
10kV 验电器	检验合格，试验良好，无损坏	
400V 验电笔	检验合格，试验良好，无损坏	
接地线	外观及导线夹完好，在有效检验周期内	
五、安全技术交底		
值班负责人按照“操作前作业环境风险评估”以及操作中“风险提示”等内容向操作人、监护人进行安全技术交底。 操作人： 监护人：		

确认上述二～五项内容：

管理人员鉴证：值班负责人________________ 部门________________ 厂级________________

六、操作		
操作开始时间：________年____月____日____时____分		
操作任务：1 号机 1A 汽机变（10BFT01GT001）由运行转检修		
顺序	操 作 项 目	确认划“√”
1	检查 1 号机汽机 PC 1A/1B 段母联开关（10BFA02A）在热备用	
2	检查 1 号机汽机 PC 1A/1B 段母线电压正常，符合并列条件	
3	退出 1 号机汽机 PC 1A/1B 段母联开关（10BFA02A）进线开关联跳压板 LP1	
4	投入 1 号机汽机 PC 1A/1B 段母联开关（10BFA02A）合闸闭锁解除压板 LP2	
5	**风险提示：**电源进线开关和母联开关不允许长时间合环运行	
	合上 1 号机汽机 PC 1A/1B 段母联开关（10BFA02A）	
6	检查 1 号机汽机 PC 1A/1B 段母联开关（10BFA02A）确已合好	

续表

顺序	操 作 项 目	确认划“√”
7	断开 1 号机汽机 PC 1A 段电源进线开关（10BFA01A）	
8	检查 1 号机汽机 PC 1A 段电源进线开关（10BFA01A）确已分闸	
9	检查 1 号机汽机 PC 1A 段母线电压正常	
10	断开 1 号机 1A 汽机变高压侧开关（10BBA17）	
11	检查 1 号机 1A 汽机变高压侧开关（10BBA17）确已分闸	
12	退出 1 号机汽机 PC 1A/1B 段母联开关（10BFA02A）合闸闭锁解除压板 LP2	
13	投入 1 号机汽机 PC 1A/1B 段母联开关（10BFA02A）进线开关联跳压板 LP1	
14	检查 1 号机汽机 PC 1A 段电源进线开关（10BFA01A）已分闸	
15	将 1 号机汽机 PC 1A 段电源进线开关（10BFA01A）“远方/就地”切换开关在“就地”位	
16	将 1 号机汽机 PC 1A 段电源进线开关（10BFA01A）摇至试验位	
17	断开 1 号机汽机 PC 1A 段电源进线开关（10BFA01A）控制电源开关 QF1	
18	断开 1 号机汽机 PC 1A 段电源进线开关（10BFA01A）储能电源开关 QF2	
19	将 1 号机汽机 PC 1A 段电源进线开关（10BFA01A）摇至隔离位	
20	断开 1 号机 1A 汽机变温控器开关（10BFA06D）	
21	检查 1 号机 1A 汽机变高压侧开关（10BBA17）已分闸	
22	将 1 号机 1A 汽机变高压侧开关（10BBA17）“远方/就地”切换开关切至“就地”位置	
23	将 1 号机 1A 汽机变高压侧开关（10BBA17）摇至试验位置	
24	断开 1 号机 1A 汽机变高压侧开关（10BBA17）控制电源开关 QF1	
25	断开 1 号机 1A 汽机变高压侧开关（10BBA17）保护电源开关 QF2	
26	断开 1 号机 1A 汽机变高压侧开关（10BBA17）储能电源开关 QF3	
27	断开 1 号机 1A 汽机变高压侧开关（10BBA17）加热照明电源空开 QF4	
28	验明 1 号机 1A 汽机变高压侧开关出线侧三相确无电压，合上 1 号机 1A 汽机变高压侧开关接地刀闸（10BBA17GS301）	
29	**风险提示：**通过开关后仓出线室观察窗确认接地刀闸三相确已合上	
	检查 1 号机 1A 汽机变高压侧开关接地刀闸（10BBA17GS301）三相确已合好	
30	取下 1 号机 1A 汽机变高压侧开关（10BBA17）二次插件	
31	**风险提示：**挂地线前验明 1A 汽机变高压侧引线三相确无电压，挂地线时先挂接地端后挂导体端	
	验明 1 号机 1A 汽机变（10BFT01GT001）高压侧引出线上三相无电压，在 1 号机 1A 汽机变低压侧引出线上挂一组接地线，编号____	
32	风险点提示：挂地线前验明 1A 汽机变低压侧引线三相确无电压，挂地线时先挂接地端后挂导体端	
	验明 1 号机 1A 汽机变（10BFT01GT001）低压侧引出线上三相无电压，在 1 号机 1A 汽机变高压侧引出线上挂一组接地线，编号____	
33	操作完毕，汇报值长	

操作人：____________ 监护人：____________ 值班负责人（值长）：____________

七、回检	确认划“√”
确认操作过程中无跳项、漏项	
核对设备状态正确	
远传信号、指示正常，无报警	
向值班负责人（值长）回令，值班负责人（值长）确认操作完成	

操作结束时间：________年____月____日____时____分

操作人：_____________　　　　　　　　　监护人：_____________

管理人员鉴证：值班负责人_________________ 部门_________________ 厂级________________

八、备注

电 气 操 作 票

单位：________ 班组：________ 编号：________

操作任务：**1 号机 1A 汽机变（10BFT01GT001）由检修转运行** 风险等级：________

一、发令、接令	确认划“√”
核实相关工作票已终结或押回，检查设备、系统运行方式、运行状态具备操作条件	
复诵操作指令确认无误	
根据操作任务风险等级通知相关人员到岗到位	

发令人：________ 接令人：________ 发令时间：____年___月___日___时___分

二、操作前作业环境风险评估		
危害因素	预 控 措 施	
走错间隔	操作前核对机组号、设备中文名称及 KKS 编码（或设备编号）	
与带电部位 安全距离不足	（1）正确佩戴使用绝缘手套； （2）与 10kV 带电设备裸露部位保持 0.7m 安全距离； （3）不得擅自进入电气危险隔离区域	
三、操作人、监护人互查		确认划“√”
人员状态：工作人员健康状况良好，无酒后、疲劳作业等情况		
个人防护：安全帽、工作鞋、工作服以及与操作任务危害因素相符的耳塞、手套等劳动保护用品等		
四、检查确认工器具完好		
工器具	完 好 标 准	确认划“√”
绝缘手套	检验合格，无损坏、漏气	
10kV 验电器	检验合格，试验良好，无损坏	
400V 验电笔	检验合格，试验良好，无损坏	
绝缘电阻表	本体及测量导线完好，短接测量示值为“0”	
五、安全技术交底		
值班负责人按照“操作前作业环境风险评估”以及操作中“风险提示”等内容向操作人、监护人进行安全技术交底。 操作人： 监护人：		

确认上述二～五项内容：

管理人员鉴证：值班负责人________ 部门________ 厂级________

六、操作		
操作开始时间：____年___月___日___时___分		
操作任务：1 号机 1A 汽机变（10BFT01GT001）由检修转运行		
顺序	操 作 项 目	确认划“√”
1	**风险提示：**拆除接地线时先拆导体端后拆接地端	
	拆除 1 号机 1A 汽机变（10BFT01GT001）高压侧引出线上接地线一组，编号______	
2	**风险提示：**拆除接地线时先拆导体端后拆接地端	
	拆除 1 号机 1A 汽机变（10BFT01GT001）低压侧引出线上接地线一组，编号______	
3	断开 1 号机 1A 汽机变高压侧开关接地刀闸（10BBA17GS301）	
4	**风险提示：**通过开关后仓出线室观察窗确认接地刀闸三相确已断开	
	检查 1 号机 1A 汽机变高压侧开关接地刀闸（10BBA17GS301）确已断开	

续表

顺序	操 作 项 目	确认划“√”
5	**风险提示**：解中性点接地线前验明汽机变低压侧引出线三相确无电压	
	联系检修人员解开 1 号机 1A 汽机变（10BFT01GT001）低压侧中性点接地线	
6	检查 1 号机 1A 汽机变（10BFT01GT001）低压侧中性点接地线确已断开	
7	验明 1 号机 1A 汽机变（10BFT01GT001）低压侧引出线上三相确无电压，测量三相绝缘合格，绝缘值 AN____，BN____，CN____， AB____，BC____，CA____	
8	**风险提示**：测绝缘前验明汽机变高压侧引出线三相确无电压	
	验明 1 号机 1A 汽机变（10BFT01GT001）高压侧引出线上三相确无电压，测量三相绝缘合格，绝缘值 AN____，BN____，CN____， AB____，BC____，CA____	
9	测量 1 号机 1A 汽机变（10BFT01GT001）本体高对低绝缘合格，绝缘值 Aa____，Bb____，Cc____	
10	联系检修人员恢复 1 号机 1A 汽机变（10BFT01GT001）低压侧中性点接地线	
11	检查 1 号机 1A 汽机变高压侧开关（10BBA17）“远方/就地”切换开关在“就地”位	
12	检查 1 号机 1A 汽机变高压侧开关（10BBA17）已分闸	
13	将 1 号机 1A 汽机变高压侧开关（10BBA17）摇至试验位	
14	插上 1 号机 1A 汽机变高压侧开关（10BBA17）二次插件	
15	合上 1 号机 1A 汽机变高压侧开关（10BBA17）控制电源 QF1	
16	合上 1 号机 1A 汽机变高压侧开关（10BBA17）保护电源 QF2	
17	合上 1 号机 1A 汽机变高压侧开关（10BBA17）储能电源开关 QF3	
18	合上 1 号机 1A 汽机变高压侧开关（10BBA17）照明加热开关 QF4	
19	检查 1 号机 1A 汽机变高压侧开关（10BBA17）综合保护跳闸压板 LP1 已投入	
20	检查 1 号机 1A 汽机变高压侧开关（10BBA17）综合保护投检修状态压板 LP2 已解除	
21	检查 1 号机 1A 汽机变高压侧开关（10BBA17）差动跳闸压板 LP3 已投入	
22	检查 1 号机 1A 汽机变高压侧开关（10BBA17）非电量保护跳闸压板 LP4 已投入	
23	检查 1 号机 1A 汽机变高压侧开关（10BBA17）差动保护投入压板 LP5 已投入	
24	检查 1 号机 1A 汽机变高压侧开关（10BBA17）投差动保护检修状态压板 LP6 已解除	
25	检查 1 号机 1A 汽机变高压侧开关（10BBA17）多功能电表、智能操控装置显示正常	
26	检查 1 号机 1A 汽机变高压侧开关（10BBA17）保护测控装置，差动保护装置显示正常	
27	检查 1 号机 1A 汽机变高压侧开关（10BBA17）已分闸	
28	将 1 号机 1A 汽机变高压侧开关（10BBA17）摇至工作位	
29	检查 1 号机 1A 汽机变高压侧开关（10BBA17）“手储/自储”切换开关在“自储”位	
30	检查 1 号机 1A 汽机变高压侧开关（10BBA17）储能正常	
31	检查 1 号机 1A 汽机变高压侧开关（10BBA17）确已摇至工作位，与 ECMS 状态核对正确	
32	将 1 号机 1A 汽机变高压侧开关（10BBA17）“远方/就地”切换开关切至“远方”位，并与 ECMS 状态核对正确	
33	检查 1 号机汽机 PC 1A 段电源进线开关（10BFA01A）已分闸	
34	检查 1 号机汽机 PC 1A 段电源进线开关（10BFA01A）“远方/就地”切换开关在“就地”位	
35	将 1 号机汽机 PC 1A 段电源进线开关（10BFA01A）摇至试验位	
36	合上 1 号机汽机 PC 1A 段电源进线开关（10BFA01A）控制电源开关 QF1	
37	合上 1 号机汽机 PC 1A 段电源进线开关（10BFA01A）储能电源开关 QF2	

续表

顺序	操　作　项　目	确认划“√”
38	将1号机汽机PC 1A段电源进线开关（10BFA01A）摇至工作位	
39	检查1号机汽机PC 1A段电源进线开关（10BFA01A）高压侧联跳压板LP1已投入	
40	将1号机汽机PC 1A段电源进线开关（10BFA01A）“远方/就地”切换开关切至“远方”位，并与ECMS核对状态正确	
41	退出汽机PC 1A/1B段母联开关（10BFA02A）进线开关联跳压板LP1	
42	合上1号机1A汽机变高压侧开关（10BBA17），进行冲击	
43	检查1号机1A汽机变（10BFT01GT001）充电正常	
44	**风险提示：**电源进线开关和母联开关不允许长时间合环运行	
	合上1号机汽机PC 1A段电源进线开关（10BFA01A）	
45	检查1号机汽机PC 1A段电源进线开关（10BFA01A））确已合好	
46	断开1号机汽机PC 1A/1B段母联开关（10BFA02A）	
47	检查1号机汽机PC 1A/1B段母联开关（10BFA02A）确已分闸	
48	检查1号机汽机PC 1A段母线电压指示正常	
49	投入1号机汽机PC 1A/1B段母联开关（10BFA02A）进线开关联跳压板LP1	
50	将1号机1A汽机变温控器开关（10BFA06D）送至工作位	
51	合上1号机1A汽机变温控器开关（10BFA06D）	
52	检查1号机1A汽机变温控器温度控制器在自动方式，变压器三相温度显示正常	
53	操作完毕，汇报值长	

操作人：__________　　监护人：__________　　值班负责人（值长）：__________

七、回检	确认划“√”
确认操作过程中无跳项、漏项	
核对设备状态正确	
远传信号、指示正常，无报警	
向值班负责人（值长）回令，值班负责人（值长）确认操作完成	

操作结束时间：________年____月____日____时____分

操作人：____________　　监护人：____________

管理人员鉴证：值班负责人______________　部门______________　厂级______________

八、备注

电气操作票

单位：________________ 班组：________________ 编号：____________

操作任务：**1 号机 1A 汽机变（10BFT01GT001）及 1 号机汽机 PC 1A 段母线（10BFA00GL000）由运行转检修**

风险等级：________

一、发令、接令	确认划“√”
核实相关工作票已终结或押回，检查设备、系统运行方式、运行状态具备操作条件	
复诵操作指令确认无误	
根据操作任务风险等级通知相关人员到岗到位	

发令人：__________ 接令人：__________ 发令时间：______年___月___日___时___分

二、操作前作业环境风险评估		
危害因素	预 控 措 施	
走错间隔	操作前核对机组号、设备中文名称及 KKS 编码（或设备编号）	
与带电部位安全距离不足	（1）正确佩戴使用绝缘手套； （2）与 10kV 带电设备裸露部位保持 0.7m 安全距离； （3）不得擅自进入电气危险隔离区域	
三、操作人、监护人互查		确认划“√”
人员状态：工作人员健康状况良好，无酒后、疲劳作业等情况		
个人防护：安全帽、工作鞋、工作服以及与操作任务危害因素相符的耳塞、手套等劳动保护用品等		
四、检查确认工器具完好		
工器具	完 好 标 准	确认划“√”
绝缘手套	检验合格，无损坏、漏气	
10kV 验电器	检验合格，试验良好，无损坏	
400V 验电笔	检验合格，试验良好，无损坏	
接地线	接地线外观及导线夹完好，在有效检验周期内	
五、安全技术交底		
值班负责人按照“操作前作业环境风险评估”以及操作中“风险提示”等内容向操作人、监护人进行安全技术交底。 操作人：　　　　　　　　　监护人：		

确认上述二～五项内容：

管理人员鉴证：值班负责人________________ 部门________________ 厂级________________

六、操作		
操作开始时间：______年___月___日___时___分		
操作任务：1 号机 1A 汽机变（10BFT01GT001）及 1 号机汽机 PC 1A 段母线（10BFA00GL000）由运行转检修		
顺序	操 作 项 目	确认划“√”
1	检查 1 号机汽机 PC 1A 段母线（10BFA00GL000）上所有负荷开关在隔离分闸位	
2	检查 1 号机汽机 PC 1A/1B 段母联开关（10BFA02A）已分闸	
3	在 ECMS 上断开 1 号机汽机 PC 1A 段电源进线开关（10BFA01A）	
4	检查 1 号机汽机 PC 1A 段电源进线开关（10BFA01A）确已分闸	
5	检查 1 号机汽机 PC 1A 段母线电压指示为零	
6	在 ECMS 上断开 1A 汽机变高压侧开关（10BBA17）	
7	检查 1 机 1A 汽机变高压侧开关（10BBA17）确已分闸	

续表

顺序	操　作　项　目	确认划“√”
8	断开 1 机 1A 汽机变温控器开关（10BFA06D）	
9	将 1 机 1A 汽机变温控器开关（10BFA06D）拉至隔离位	
10	将 1 号机汽机 PC 1A 段电源进线开关（10BFA01A）“远方/就地”切换开关切至“就地”位，并与 ECMS 核对状态正确	
11	将 1 号机汽机 PC 1A 段电源进线开关（10BFA01A）摇至试验位	
12	断开 1 号机汽机 PC 1A 段电源进线开关（10BFA01A）控制电源开关 QF1	
13	断开 1 号机汽机 PC 1A 段电源进线开关（10BFA01A）储能电源开关 QF2	
14	将 1 号机汽机 PC 1A 段电源进线开关（10BFA01A）摇至隔离位	
15	将 1 号机汽机 PC 1A/1B 段母联开关（10BFA02A）“远方/就地”切换开关切至“就地”位，并与 ECMS 核对状态正确	
16	将 1 号机汽机 PC 1A/1B 段母联开关（10BFA02A）摇至试验位	
17	断开 1 号机汽机 PC 1A/1B 段母联开关（10BFA02A）控制电源开关 QF1	
18	断开 1 号机汽机 PC 1A/1B 段母联开关（10BFA02A）储能电源开关 QF2	
19	将 1 号机汽机 PC 1A/1B 段母联开关（10BFA02A）摇至隔离位	
20	断开 1 号机汽机 PC 1A 段母线 PT（10BFA08G）控制电源开关 QF1	
21	断开 1 号机汽机 PC 1A 段母线 PT（10BFA08G）母线 A 相电压开关 QF21	
22	断开 1 号机汽机 PC 1A 段母线 PT（10BFA08G）母线 B 相电压开关 QF22	
23	断开 1 号机汽机 PC 1A 段母线 PT（10BFA08G）母线 C 相电压开关 QF23	
24	断开 1 号机汽机 PC 1A 段母线 PT（10BFA08G）一次侧刀闸	
25	取下 1 号机汽机 PC 1A 段母线 PT（10BFA08G）一次侧保险	
26	断开 1 号机汽机房 380V 配电间 1 号直流分屏 1 号机汽机 PC 1A 段 1-9 柜 1101Z-1109Z 开关	
27	检查 1 号机 1A 汽机变高压侧开关（10BBA17）已分闸	
28	将 1 号机 1A 汽机变高压侧开关（10BBA17）“远方/就地”切换开关切至“就地”位置，并与 ECMS 核对状态正确	
29	将 1 号机 1A 汽机变高压侧开关（10BBA17）摇至试验位置	
30	断开 1 号机 1A 汽机变高压侧开关（10BBA17）控制电源开关 QF1	
31	断开 1 号机 1A 汽机变高压侧开关（10BBA17）保护电源开关 QF2	
32	断开 1 号机 1A 汽机变高压侧开关（10BBA17）储能电源开关 QF3	
33	断开 1 号机 1A 汽机变高压侧开关（10BBA17）加热照明电源空开 QF4	
34	验明 1 号机 1A 汽机变高压侧开关出线侧三相确无电压，合上 1 号机 1A 汽机变高压侧开关接地刀闸（10BBA17GS301）	
35	**风险提示：**通过开关后仓出线室观察窗观察确认接地刀闸三相确已合好	
	检查 1 号机 1A 汽机变高压侧开关接地刀闸（10BBA17GS301）三相确已合好	
36	取下 1 号机 1A 汽机变高压侧开关（10BBA17）二次插件	
37	断开 1 号机汽机房 380V 配电间 10kV 段 1 号直流分屏 1A 汽机变开关柜 1117Z 空开	
38	**风险提示：**挂地线前验明 1A 汽机变低压侧引出线三相确无电压，挂地线时先挂接地端后挂导体端	
	验明 1 号机 1A 汽机变（10BFT01GT001）低压侧三相确无电压，在 1A 汽机变低压侧挂一组接地线，编号____	
39	**风险提示：**挂地线前验明 1A 汽机变高压侧引出线三相确无电压，挂地线时先挂接地端后挂导体端	

续表

顺序	操 作 项 目	确认划"√"
39	验明1号机1A汽机变（10BFT01GT001）高压侧三相确无电压，在1A汽机变高压侧挂一组接地线，编号____	
40	**风险提示**：挂地线前验明汽机PC 1A段母线三相确无电压，挂地线时先挂接地端后挂导体端	
	验明1号机汽机PC 1A段母线（10BFA00GL000）三相确无电压，在1号机汽机PC 1A段母线上挂一组接地线，编号____	
41	操作完毕，汇报值长	

操作人：__________　　监护人：__________　　值班负责人（值长）：__________

七、回检	确认划"√"
确认操作过程中无跳项、漏项	
核对设备状态正确	
远传信号、指示正常，无报警	
向值班负责人（值长）回令，值班负责人（值长）确认操作完成	

操作结束时间：________年____月____日____时____分

操作人：__________　　监护人：__________

管理人员鉴证：值班负责人______________　部门______________　厂级______________

八、备注

电 气 操 作 票

单位：________________ 班组：________________ 编号：______________

操作任务：**1 号机 1A 汽机变（10BFT01GT001）及 1 号机汽机 PC 1A 段母线（10BFA00GL000）由检修转运行** 风险等级：________

一、发令、接令	确认划“√”
核实相关工作票已终结或押回，检查设备、系统运行方式、运行状态具备操作条件	
复诵操作指令确认无误	
根据操作任务风险等级通知相关人员到岗到位	

发令人：____________ 接令人：____________ 发令时间：________年____月____日____时____分

二、操作前作业环境风险评估	
危害因素	预 控 措 施
走错间隔	操作前核对机组号、设备中文名称及 KKS 编码（或设备编号）
与带电部位安全距离不足	（1）正确佩戴使用绝缘手套； （2）与 10kV 带电设备裸露部位保持 0.7m 安全距离； （3）不得擅自进入电气危险隔离区域

三、操作人、监护人互查	确认划“√”
人员状态：工作人员健康状况良好，无酒后、疲劳作业等情况	
个人防护：安全帽、工作鞋、工作服以及与操作任务危害因素相符的耳塞、手套等劳动保护用品等	

四、检查确认工器具完好		
工器具	完 好 标 准	确认划“√”
绝缘手套	检验合格，无损坏、漏气等	
10kV 验电器	检验合格，试验良好，无损坏	
400V 验电笔	检验合格，试验良好，无损坏	
绝缘电阻表	本体及测量导线完好，短接测量示值为“0”	

五、安全技术交底
值班负责人按照“操作前作业环境风险评估”以及操作中“风险提示”等内容向操作人、监护人进行安全技术交底。 操作人： 监护人：

确认上述二～五项内容：

管理人员鉴证：值班负责人________________ 部门________________ 厂级________________

六、操作		
操作开始时间：________年____月____日____时____分		
操作任务：1 号机 1A 汽机变（10BFT01GT001）及 1 号机汽机 PC 1A 段母线（10BFA00GL000）由检修转运行		
顺序	操 作 项 目	确认划“√”
1	检查 1 号机 1A 汽机变高压侧开关（10BBA17）在试验分闸位	
2	断开 1 号机 1A 汽机变高压侧开关接地刀闸（10BBA17GS301）	
3	**风险提示：**通过开关后仓出线室观察窗检查确认接地刀闸三相确已断开	
	检查 1 号机 1A 汽机变高压侧开关接地刀闸（10BBA17GS301）已断开	
4	检查 1 号机 1 号机汽机 PC 1A/1B 段母联开关（10BFA02A）在隔离分闸位	
5	检查 1 号机汽机 PC 1A 段工作电源进线开关（10BFA01A）在隔离分闸位	
6	检查 1 号机汽机 PC 1A 段母线（10BFA00GL000）上所有负荷开关在隔离分闸位	

续表

顺序	操 作 项 目	确认划“√”
7	检查 1 号机汽机 PC 1A 段母线 PT（10BFA08G）一次侧保险已取下	
8	检查 1 号机汽机 PC 1A 段母线 PT（10BFA08G）控制电源开关 QF1 已断开	
9	检查 1 号机汽机 PC 1A 段母线 PT（10BFA08G）母线 A 相电压开关 QF21 已断开	
10	检查 1 号机汽机 PC 1A 段母线 PT（10BFA08G）母线 B 相电压开关 QF22 已断开	
11	检查 1 号机汽机 PC 1A 段母线 PT（10BFA08G）母线 C 相电压开关 QF23 已断开	
12	检查 1 号机汽机 PC 1A 段工作电源进线开关（10BFA01A）控制电源开关 QF1 已断开	
13	**风险提示：**拆除接地线时先拆导体端后拆接地端	
	拆除 1 号机 1A 汽机变（10BFT01GT001）本体低压侧接地线一组，编号____	
14	**风险提示：**拆除接地线时先拆导体端后拆接地端	
	拆除 1 号机 1A 汽机变（10BFT01GT001）本体高压侧接地线一组，编号____	
15	**风险提示：**拆除接地线时先拆导体端后拆接地端	
	拆除 1 号机汽机 PC 1A 段母线（10BFA00GL000）接地线一组，编号____	
16	**风险提示：**解中性点接地线前验明 1A 汽机变低压侧引出线三相确无电压	
	联系检修人员解开 1 号机 1A 汽机变低压侧中性点接地线	
17	检查 1 号机 1A 汽机变低压侧中性点接地线确已断开	
18	**风险提示：**测绝缘前验明 1A 汽机变高压侧引出线三相确无电压	
19	验明 1 号机 1A 汽机变（10BFT01GT001）高压侧三相确无电压，测量高压侧三相绝缘合格，绝缘值 AN____，BN____，CN____，AB____，BC____，CA____	
20	验明 1 号机 1A 汽机变（10BFT01GT001）低压侧三相确无电压，测量低压侧三相绝缘合格，绝缘值 AN____，BN____，CN____，AB____，BC____，CA____	
21	测量 1 号机 1A 汽机变本体高压侧对低压侧绝缘合格，绝缘值 Aa____，Bb____，Cc____	
22	联系检修人员恢复 1 号机 1A 汽机变（10BFT01GT001）低压侧中性点接地线	
23	**风险提示：**测绝缘前验明汽机 PC 1A 段母线三相确无电压	
	验明 1 号机汽机 PC 1A 段母线（10BFA00GL000）三相确无电压，测量三相绝缘合格，绝缘值 AN____，BN____，CN____，AB____，BC____，CA____	
24	测量 1 号机汽机 PC 1A 段母线 PT（10BFA08G）一次侧保险阻值合格，阻值 A 相____，B 相____，C 相____	
25	合上 1 号机汽机房 380V 配电间 10kV 段 1 号直流分屏 1 号机 1A 汽机变开关柜 1117Z 空开	
26	检查 1 号机 1A 汽机变高压侧开关（10BBA17）确在断开位置	
27	检查 1 号机 1A 汽机变高压侧开关（10BBA17）二次插件已取下	
28	将 1 号机 1A 汽机变高压侧开关（10BBA17）拉至仓外小车上	
29	测量 1 号机 1A 汽机变高压侧开关（10BBA17）本体绝缘合格，上下触头间绝缘值 AA____，BB____，CC____，上触头绝缘值 AN____，BN____，CN____，AB____，BC____，CA____，下触头绝缘值 AN____，BN____，CN____，AB____，BC____，CA____	
30	检查 1 号机 1A 汽机变高压侧开关（10BBA17）“远方/就地”切换开关在“就地”位	
31	将 1 号机 1A 汽机变高压侧开关（10BBA17）送至试验位	
32	插上 1 号机 1A 汽机变高压侧开关（10BBA17）二次插件	
33	合上 1 号机 1A 汽机变高压侧开关（10BBA17）控制电源开关 QF1	
34	合上 1 号机 1A 汽机变高压侧开关（10BBA17）保护电源开关 QF2	
35	合上 1 号机 1A 汽机变高压侧开关（10BBA17）储能电源开关 QF3	

续表

顺序	操　作　项　目	确认划“√”
36	合上1号机1A汽机变高压侧开关（10BBA17）加热照明电源开关QF4	
37	检查1号机1A汽机变高压侧开关（10BBA17）综合保护跳闸压板LP1已投入	
38	检查1号机1A汽机变高压侧开关（10BBA17）综合保护投检修状态压板LP2已解除	
39	检查1号机1A汽机变高压侧开关（10BBA17）差动跳闸压板LP3已投入	
40	检查1号机1A汽机变高压侧开关（10BBA17）非电量保护跳闸压板LP4已投入	
41	检查1号机1A汽机变高压侧开关（10BBA17）差动保护投入压板LP5已投入	
42	检查1号机1A汽机变高压侧开关（10BBA17）投差动保护检修状态压板LP6已解除	
43	检查1号机1A汽机变高压侧开关（10BBA17）多功能电表、智能操控装置显示正常	
44	检查1号机1A汽机变高压侧开关（10BBA17）保护测控装置，差动保护装置显示正常	
45	将1号机1A汽机变高压侧开关（10BBA17）摇至工作位	
46	检查1号机1A汽机变高压侧开关（10BBA17）“手储/自储”切换开关在“自储”位	
47	检查1号机1A汽机变高压侧开关（10BBA17）储能正常	
48	将1号机1A汽机变高压侧开关（10BBA17）“远方/就地”切换开关切至“远方”位，并与ECMS状态核对正确	
49	合上1号机汽机房380V配电间1号直流分屏1号机汽机PC 1A段1-9柜1101Z-1109Z开关	
50	装上1号机汽机PC 1A段母线PT（10BFA08G）一次侧保险	
51	合上1号机汽机PC 1A段母线PT（10BFA08G）控制电源开关QF1	
52	合上1号机汽机PC 1A段母线PT（10BFA08G）母线A相电压开关QF21	
53	合上1号机汽机PC 1A段母线PT（10BFA08G）母线B相电压开关QF22	
54	合上1号机汽机PC 1A段母线PT（10BFA08G）母线C相电压开关QF23	
55	检查1号机汽机PC 1A段工作电源进线开关（10BFA01A）已分闸	
56	检查1号机汽机PC 1A段工作电源进线开关（10BFA01A）“远方/就地”切换开关在“就地”位	
57	将1号机汽机PC 1A段工作电源进线开关（10BFA01A）摇至试验位	
58	合上1号机汽机PC 1A段工作电源进线开关（10BFA01A）控制电源开关QF1	
59	合上1号机汽机PC 1A段工作电源进线开关（10BFA01A）储能电源开关QF2	
60	将1号机汽机PC 1A段工作电源进线开关（10BFA01A）摇至工作位	
61	检查1号机汽机PC 1A段工作电源进线开关（10BFA01A）高压侧联跳压板LP1已投入	
62	将1号机汽机PC 1A段工作电源进线开关（10BFA01A）“远方/就地”切换开关切至“远方”位，并与ECMS核对状态正确	
63	在ECMS上合上1号机1A汽机变高压侧开关（10BBA17），进行冲击	
64	检查1号机1A汽机变（10BFT01GT001）充电正常	
65	检查1号机汽机PC 1A段工作电源进线开关（10BFA01A）显示三相电压正常	
66	合上1号机汽机PC 1A段电源进线开关（10BFA01A）	
67	检查1号机汽机PC 1A段电源进线开关（10BFA01A）合闸正常	
68	检查1号机汽机PC 1A段母线（10BFA00GL000）电压指示正常	
69	将1号机1A汽机变温控器开关（10BFA06D）送至工作位	
70	合上1号机1A汽机变温控器开关（10BFA06D）	
71	检查1号机1A汽机变温度控制器在自动方式，变压器三相温度显示正常	
72	检查1号机汽机PC 1A段母线各间隔加热器在自动方式运行正常	

续表

顺序	操 作 项 目	确认划“√”
73	检查 1 号机汽机 PC 1A/1B 段母联开关（10BFA02A）已分闸	
74	检查 1 号机汽机 PC 1A/1B 段母联开关（10BFA02A）“远方/就地”切换开关在“就地”位	
75	检查 1 号机汽机 PC 1A/1B 段母联开关（10BFA02A）进线开关联跳压板 LP1 已投入	
76	检查 1 号机汽机 PC 1A/1B 段母联开关（10BFA02A）合闸闭锁解除压板 LP2 已解除	
77	将 1 号机汽机 PC 1A/1B 段母联开关（10BFA02A）摇至试验位	
78	合上 1 号机汽机 PC 1A/1B 段母联开关（10BFA02A）控制电源开关 QF1	
79	合上 1 号机汽机 PC 1A/1B 段母联开关（10BFA02A）储能电源开关 QF2	
80	将 1 号机汽机 PC 1A/1B 段母联开关（10BFA02A）摇至工作位	
81	将 1 号机汽机 PC 1A/1B 段母联开关（10BFA02A）“远方/就地”切换开关切至“远方”位，并与 ECMS 核对状态正确	
82	操作完毕，汇报值长	

操作人：__________　　监护人：__________　　值班负责人（值长）：__________

七、回检	确认划“√”
确认操作过程中无跳项、漏项	
核对设备状态正确	
远传信号、指示正常，无报警	
向值班负责人（值长）回令，值班负责人（值长）确认操作完成	

操作结束时间：________年____月____日____时____分

操作人：____________　　监护人：____________

管理人员鉴证：值班负责人________________　部门________________　厂级________________

八、备注

电气操作票

单位：________________ 班组：________________ 编号：____________

操作任务：**1号机汽机保安MCC 1A段母线（10BMB00GL000）由运行转检修** 风险等级：__________

一、发令、接令	确认划“√”
核实相关工作票已终结或押回，检查设备、系统运行方式、运行状态具备操作条件	
复诵操作指令确认无误	
根据操作任务风险等级通知相关人员到岗到位	

发令人：____________ 接令人：____________ 发令时间：________年____月____日____时____分

二、操作前作业环境风险评估		
危害因素	预 控 措 施	
走错间隔	操作前核对机组号、设备中文名称及KKS编码（或设备编号）	
与带电部位 安全距离不足	（1）正确佩戴使用绝缘手套； （2）不接触带电设备的裸露部位； （3）不得擅自进入电气危险隔离区域	
三、操作人、监护人互查		确认划“√”
人员状态：工作人员健康状况良好，无酒后、疲劳作业等情况		
个人防护：安全帽、工作鞋、工作服以及与操作任务危害因素相符的耳塞、手套等劳动保护用品等		
四、检查确认工器具完好		
工器具	完 好 标 准	确认划“√”
绝缘手套	检验合格，无损坏、漏气等	
400V验电笔	检验合格，试验良好，无损坏	
400V接地线	接地线外观及导线夹完好，在有效检验周期内	
五、安全技术交底		
值班负责人按照“操作前作业环境风险评估”以及操作中“风险提示”等内容向操作人、监护人进行安全技术交底。 操作人： 监护人：		

确认上述二～五项内容：

管理人员鉴证：值班负责人________________ 部门________________ 厂级________________

六、操作		
操作开始时间：________年____月____日____时____分		
操作任务：1号机汽机保安MCC 1A段母线（10BMB00GL000）由运行转检修		
顺序	操 作 项 目	确认划“√”
1	检查1号机汽机保安MCC 1A段母线（10BMB00GL000）所有负荷开关在隔离分闸位	
2	退出1号机柴油发电机联锁开关	
3	检查1号机汽机保安MCC 1A段ATS2双电源切换开关（10BMB02A）在常用电源供电	
4	检查1号机汽机保安MCC 1A段ATS1双电源切换开关（10BMB01A）在常用电源供电	
5	在ECMS上断开1号机汽机保安MCC 1A段电源三开关（10BMA05B）	
6	检查1号机汽机保安MCC 1A段电源三开关（10BMA05B）确已分闸	
7	在ECMS上断开1号机汽机保安MCC 1A段电源二开关（10BFB02B）	

续表

顺序	操 作 项 目	确认划“√”
8	检查 1 号机汽机保安 MCC 1A 段电源二开关（10BFB02B）确已分闸	
9	在 ECMS 上断开 1 号机汽机保安 MCC 1A 段电源一开关（10BFA09B）	
10	检查 1 号机汽机保安 MCC 1A 段电源一开关（10BFA09B）确已分闸	
11	检查 1 号机汽机保安 MCC 1A 段母线（10BMB00GL000）电压指示为零	
12	将 1 号机汽机保安 MCC 1A 段电源一开关（10BFA09B）“远方/就地”切换开关切至“就地”位，并与 ECMS 状态核对状态正确	
13	将 1 号机汽机保安 MCC 1A 段电源一开关（10BFA09B）摇至隔离位	
14	断开 1 号机汽机保安 MCC 1A 段电源一开关（10BFA09B）控制电源开关 QF1	
15	断开 1 号机汽机保安 MCC 1A 段电源一开关（10BFA09B）储能电源开关 QF2	
16	检查 1 号机汽机保安 MCC 1A 段电源二开关（10BFB02B）已分闸	
17	将 1 号机汽机保安 MCC 1A 段电源二开关（10BFB02B）“远方/就地”切换开关切至“就地”位，并与 ECMS 状态核对状态正确	
18	将 1 号机汽机保安 MCC 1A 段电源二开关（10BFB02B）摇至隔离位	
19	断开 1 号机汽机保安 MCC 1A 段电源二开关（10BFB02B）控制电源开关 QF1	
20	断开 1 号机汽机保安 MCC 1A 段电源二开关（10BFB02B）储能电源开关 QF2	
21	检查 1 号机汽机保安 MCC 1A 段电源三开关（10BMA05B）已分闸	
22	将 1 号机汽机保安 MCC 1A 段电源三开关（10BMA05B）“远方/就地”切换开关切至“就地”位，并与 ECMS 状态核对状态正确	
23	将 1 号机汽机保安 MCC 1A 段电源三开关（10BMA05B）摇至隔离位	
24	断开 1 号机汽机保安 MCC 1A 段电源三开关（10BMA05B）控制电源开关 QF1	
25	断开 1 号机汽机保安 MCC 1A 段电源三开关（10BMA05B）储能电源开关 QF2	
26	断开 1 号机汽机保安 MCC 1A 段母线 PT（10BMB08G）控制电源开关 QF1	
27	断开 1 号机汽机保安 MCC 1A 段母线 PT（10BMB08G）母线 A 相电压开关 QF21	
28	断开 1 号机汽机保安 MCC 1A 段母线 PT（10BMB08G）母线 B 相电压开关 QF22	
29	断开 1 号机汽机保安 MCC 1A 段母线 PT（10BMB08G）母线 C 相电压开关 QF23	
30	断开 1 号机汽机保安 MCC 1A 段母线 PT（10BMB08G）一次刀闸	
31	取下 1 号机汽机保安 MCC 1A 段母线 PT（10BMB08G）一次侧保险	
32	断开 1 号机汽机房配电间 1 号直流分屏 1 号机汽机保安 MCC 1A 段 1125Z-1132Z 开关	
33	**风险提示**：挂地线前验明汽机保安 MCC 1A 段母线三相确无电压，挂地线时先挂接地端后挂导体端	
	在 1 号机汽机保安 MCC 1A 段 1 号柜后柜验明 1 号机汽机保安 MCC 1A 段母线（10BMB00GL000）三相无电压，在 1 号机汽机保安 MCC 1A 段母线（10BMB00GL000）上挂一组接地线，编号____	
34	操作完毕，汇报值长	

操作人：__________　　监护人：__________　　值班负责人（值长）：__________

七、回检	确认划“√”
确认操作过程中无跳项、漏项	
核对设备状态正确	
远传信号、指示正常，无报警	
向值班负责人（值长）回令，值班负责人（值长）确认操作完成	

操作结束时间：________年____月____日____时____分

操作人：____________　　　　　　　　监护人：____________

管理人员鉴证：值班负责人________________　部门________________　厂级________________

八、备注

电 气 操 作 票

单位：______________ 班组：______________ 编号：____________

操作任务：**1 号机汽机保安 MCC 1A 段母线（10BMB00GL000）由检修转运行** 风险等级：________

一、发令、接令	确认划“√”
核实相关工作票已终结或押回，检查设备、系统运行方式、运行状态具备操作条件	
复诵操作指令确认无误	
根据操作任务风险等级通知相关人员到岗到位	

发令人：__________ 接令人：__________ 发令时间：_______年___月___日___时___分

二、操作前作业环境风险评估	
危害因素	预 控 措 施
走错间隔	操作前核对机组号、设备中文名称及 KKS 编码（或设备编号）
与带电部位安全距离不足	（1）正确佩戴使用绝缘手套； （2）不接触带电设备的裸露部位； （3）不得擅自进入电气危险隔离区域

三、操作人、监护人互查	确认划“√”
人员状态：工作人员健康状况良好，无酒后、疲劳作业等情况	
个人防护：安全帽、工作鞋、工作服以及与操作任务危害因素相符的耳塞、手套等劳动保护用品等	

四、检查确认工器具完好		
工器具	完 好 标 准	确认划“√”
绝缘手套	检验合格，无损坏、漏气等	
400V 验电笔	检验合格，试验良好，无损坏	
绝缘电阻表	本体及测量导线完好，短接测量示值为“0”	

五、安全技术交底
值班负责人按照“操作前作业环境风险评估”以及操作中“风险提示”等内容向操作人、监护人进行安全技术交底。 操作人： 监护人：

确认上述二～五项内容：

管理人员鉴证：值班负责人______________ 部门______________ 厂级______________

六、操作		
操作开始时间：_______年___月___日___时___分		
操作任务：1 号机汽机保安 MCC 1A 段母线（10BMB00GL000）由检修转运行		
顺序	操 作 项 目	确认划“√”
1	检查 1 号机汽机保安 MCC 1A 段电源三开关（10BMA05B）隔离分闸位	
2	检查 1 号机汽机保安 MCC 1A 段电源二开关（10BFB02B）隔离分闸位	
3	检查 1 号机汽机保安 MCC 1A 段电源一开关（10BFA09B）隔离分闸位	
4	检查 1 号机汽机保安 MCC 1A 段母线（10BMB00GL000）所有负荷开关在隔离分闸位	
5	**风险提示：**拆除接地线时先拆导体端后拆接地端	
	拆除 1 号机汽机保安 MCC 1A 段母线（10BMB00GL000）接地线一组，编号____	
6	**风险提示：**测绝缘前使用验电器验明 ATS1 常用电源电缆侧三相确无电压	
	在 1 号机汽机保安 MCC 1A 段 ATS1 双电源切换开关（10BMB01A）常用电源电缆侧端头验明三相确无电压，测量三相电缆绝缘合格，绝缘值 AN____，BN____，CN____，AB____，BC____，CA____	

续表

顺序	操 作 项 目	确认划“√”
7	**风险提示：**测绝缘前使用验电器验明 ATS1 备用电源电缆侧三相确无电压	
	在 1 号机汽机保安 MCC 1A 段 ATS1 双电源切换开关（10BMB01B）备用电源电缆侧端头验明三相确无电压，测量三相电缆绝缘合格，绝缘值 AN____，BN____，CN____，AB____，BC____，CA____	
8	**风险提示：**测绝缘前使用验电器验明 ATS2 备用电源电缆侧三相确无电压	
	在 1 号机汽机保安 MCC 1A 段 ATS2 双电源切换开关（10BMB02B）备用电源电缆侧端头验明三相确无电压，测量三相电缆绝缘合格，绝缘值 AN____，BN____，CN____，AB____，BC____，CA____	
9	检查 1 号机汽机保安 MCC 1A 段母线 PT（10BMB08G）控制电源开关 QF1 已断开	
10	检查 1 号机汽机保安 MCC 1A 段母线 PT（10BMB08G）母线 A 相电压开关 QF21 已断开	
11	检查 1 号机汽机保安 MCC 1A 段母线 PT（10BMB08G）母线 B 相电压开关 QF22 已断开	
12	检查 1 号机汽机保安 MCC 1A 段母线 PT（10BMB08G）母线 C 相电压开关 QF23 已断开	
13	检查 1 号机汽机保安 MCC 1A 段母线 PT（10BMB08G）一次刀闸已断开	
14	检查 1 号机汽机保安 MCC 1A 段母线 PT（10BMB08G）一次侧保险已取下	
15	验明 1 号机汽机保安 MCC 1A 段母线（10BMB00GL000）三相确无电压，测量三相绝缘合格，绝缘值 AN_____，BN_____，CN_____，AB_____，BC_____，CA____	
16	测量 1 号机汽机保安 MCC 1A 段母线 PT(10BMB08G)一次侧保险阻值合格，阻值 A 相_____，B 相_____，C 相____	
17	合上 1 号汽机房配电间 1 号直流分屏 1 号机汽机保安 MCC 1A 段 1125Z-1132Z 开关	
18	装上 1 号机汽机保安 MCC 1A 段母线 PT（10BMB08G）一次侧保险	
19	合上 1 号机汽机保安 MCC 1A 段母线 PT（10BMB08G）一次刀闸	
20	合上 1 号机汽机保安 MCC 1A 段母线 PT（10BMB08G）控制电源开关 QF1	
21	合上 1 号机汽机保安 MCC 1A 段母线 PT（10BMB08G）母线 A 相电压开关 QF21	
22	合上 1 号机汽机保安 MCC 1A 段母线 PT（10BMB08G）母线 B 相电压开关 QF22	
23	合上 1 号机汽机保安 MCC 1A 段母线 PT（10BMB08G）母线 C 相电压开关 QF23	
24	检查 1 号机汽机保安 MCC 1A 段电源一开关（10BFA09B）已分闸	
25	检查 1 号机汽机保安 MCC 1A 段电源一开关（10BFA09B）“远方/就地”切换开关在“就地”位	
26	将 1 号机汽机保安 MCC 1A 段电源一开关（10BFA09B）摇至试验位	
27	合上 1 号机汽机保安 MCC 1A 段电源一开关（10BFA09B）控制电源开关 QF1	
28	合上 1 号机汽机保安 MCC 1A 段电源一开关（10BFA09B）储能电源开关 QF2	
29	将 1 号机汽机保安 MCC 1A 段电源一开关（10BFA09B）摇至工作位	
30	将 1 号机汽机保安 MCC 1A 段电源一开关（10BFA09B）“远方/就地”切换开关在“远方”位	
31	检查 1 号机汽机保安 MCC 1A 段电源二开关（10BFB02B）已分闸	
32	检查 1 号机汽机保安 MCC 1A 段电源二开关（10BFB02B）“远方/就地”切换开关在“就地”位	
33	将 1 号机汽机保安 MCC 1A 段电源二开关（10BFB02B）摇至试验位	
34	合上 1 号机汽机保安 MCC 1A 段电源二开关（10BFB02B）控制电源开关 QF1	
35	合上 1 号机汽机保安 MCC 1A 段电源二开关（10BFB02B）储能电源开关 QF2	
36	将 1 号机汽机保安 MCC 1A 段电源二开关（10BFB02B）摇至工作位	
37	将 1 号机汽机保安 MCC 1A 段电源二开关（10BFB02B）“远方/就地”切换开关在“远方”位	

续表

顺序	操 作 项 目	确认划“√”
38	检查1号机汽机保安MCC 1A段电源三开关（10BMA05B）已分闸	
39	检查1号机汽机保安MCC 1A段电源三开关（10BMA05B）“远方/就地”切换开关在“就地”位	
40	将1号机汽机保安MCC 1A段电源三开关（10BMA05B）摇至试验位	
41	合上1号机汽机保安MCC 1A段电源三开关（10BMA05B）控制电源开关QF1	
42	合上1号机汽机保安MCC 1A段电源三开关（10BMA05B）储能电源开关QF2	
43	将1号机汽机保安MCC 1A段电源三开关（10BMA05B）摇至工作位	
44	将1号机汽机保安MCC 1A段电源三开关（10BMA05B）“远方/就地”切换开关在“远方”位	
45	检查1号机汽机保安MCC 1A段ATS2双电源切换开关（10BMB02A）在常用电源供电	
46	检查1号机汽机保安MCC 1A段ATS1双电源切换开关（10BMB01A）在常用电源供电	
47	在ECMS上合上1号机汽机保安MCC 1A段电源一开关（10BFA09B）	
48	检查1号机汽机保安MCC 1A段电源一开关（10BFA09B）确已合好	
49	检查1号机汽机保安MCC 1A段母线（10BMB00GL000）电压指示正常	
50	在ECMS上合上1号机汽机保安MCC 1A段电源二开关（10BFB02B）	
51	检查1号机汽机保安MCC 1A段电源二开关（10BFB02B）确已合好	
52	在ECMS上合上1号机汽机保安MCC 1A段电源三开关（10BMA05B）	
53	检查1号机汽机保安MCC 1A段电源三开关（10BMA05B）确已合好	
54	投入1号机柴油发电机联锁开关	
55	操作完毕，汇报值长	

操作人：__________ 监护人：__________ 值班负责人（值长）：__________

七、回检	确认划“√”
确认操作过程中无跳项、漏项	
核对设备状态正确	
远传信号、指示正常，无报警	
向值班负责人（值长）回令，值班负责人（值长）确认操作完成	

操作结束时间：______年___月___日___时___分

操作人：__________ 监护人：__________

管理人员鉴证：值班负责人__________ 部门__________ 厂级__________

八、备注

电气操作票

单位：________ 班组：________ 编号：________

操作任务：**1号机汽机MCC 1A段母线（10BJA00GL001）由运行转检修** 风险等级：________

一、发令、接令	确认划“√”
核实相关工作票已终结或押回，检查设备、系统运行方式、运行状态具备操作条件	
复诵操作指令确认无误	
根据操作任务风险等级通知相关人员到岗到位	

发令人：________ 接令人：________ 发令时间：____年__月__日__时__分

二、操作前作业环境风险评估	
危害因素	预 控 措 施
走错间隔	操作前核对机组号、设备中文名称及KKS编码（或设备编号）
与带电部位安全距离不足	（1）正确佩戴使用绝缘手套； （2）不接触带电设备的裸露部位； （3）不得擅自进入电气危险隔离区域

三、操作人、监护人互查	确认划“√”
人员状态：工作人员健康状况良好，无酒后、疲劳作业等情况	
个人防护：安全帽、工作鞋、工作服以及与操作任务危害因素相符的耳塞、手套等劳动保护用品等	

四、检查确认工器具完好		
工器具	完 好 标 准	确认划“√”
绝缘手套	检验合格，无损坏、漏气等	
400V验电笔	检验合格，试验良好，无损坏	
接地线	接地线外观及导线夹完好，在有效检验周期内	

五、安全技术交底
值班负责人按照“操作前作业环境风险评估”以及操作中“风险提示”等内容向操作人、监护人进行安全技术交底。 操作人： 监护人：

确认上述二～五项内容：

管理人员鉴证：值班负责人________ 部门________ 厂级________

六、操作		
操作开始时间：____年__月__日__时__分		
操作任务：1号机汽机MCC 1A段母线（10BJA00GL001）由运行转检修		
顺序	操 作 项 目	确认划“√”
1	检查1号机汽机MCC 1A段母线（10BJA00GL001）所有负荷开关在隔离分闸位	
2	断开1号机汽机MCC 1A段电源二开关（10BFB03B）	
3	检查1号机汽机MCC 1A段电源二开关（10BFB03B）确已分闸	
4	断开1号机汽机MCC 1A段电源一开关（10BFA03B）	
5	检查1号机汽机MCC 1A段电源一开关（10BFA03B）确已分闸	
6	检查1号机汽机MCC 1A段母线（10BJA00GL001）电压指示为零	
7	将1号机汽机MCC 1A段电源一开关（10BFA03B）“远方/就地”切换开关切至“就地”位，并与ECMS状态核对状态正确	
8	将1号机汽机MCC 1A段电源一开关（10BFA03B）摇至试验位	

续表

顺序	操 作 项 目	确认划“√”
9	断开1号机汽机MCC 1A段电源一开关（10BFA03B）控制电源开关QF1	
10	断开1号机汽机MCC 1A段电源一开关（10BFA03B）储能电源开关QF2	
11	将1号机汽机MCC 1A段电源一开关（10BFA03B）摇至隔离位	
12	检查1号机汽机MCC 1A段电源二开关（10BFB03B）已分闸	
13	将1号机汽机MCC 1A段电源二开关（10BFB03B）“远方/就地”切换开关切至“就地”位，并与ECMS状态核对状态正确	
14	将1号机汽机MCC 1A段电源二开关（10BFB03B）摇至试验位	
15	断开1号机汽机MCC 1A段电源二开关（10BFB03B）控制电源开关QF1	
16	断开1号机汽机MCC 1A段电源二开关（10BFB03B）储能电源开关QF2	
17	将1号机汽机MCC 1A段电源二开关（10BFB03B）摇至隔离位	
18	断开1号机汽机MCC 1A段母线PT（10BJA09G）直流电源开关QF1	
19	断开1号机汽机MCC 1A段母线PT（10BJA09G）母线A相电压开关QF21	
20	断开1号机汽机MCC 1A段母线PT（10BJA09G）母线B相电压开关QF22	
21	断开1号机汽机MCC 1A段母线PT（10BJA09G）母线C相电压开关QF23	
22	断开1号机汽机MCC 1A段母线PT（10BJA09G）一次侧刀闸	
23	取下1号机汽机MCC 1A段母线PT（10BJA09G）一次侧保险	
24	断开1号机汽机房MCC配电间1号直流分屏汽机MCC 1A段01—09柜1101Z—1109Z开关	
25	**风险提示：**挂地线前验明汽机MCC 1A段母线三相确无电压，挂地线时先挂接地端后挂导体端	
	验明1号机汽机MCC 1A段母线（10BJA00GL001）三相无电压，在1号机汽机MCC 1A段母线（10BJA00GL001）上挂一组接地线，编号（　　　）	
26	操作完毕，汇报值长	

操作人：__________　　监护人：__________　　值班负责人（值长）：__________

七、回检	确认划“√”
确认操作过程中无跳项、漏项	
核对设备状态正确	
远传信号、指示正常，无报警	
向值班负责人（值长）回令，值班负责人（值长）确认操作完成	

操作结束时间：______年___月___日___时___分

操作人：__________　　监护人：__________

管理人员鉴证：值班负责人__________　部门__________　厂级__________

八、备注

电 气 操 作 票

单位：________________ 班组：________________ 编号：______________

操作任务：1号机汽机MCC 1A段母线（10BJA00GL000）由检修转运行 风险等级：____________

一、发令、接令	确认划“√”
核实相关工作票已终结或押回，检查设备、系统运行方式、运行状态具备操作条件	
复诵操作指令确认无误	
根据操作任务风险等级通知相关人员到岗到位	

发令人：____________ 接令人：____________ 发令时间：________年____月____日____时____分

二、操作前作业环境风险评估		
危害因素	预 控 措 施	
走错间隔	操作前核对机组号、设备中文名称及KKS编码（或设备编号）	
与带电部位安全距离不足	（1）正确佩戴使用绝缘手套； （2）不接触带电设备的裸露部位； （3）不得擅自进入电气危险隔离区域	
三、操作人、监护人互查		确认划“√”
人员状态：工作人员健康状况良好，无酒后、疲劳作业等情况		
个人防护：安全帽、工作鞋、工作服以及与操作任务危害因素相符的耳塞、手套等劳动保护用品等		
四、检查确认工器具完好		
工器具	完 好 标 准	确认划“√”
绝缘手套	检验合格，无损坏、漏气等	
400V验电笔	检验合格，试验良好，无损坏	
绝缘电阻表	本体及测量导线完好，短接测量示值为“0”	
五、安全技术交底		
值班负责人按照“操作前作业环境风险评估”以及操作中“风险提示”等内容向操作人、监护人进行安全技术交底。 操作人： 监护人：		

确认上述二～五项内容：

管理人员鉴证：值班负责人________________ 部门________________ 厂级________________

六、操作		
操作开始时间：________年____月____日____时____分		
操作任务：1号机汽机MCC 1A段母线（10BJA00GL000）由检修转运行		
顺序	操 作 项 目	确认划“√”
1	**风险提示：**拆除接地线时先拆导体端后拆接地端	
	拆除1号机汽机MCC 1A段母线（10BJA00GL000）接地线一组，编号____	
2	检查1号机汽机MCC 1A段电源一开关（10BFA03B）隔离分闸位	
3	检查1号机汽机MCC 1A段电源二开关（10BFB03B）隔离分闸位	
4	检查1号机汽机MCC 1A段母线（10BJA00GL000）所有负荷开关在隔离位分闸	
5	检查1号机汽机MCC 1A段母线PT（10BJA09G）一次侧保险已取下	
6	检查1号机汽机MCC 1A段母线PT（10BJA09G）直流电源开关QF1已断开	
7	检查1号机汽机MCC 1A段母线PT（10BJA09G）母线A相电压开关QF21已断开	

续表

顺序	操 作 项 目	确认划“√”
8	检查 1 号机汽机 MCC 1A 段母线 PT（10BJA09G）母线 B 相电压开关 QF22 已断开	
9	检查 1 号机汽机 MCC 1A 段母线 PT（10BJA09G）母线 C 相电压开关 QF23 已断开	
10	**风险提示：**测绝缘前使用验电器验明电源一开关电缆侧三相确无电压	
	在 1 号机汽机 MCC 1A 段电源一开关（10BFA03B）下端头电缆侧验明三相确无电压，测量三相电缆绝缘合格，绝缘值 AN____，BN____，CN____， AB____，BC____，CA____	
11	**风险提示：**测绝缘前使用验电器验明电源二开关电缆侧三相确无电压	
	在 1 号机汽机 MCC 1A 段电源二开关（10BFB03B）下端头电缆侧验明三相确无电压，测量三相电缆绝缘合格，绝缘值 AN____，BN____，CN____，AB____，BC____，CA____	
12	**风险提示：**测绝缘前使用验电器验明母线三相确无电压	
	验明 1 号机汽机 MCC 1A 段母线（10BJA00GL000）三相确无电压，测量三相绝缘合格，绝缘值 AN____，BN____，CN____， AB____，BC____，CA____	
13	测量 1 号机汽机 MCC 1A 段母线 PT（10BJA09G）一次侧保险阻值合格，阻值为 A 相____，B 相____，C 相____	
14	合上 1 号机汽机房 MCC 配电间 1 号直流分屏汽机 MCC 1A 段 01—09 柜 1101Z—1109Z 空开	
15	装上 1 号机汽机 MCC 1A 段母线 PT（10BJA09G）一次侧保险	
16	合上 1 号机汽机 MCC 1A 段母线 PT（10BJA09G）一次刀闸	
17	合上 1 号机汽机 MCC 1A 段母线 PT（10BJA09G）母线 A 相电压开关 QF21	
18	合上 1 号机汽机 MCC 1A 段母线 PT（10BJA09G）母线 B 相电压开关 QF22	
19	合上 1 号机汽机 MCC 1A 段母线 PT（10BJA09G）母线 C 相电压开关 QF23	
20	合上 1 号机汽机 MCC 1A 段母线 PT（10BJA09G）直流电源开关 QF1	
21	检查 1 号机汽机 MCC 1A 段电源一开关（10BFA03B）已分闸	
22	检查 1 号机汽机 MCC 1A 段电源一开关（10BFA03B）“远方/就地”切换开关在“就地”位	
23	将 1 号机汽机 MCC 1A 段电源一开关（10BFA03B）摇至试验位	
24	合上 1 号机汽机 MCC 1A 段电源一开关（10BFA03B）控制电源开关 QF1	
25	合上 1 号机汽机 MCC 1A 段电源一开关（10BFA03B）储能电源开关 QF2	
26	将 1 号机汽机 MCC 1A 段电源一开关（10BFA03B）摇至工作位	
27	将 1 号机汽机 MCC 1A 段电源一开关（10BFA03B）“远方/就地”切换开关切至“远方”位，并与 ECMS 核对状态正确	
28	检查 1 号机汽机 MCC 1A 段电源二开关（10BFB03B）已分闸	
29	检查 1 号机汽机 MCC 1A 段电源二开关（10BFB03B）“远方/就地”切换开关切在“就地”位	
30	将 1 号机汽机 MCC 1A 段电源二开关（10BFB03B）摇至试验位	
31	合上 1 号机汽机 MCC 1A 段电源二开关（10BFB03B）控制电源开关 QF1	
32	合上 1 号机汽机 MCC 1A 段电源二开关（10BFB03B）储能电源开关 QF2	
33	将 1 号机汽机 MCC 1A 段电源二开关（10BFB03B）摇至工作位	
34	将 1 号机汽机 MCC 1A 段电源二开关（10BFB03B）“远方/就地”切换开关切至“远方”位，并与 ECMS 核对状态正确	
35	检查 1 号机汽机 MCC 1A 段双电源切换开关（10BJA01A）在常用电源供电	
36	在 ECM 上合上 1 号机汽机 MCC 1A 段电源一开关（10BFA03B）	
37	检查 1 号机汽机 MCC 1A 段电源一开关（10BFA03B）确已合好	

续表

顺序	操 作 项 目	确认划“√”
38	检查1号机汽机 MCC 1A 段母线（10BJA00GL000）电压指示正常	
39	合上1号机汽机 MCC 1A 段电源二开关（10BFB03B）	
40	检查1号机汽机 MCC 1A 段电源二开关（10BFB03B）确已合好	
41	操作完毕，汇报值长	

操作人：__________ 监护人：__________ 值班负责人（值长）：__________

七、回检	确认划“√”
确认操作过程中无跳项、漏项	
核对设备状态正确	
远传信号、指示正常，无报警	
向值班负责人（值长）回令，值班负责人（值长）确认操作完成	

操作结束时间：________年____月____日____时____分

操作人：____________ 监护人：____________

管理人员鉴证：值班负责人______________ 部门______________ 厂级______________

八、备注

电气操作票

单位：______________ 班组：______________ 编号：____________

操作任务：**1号机110V直流Ⅰ段母线由冷备用转运行** 风险等级：________

一、发令、接令	确认划“√”
核实相关工作票已终结或押回，检查设备、系统运行方式、运行状态具备操作条件	
复诵操作指令确认无误	
根据操作任务风险等级通知相关人员到岗到位	

发令人：__________ 接令人：__________ 发令时间：______年___月___日___时___分

二、操作前作业环境风险评估		
危害因素	预 控 措 施	
走错间隔	操作前核对机组号、设备中文名称及KKS编码（或设备编号）	
与带电部位安全距离不足	（1）正确佩戴使用绝缘手套； （2）不接触带电设备的裸露部位； （3）不得擅自进入电气危险隔离区域	
三、操作人、监护人互查		确认划“√”
人员状态：工作人员健康状况良好，无酒后、疲劳作业等情况		
个人防护：安全帽、工作鞋、工作服以及与操作任务危害因素相符的耳塞、手套等劳动保护用品等		
四、检查确认工器具完好		
工器具	完 好 标 准	确认划“√”
绝缘手套	检验合格，无损坏、漏气	
验电器	检验合格，试验良好，无损坏	
五、安全技术交底		
值班负责人按照“操作前作业环境风险评估”以及操作中“风险提示”等内容向操作人、监护人进行安全技术交底。 操作人： 监护人：		

确认上述二～五项内容：

管理人员鉴证：值班负责人______________ 部门 ____________ 厂级______________

六、操作		
操作开始时间：______年___月___日___时___分		
操作任务：1号机110V直流Ⅰ段母线由冷备用转运行		
顺序	操 作 项 目	确认划“√”
1	检查1号机110V直流Ⅰ段母线上所有负荷馈线开关确已断开	
2	检查1号机110V直流Ⅰ段充电机输出至1段母线开关11ZK已断开	
3	检查1号机110V直流Ⅰ段充电机输出至1组蓄电池开关12ZK已断开	
4	检查1号机110V直流Ⅰ/Ⅱ段母线联络开关ZK已断开	
5	检查1号机110V直流Ⅰ段母线蓄电池组输出开关13ZK已断开	
6	检查1号机110V直流Ⅰ段蓄电池放电开关14ZK已断开	
7	检查1号机110V直流Ⅰ段充电柜后柜交流配电单元转换开关在“互投”位置	
8	检查1号机110V直流Ⅰ段充电柜后柜内1号交流进线开关11JK已断开	
9	检查1号机110V直流Ⅰ段充电柜后柜内2号交流进线开关12JK已断开	

续表

顺序	操 作 项 目	确认划"√"
10	检查1号机110V直流Ⅰ段充电柜后柜内防雷器进线开关已断开	
11	**风险提示：**测绝缘前验明1号机110V直流Ⅰ段母线确无电压	
	验明1号机110V直流Ⅰ段母线确无电压，测量1号机110V直流Ⅰ段母线绝缘合格，绝缘值正极对地_____，负极对地_____，相间_____	
12	检查1号机110V直流Ⅰ段充电器柜电源一开关（10BMB05D）在隔离分闸位	
13	**风险提示：**测绝缘前在1号机110V直流Ⅰ段充电器柜电源一开关后仓负荷侧验明三相无电压	
	验明1号机110V直流Ⅰ段充电器柜电源一开关（10BMB05D）后仓负荷侧三相无电压，测量其负荷侧三相绝缘值合格，AN_____，BN_____，CN_____，AB_____，BC_____，CA_____	
14	将1号机110V直流Ⅰ段充电器柜电源一开关（10BMB05D）送至工作位	
15	合上1号机110V直流Ⅰ段充电器柜电源一开关（10BMB05D）	
16	检查1号机110V直流Ⅰ段充电器柜电源二开关（10BMC05D）在隔离分闸位	
17	**风险提示：**测绝缘前在1号机110V直流Ⅰ段充电器柜电源二开关后仓负荷侧验明三相无电压	
	验明1号机110V直流Ⅰ段充电器柜电源二开关（10BMC05D）后仓负荷侧三相无电压，测量其负荷侧三相绝缘值合格，AN_____，BN_____，CN_____，AB_____，BC_____，CA_____	
18	将1号机110V直流Ⅰ段充电器柜电源二开关（10BMC05D）送至工作位	
19	合上1号机110V直流Ⅰ段充电器柜电源二开关（10BMC05D）	
20	合上1号机110V直流Ⅰ段充电柜后柜内1号交流进线开关11JK	
21	合上1号机110V直流Ⅰ段充电柜后柜内2号交流进线开关12JK	
22	合上1号机110V直流Ⅰ段充电柜后柜内防雷器进线开关	
23	合上1号机110V直流Ⅰ段充电柜后柜内风扇进线开关	
24	合上1号机110V直流Ⅰ段馈线柜后柜内防雷器进线开关	
25	合上1号机110V直流Ⅰ段充电柜充电模块电源空开1MK1—1MK9	
26	检查1号机110V直流Ⅰ段各充电模块运行正常	
27	合上1号机110V直流Ⅰ段充电机输出至1段母线开关11ZK	
28	检查1号机110V直流Ⅰ段母线电压正常，电流指示正常	
29	合上1号机110V直流Ⅰ段母线蓄电池组输出开关13ZK	
30	检查1号机110V直流Ⅰ段集中监控器、直流绝缘监察装置显示正常，无异常报警	
31	检查1号机110V直流Ⅰ段蓄电池组运行正常，且在浮充电状态	
32	操作结束，汇报值长	

操作人：__________　　监护人：__________　　值班负责人（值长）：__________

七、回检	确认划"√"
确认操作过程中无跳项、漏项	
核对设备状态正确	
远传信号、指示正常，无报警	
向值班负责人（值长）回令，值班负责人（值长）确认操作完成	

操作结束时间：________年____月____日____时____分

操作人：____________　　监护人：____________

管理人员鉴证：值班负责人________________　部门________________　厂级________________

八、备注

电气操作票

单位：________ 班组：________ 编号：________

操作任务：**1号机110V直流Ⅰ段母线由运行转冷备用** 风险等级：________

一、发令、接令	确认划“√”
核实相关工作票已终结或押回，检查设备、系统运行方式、运行状态具备操作条件	
复诵操作指令确认无误	
根据操作任务风险等级通知相关人员到岗到位	

发令人：________ 接令人：________ 发令时间：____年___月___日___时___分

二、操作前作业环境风险评估		
危害因素	预 控 措 施	
走错间隔	操作前核对机组号、设备中文名称及KKS编码（或设备编号）	
与带电部位 安全距离不足	（1）正确佩戴使用绝缘手套； （2）不接触带电设备的裸露部位； （3）不得擅自进入电气危险隔离区域	
三、操作人、监护人互查		确认划“√”
人员状态：工作人员健康状况良好，无酒后、疲劳作业等情况		
个人防护：安全帽、工作鞋、工作服以及与操作任务危害因素相符的耳塞、手套等劳动保护用品等		
四、检查确认工器具完好		
工器具	完 好 标 准	确认划“√”
无		
五、安全技术交底		
值班负责人按照“操作前作业环境风险评估”以及操作中“风险提示”等内容向操作人、监护人进行安全技术交底。 操作人： 监护人：		

确认上述二～五项内容：

管理人员鉴证：值班负责人________ 部门________ 厂级________

六、操作		
操作开始时间：____年___月___日___时___分		
操作任务：1号机110V直流Ⅰ段母线由运行转冷备用		
顺序	操 作 项 目	确认划“√”
1	检查1号机110V直流Ⅰ段母线上所有负荷馈线开关确已断开	
2	检查1号机110V直流Ⅰ/Ⅱ段母线联络开关ZK确已断开	
3	断开1号机110V直流Ⅰ段母线蓄电池组输出开关13ZK	
4	检查1号机110V直流Ⅰ段母线蓄电池已退出运行	
5	断开1号机110V直流Ⅰ段充电机输出至1段母线开关11ZK	
6	断开1号机110V直流Ⅰ段充电柜充电模块电源空开1MK1—1MK9	
7	检查1号机110V直流Ⅰ段各充电模块已退出运行	
8	断开1号机110V直流Ⅰ段充电柜后柜内1号交流进线开关11JK	
9	断开1号机110V直流Ⅰ段充电柜后柜内2号交流进线开关12JK	
10	断开1号机110V直流Ⅰ段充电柜后柜内防雷器进线开关	

续表

顺序	操 作 项 目	确认划“√”
11	断开 1 号机 110V 直流 I 段充电柜后柜内风扇进线开关	
12	断开 1 号机 110V 直流 I 段馈线柜后柜内防雷器进线开关	
13	检查 1 号机 110V 直流 I 段母线电压表、电流表指示为零	
14	断开 1 号机 110V 直流 I 段充电器柜电源一开关（10BMB05D）	
15	将 1 号机 110V 直流 I 段充电器柜电源一开关（10BMB05D）拉至隔离位	
16	断开 1 号机 110V 直流 I 段充电器柜电源二开关（10BMC05D）	
17	将 1 号机 110V 直流 I 段充电器柜电源二开关（10BMC05D）拉至隔离位	
18	操作完毕，汇报值长	

操作人：__________ 监护人：__________ 值班负责人（值长）：__________

七、回检	确认划“√”
确认操作过程中无跳项、漏项	
核对设备状态正确	
远传信号、指示正常，无报警	
向值班负责人（值长）回令，值班负责人（值长）确认操作完成	

操作结束时间：________年____月____日____时____分

操作人：____________ 监护人：____________

管理人员鉴证：值班负责人________________ 部门________________ 厂级________________

八、备注